中國之固有道德

唐文治敬題

国父说：讲到中国固有的道德，中国人至今不能忘记的，首是忠孝，次是仁爱，其次是信义，再次是和平。这些旧道德，中国人至今还是常讲的，但是现在受外来民族的压迫，侵入了新文化，那些新文化的势，此刻横行中国。一般醉心新文化的人，便排斥旧道德，以为有了新文化，便可以不要旧道德。不知道我们固有的东西，如果是好的，当然是要保存，不好的才可以放弃。

又说：这种特别好的道德，便是我们民族的精神。我们以后对于这种精神，不但是要保存，并且要发扬光大，然后我们民族的地位，才可以恢复。

治平之本

朱家驊題

明德新民

中國之固有道德初版

林彬題

传统文化修养丛书

中国之固有道德

唐文治敬题

[民国] 钱王倬 著
李蒨 点校

上海科学技术文献出版社
Shanghai Scientific and Technological Literature Press

图书在版编目(CIP)数据

中国之固有道德 / 钱王倬著；李蒨点校. —上海：上海科学技术文献出版社，2020.2
(传统文化修养丛书)
ISBN 978-7-5439-8099-0

Ⅰ.①中… Ⅱ.①钱… ②李… Ⅲ.①人生哲学—中国—古代 Ⅳ.① B825

中国版本图书馆 CIP 数据核字 (2020) 第 058751 号

策划编辑：张　树
责任编辑：杨怡君
封面设计：留白文化

中国之固有道德
ZHONGGUO ZHI GUYOU DAODE

[民国] 钱王倬　李 蒨　点校

出版发行：上海科学技术文献出版社
地　　址：上海市长乐路 746 号
邮政编码：200040
经　　销：全国新华书店
印　　刷：常熟市人民印刷有限公司
开　　本：889×1194　1/32
印　　张：10.75
插　　页：2
字　　数：241 000
版　　次：2020 年 5 月第 1 版　2020 年 5 月第 1 次印刷
书　　号：ISBN 978-7-5439-8099-0
定　　价：48.00 元
http://www.sstlp.com

柳　序

闵举世之霿晦，集圣哲儒先典训昭示国族，薪障横流而扞崩崖，甚盛意也。第所昭示者，能读否，仍视其幼学之根氐。幼而习是语，长而数闻是语，得是书，则反铅熟复，自不能已。若胜衣就塾，至于冠立，邈乎其不相涉，且曰此死文字，胡足读？故孔子曰："民可，使由之；不可，使知之。"又曰："性相近也，习相远也。"移风易俗，惟习为枢。习之所成，虽强莫夺。孟子曰："一齐人傅之，众楚人咻之，虽日挞而求其齐也，不可得矣。引而置之庄岳之间数年，虽日挞而求其楚，亦不可得矣。"今之世，楚咻之世也；钱王君是书，一齐傅也。吾读是书，惧其不能敌楚咻也。虽然，习之为力固伟，要亦视时之悠短。是书所述，吾先民习之二千年矣；今世之所习，财数十年耳。衡览今民之习，则是书疑若凿枘；纵观国族之习，则其潜力之内蕴者，非今之习所能迨其万一也。则以前民之习，药今民之习，如大禹之导山导水，匪凿也，因也。虽若举齐语于四面楚歌之中，实不啻返之庄岳也。君曩在都，恒辱不弃，商榷论述。睽别十许年，君书告成，札责弁言，爰掳管蠡，质之高明。

三十七年夏五月，镇江柳诒徵

朱　序

　　国于天地之间，必有与立，由之则治平可致，舍之则败亡立见。亘千古而不渝，任颠扑而不坏者，其惟道德乎？崇德钱先生卓英，慨近世风气日下，怒焉忧之，乃辑为《中国之固有道德》一书。就吾国之《四子书》及《五经》中，采缀其菁英，凡一言一事之切近于日用，而可以有益于当今之世者，条分而缕析之，以类相附，复加以详细浅显之注释，旁征博引，文理密察，其用力亦勤矣。

　　隔岁之春，国璋奉命长国立上海商学院，来沪筹备复校。时先生在甄审委员会为总务主任，兼临时大学补习班教授，以何校长柏丞之介而相识，仅数面，即深相契合，遂聘请主持商学院训导。两载以来，备悉先生宽厚弘毅，知弭患未然，能从容应变，是博学而笃行，不徒以言见也。

　　先生讲学南北各大学，阅十余年，既久于教育，积其经验，每能于讲授之际，观察学生之性格，循循善诱，多方启导，酌古准今，深入浅出。诸生薰其德而钦其学，咸能潜移默化，敦品励学，而不自知其日进于业也。是书也，乃先生本其平生之抱负，而发为文章，以期见诸事业，而挽狂澜、障百川者也。余既读先生之书，益以见其志，乃不辞而为之序，以介绍于当世云。

　　　　　　　　中华民国三十七年六月，吴兴朱国璋

祁　序

　　有清一代文学推桐城，桐城之隆，姚姬传之功居多。姬传主义理、考据、词章不可偏废之说，咸同之际，其徒大盛，流风馀韵，历百馀年而不替。民国之初，新文学兴，而桐城马通伯、姚仲实及其弟叔节，犹谨守其乡先正之遗法，益严古文学之壁垒，不因是而稍沮也。

　　崇德钱先生尝受经于马氏之门，又修业北大，从姚氏问古文义法，膏沐桐城之泽；复通究中外哲人之书，往来南北，修明绝学。丧乱之际，避地上海，为东吴大学教授。于是寇焰煽张，东南尽陷，文人学士之托租界者，咸气慑不敢稍出声，独先生慷慨以明耻教诸生。租界旋陷，寇祸愈烈，乃绝人事，以自全其节。其辛苦，盖有非人所堪者。困否憔悴之中，纂次古今法度之言凡九卷，曰《中国之固有道德》，又为之训释而阐发之，孜孜甚用力者十馀年。盖犹奉桐城三者不偏废之说。于是先师吴江金公方授经于吴，先生因就正其所著书，先师美之。

　　当世民国三十有七年，龙威任教上海法学院，先生仍讲学于沪，晨夕侍从，饫闻绪论。世变方亟，同好之士咸惧斯道之从此泯也，固请先生不秘其书而督序于予，因为言其学术渊源如此。

门人常熟祁龙威

自　序

　　国之建立，必有所本；根本巩固，虽乱可治，虽弱可强，否则决难幸免。古今中外，无二道也。我国自唐虞时，以五教牖民，赖孔孟之发扬光大，而深入人心。嗣兹以降，代有贤哲，故国势时有盛衰，而民德罔弗优厚。观西晋之亡，五季之乱，奸邪横行，纲纪圮败，而依仁蹈义、舍命不渝者，犹有人在。而宋、明末造，志士仁人之高风义举，尤足以廉顽立懦。此乃中华民族精神之蕴育，即我立国之根本也。

　　慨自欧风东渐，识时髦俊，倾心归向，仿效矜夸，无所不至。其尤甚者，竟诬蔑我固有之文化，尽斥为迂阔陈腐；而欧美之精神文明，实未尝有所心得。踰闲荡检，全无忌惮，一唱百和，藩篱尽撤，遂致礼义扫地，廉耻寝声。至日寇凭陵，荼毒神州，夙负时誉者，且不惜靦颜事仇，甘心附逆。于是庸愚草偃，敌焰燎原，国势之危，如悬丝矣。幸主席高瞻远瞩，坚决抗战，忠义军民，奋起赴难，全国志士，愿为后盾，卒能扫荡巨寇，还我河山。然大难虽夷，人心未淑，贪墨之吏，时出于政海；越货之事，迭发于都市；奸邪秽丑之迹，仍充塞闾阎。斯诚有心世道者所引为重忧也。

　　倬幼秉庭训，长承师教，不自揆度，欲以圣贤之言行，发世人之深省。自"一二·八"之役，蒿目时艰，即立志谨择

《四书》《五经》中之显明易知者，节录而详释之。缀辑先哲时贤之谠论，以阐扬其精意，而管窥所及，亦窃附焉。奔走衣食，时有辍作，历十有四载，至今年秋，规模粗具。乃遵教育部规定之国训，分为忠、孝、仁、爱、信、义、和、平八类；有包含众德、不能分属者，则别为总论。凡九卷，三十万言。冀读是书者，知我国自有博大精深之文化，恢复其自尊心与自信力，内修乎身心，外发为事业，更采欧美之所长，以充实其识量，则挽狂澜而障百川，固国本而致太平，可操券而待也。若有博雅君子，正其疏漏，共存国粹，尤倬之所翘企焉。

　　中华民国三十四年十二月十日，崇德钱王倬谨撰

　　此书属稿时，诸承柳丈翼谋、许丈潜夫教导。既告成，友人李乐天先生屡欲为之付梓。倬以乐天家非素封，未敢许也。至今年春，又来告曰："苦斋主人愿斥资印行。"倬既感苦斋济世之志，重乐天诚笃之意，而祁生龙威等亦迭请问世，乃大加删削。因朱肖琴先生介广益书局排印发行，而所费已甚巨矣。至校雠之劳，老友王麟伯先生臂助至多，徐绍裘先生亦有力焉。谨附志之，以申谢忱。

　　　　　　　　　　　　　三十七年七月一日倬记

凡　例

一　此书纂述目次，为忠、孝、仁、爱、信、义、和、平、总论，共为九类。每类一卷，皆《四书》在先，《五经》继之；《春秋经》则首《左传》，以《公羊》、《穀梁》次之。

二　文中有"忠"字者，编列忠类；有忠之性质者，亦附入焉。自"孝"至"平"七类，体例均同。

三　有兼及两类以上者，视其性质之轻重而归纳之；不宜分列者，则编入总论。

四　注释各有根据，《四书》以马师通伯之《大学中庸谊诂》，姚师仲实之《论语述义》，姚先生叔节之《孟子讲义》为主，而朱子之《大学/中庸章句》《论语/孟子集注》，刘氏宝楠之《论语正义》，焦氏循之《孟子正义》，皆为重要之资料。《五经》以马师之《周易费氏学》《诗毛氏学》，吴师北江之《尚书大义》，陈氏澧之《礼记集说》，《春秋》三传之注疏为主，而朱子之《周易本义》《诗经集传》，蔡氏沈之《书经集传》，朱氏彬之《礼记训纂》，洪氏亮吉之《春秋左传诂》《周易/尚书/毛诗/礼记注疏》，皆为重要之资料。他如《康熙字典》《经籍籑诂》《辞源》《辞海》等，及所引各种书籍，亦参考焉。

五　先哲时贤之说，皆注明出处；其未见本书者，则注某书引。

六　按语多有感而作，因岁月环境之变迁，措辞亦不尽相同，要以健全身心、有益世道为宗旨。

目　次

柳序 …………………………………………… 1
朱序 …………………………………………… 2
祁序 …………………………………………… 3
自序 …………………………………………… 4
凡例 …………………………………………… 7
卷一　忠 ……………………………………… 1
卷二　孝 ……………………………………… 92
卷三　仁 ……………………………………… 134
卷四　爱 ……………………………………… 190
卷五　信 ……………………………………… 212
卷六　义 ……………………………………… 225
卷七　和 ……………………………………… 261
卷八　平 ……………………………………… 281
卷九　总论 …………………………………… 290
送钱卓英序 …………………………………… 327
整理后记 ……………………………………… 329

卷一　忠

曾子[一]曰："吾日三省吾身[二]：为人谋而不忠乎[三]？与朋友交而不信乎[四]？传不习乎[五]？"（《论语·学而》）

[一]曾子，孔子弟子，姓曾，名参，字子舆。古时所谓弟子，即今之学生也。[二]吾，我自称也。省（xǐng醒），悉井反，察也。曾子以下述三者，日省察其身，有则改之，无则加勉。[三]为，助也。尽己之谓忠。言助人谋事，得无不尽己之心力乎？[四]与，及也。同门曰朋，同志曰友。信，诚也，从人、从言，会意。言与朋友结交，得无不诚信乎？[五]魏何氏晏《论语集解》："言凡所传之事，得无素不讲习而传之乎？"而宋朱子熹《论语集注》则云："传谓受之于师，习谓熟之于己。"似宜从《集解》说。

宋金氏履祥曰："此三事乃及人之事，常情所易忽。故曾子于此三事日省吾身，恐以为不切己而有所不尽也。"（《论语集注考证》）

季康子问："使民敬忠以劝，如之何[一]？"子

曰[二]："临之以庄则敬[三]，孝慈则忠[四]，举善而教不能则劝[五]。"(《论语·为政》)

［一］季康子，即鲁大夫季孙肥，"康"其谥也。"谥"者，古时于人死将葬之时，列其行谊而作之，所以劝善而惩恶也。以，犹"与"也。季康子问孔子，使民敬上尽忠与互相劝勉，其方法宜如何也。［二］子，孔子也。子曰，孔子之言；以下皆同。［三］自上莅下曰临。庄，端重而有威严也。执政者能临民以庄，则民敬其上矣。［四］言执政者能孝顺父母、慈爱民众，则人民自然感化而尽忠矣。［五］民中有善者则举用之，其不能者则教诲之，则人民必互相劝勉而乐于为善矣。

子曰："参乎[一]，吾道一以贯之[二]。"曾子曰："唯[三]。"子出，门人[四]问曰："何谓也？"曾子曰："夫子之道，忠恕而已矣[五]。"(《论语·里仁》)

［一］孔子呼曾子之名而告之。参（shēn深）音森。［二］宋邢氏昺《论语疏》云："贯，统也。言我所行之道，惟用一理，以统天下万事之理也。"［三］"唯"者，恭敬之应辞。曾子已深明"吾道一以贯之"之意，故径应之曰"唯"。［四］受学于孔子之门之人。［五］夫子，犹言先生、长者。本为尊卑贵贱之通称，惟《论语》所载，多属师门，遂相沿为师之专称。尽己之谓忠，推己及人之谓恕。"而已矣"者，竭尽而无馀之辞。言孔子之道，虽变化万殊，贯之则一也。

姚师仲实（永朴）曰："诸家于'一贯'，或以诚言，或以仁言，或以孝言。夫《论语》以求仁为要，《大学》《中庸》归宿在诚，《孝经》又为诸经之总汇，说各有本。而曾子但曰'忠恕'者，诚、仁、孝之所指虽殊，要皆心之德也。忠则尽己之心，恕则推己之心以及人。故言忠恕，而心之体用具于是，诚、仁、孝之德括于是，即道贯于是。孟子'尽心'之学，此其原与？"（《论语述义》）

子以四教[一]：文[二]、行[三]、忠、信[四]。（《论语·述而》）

[一]孔子教人，以此四事为先。[二]文谓诗、书、礼、乐。[三]行谓德行。[四]忠是尽心，信是据实而言。

宋程子曰："教以学文修行而存忠信也。忠信，本也。"（《论语集注》）

孔子尝为委吏[一]矣，曰："会计当[二]而已矣。"尝为乘田[三]矣，曰："牛羊茁壮长[四]而已矣。"（《孟子·万章下》）

[一]委吏，主委积仓庾之吏。[二]会，合也；计，会也，算也。零星算之为计，总合算之为会。当，直也，言其数相直，多少无差。[三]乘田，主苑囿之吏。[四]茁，生长貌。茁壮，言其貌肥好也。长，大也。

唐蔚芝先生（文治）曰："生人之所以安身而立命者，厥有二端，曰性分，曰职分。性分者，吾性中所当守之分，不可踰闲者也。职分者，吾职内所当守之分，不容越限者也。安分而后知足，知足而后无求，无求而后自乐。惟圣人为能乐天。孔子之言曰：'会计当而已矣，牛羊茁壮长而已矣。'其安分乐天之诚，溢于言表。愚人不安分，终身为营求之事，终身无知足之时，以至捐廉耻而不顾，遭刑戮而不悔，哀哉！"（《孟子新读本》）

俅按：有才气而处下位者，往往悲愤其不遇，而不乐尽心于职务，以为是区区者，乌足以劳吾之思虑哉！一不屑为之心横亘胸中，而其弊或竟同于无能之人。不知事之小大，本无确定，小之中有更小者，大之中有更大者。我既不嫌其小而屈就，即当尽力而为之。及成绩既著，自有主持公道之人。若竟人不我知，亦可问心无愧。否则小事不能称职，适足以自䑁其名誉，又安能有上进之望乎？夫以孔子之圣，其为委吏、乘田，犹必曰会计当、牛羊遂。读孔孟之书者，宜如何自勉哉！

子张[一]问曰："令尹子文三仕为令尹，无喜色；三已之，无愠色[二]。旧令尹之政，必以告新令尹[三]。何如[四]？"子曰："忠矣[五]。"（《论语·公冶长》）

[一]孔子弟子颛孙师，字子张。[二]令尹，官名，楚国上卿执政者也。子文，姓斗，名穀於菟。已，去也。言子文三为令尹之官，而无喜悦之色；三去令尹，而无怨恨之色也。[三]言子文在新令尹上任时，必将自己任内之政事告知之。[四]子张问孔子，子文之为人何如。[五]孔子谓子文行为如此，是忠臣也。

秋，申公斗般杀子元，斗穀於菟[一]为令尹，自毁其家，以纾[二]楚国之难。(《左传·庄公三十年》)

[一]斗穀於菟，字子文。楚人谓乳曰穀，谓虎为於菟。子文初生于邔，虎乳之，故名。穀(gǔ 谷)，奴走反。於(wū)音乌；菟(tú)音徒。[二]纾(shū)音舒，缓也。

倬按：子文三仕三已，略无喜愠之色，且能以旧令尹之政告新令尹，盖知有国而不知有己，宜其能毁家纾难也。

子张问政[一]。子曰："居之无倦[二]，行之以忠[三]。"(《论语·颜渊》)

[一]子张向孔子问为政之道。[二]"居"谓存诸心，"无倦"则始终如一。[三]"行"谓发于事，"以忠"则表里如一。

子曰："爱之能勿劳乎[一]？忠焉能勿诲乎[二]？"(《论语·宪问》)

[一]爱，好也，犹言喜之也。人必习劳，乃能成事。爱之而勿劳之，是养成其怠惰，适足以害之而已。[二]诲，教也，导也。人必纳诲，乃能为善。忠焉而勿诲之，则渐入于骄纵之途矣。

宋苏氏轼曰："爱而勿劳，禽犊之爱也。忠而勿诲，妇

寺之忠也。爱而知劳之，则其为爱也深矣。忠而知诲之，则其为忠也大矣。"（《论语集注》）

倬按：此章言爱与忠之道。为父兄、师长者宜知之，为子弟、学生者更宜知之，而为朋友者，亦不可不知之也。

子张问行[一]，子曰："言忠信，行笃敬，虽蛮貊之邦行矣[二]。言不忠信，行不笃敬，虽州里，行乎哉[三]？立，则其参于前也；在舆，则见其倚于衡也。夫然后行[四]。"子张书诸绅[五]。（《论语·卫灵公》）

[一]子张问孔子，人当如何，而后可通行于世。[二]"言忠信"者，谓言语发自中心，不为违心之论以欺人也。笃，厚也。"行笃敬"者，谓行为敦厚而谨敬也。蛮为南蛮。貊，亡百反，北狄也。南蛮北狄，皆古时野蛮之人。谓言忠信而行笃敬，虽在野蛮人之国中，亦可以通行也。[三]二千五百家为州，五家为邻，五邻为里。州里，犹言本乡。"行乎哉"，言不可行也。谓言不忠信，行不笃敬，虽近在本乡，亦不可通行也。[四]"其"者，指忠信、笃敬而言。参，言与我相值也。舆是车，衡是车前横木。言譬如静而立时，似乎有一忠信笃敬在我目前；动而在车中时，似乎有一忠信笃敬在车前之横木上。如此念念不忘，随其所在，常若有见，然后可以通行矣。[五]绅（shēn）音伸，衣带之垂者。书之绅，欲其不忘也。

唐蔚芝先生曰："忠信笃敬，虽蛮貊亦敬之。不忠信，不笃敬，虽州里亦贱之。言行，荣辱之枢机，学者可不慎哉！"（《论语新读本》）

子曰:"君子不以口誉人,则民作忠。故君子问人之寒,则衣之;问人之饥,则食[一]之;称人之善,则爵之。《国风》[二]曰:'心之忧矣,于我归说[三]。'"(《礼记·表记》)

[一]食(sì)音嗣。[二]《诗经·曹风·蜉蝣篇》。[三]说,《诗经》音税,此则音悦。言虚华之人心忧矣,我今归此所说忠信之人也。

宋吕氏大临曰:"君子力可以周人之穷,则不徒问其饥寒,必有以衣食之;势可以进贤,则不徒誉之而已,必有以爵禄之。故曰'不以口誉人'。"(《礼记训纂》)

儒有席上之珍以待聘[一],夙夜强学[二]以待问,怀忠信以待举[三],力行以待取[四]。其自立有如此者。(《礼记·儒行》,孔子答鲁哀公之言)

[一]席犹铺陈也,珍谓美善之道。言儒能铺陈往古尧舜之善道,以待问也。大问曰聘。[二]早夜力学。[三]见举用也。[四]进取位也。

宋吕氏大临曰:"君子之用于天下,有待而不求。其学也,足以为天下用,非志于用而后学。席上之珍,自贵而待贾者也。"(《礼记训纂》)

唐蔚芝先生曰:"'儒'者,需也。四'待'字,皆所谓需也。故'需'者,乃出处之慎重,非办事之迂缓也。"

（《礼记大义》）

上思利民，忠也。（《左传·桓公六年》，季梁告随侯语）

倬按："忠"之一字，意义甚广。而作"忠于职务"解，此语实为确切之证据。自忠于职务之义晦，而独夫民贼遂得恣睢无忌惮，而苍生乃不胜其荼毒矣。故特表而出之，以见昔贤之解此字，不仅限于臣仆之对君上；即为君上者，亦应忠于其职务也。

九月，晋惠公卒，怀公命无从亡人[一]。期，期而不至，无赦[二]。狐突之子毛及偃[三]，从重耳在秦，弗召。冬，怀公执狐突，曰："子来则免。"对曰："子之能仕，父教之忠，古之制也。策名委质，贰乃辟也[四]。今臣之子，名在重耳，有年数矣。若又召之，教之贰也。父教子贰，何以事君？刑之不滥，君之明也，臣之愿也。淫刑以逞，谁则无罪[五]？臣闻命矣。"乃杀之。（《左传·僖公二十三年》）

[一]亡人指公子重耳，即晋文公。[二]约期而不归，杀之无所赦。[三]偃是子犯之名。[四]名书于所臣之策而君事之，则不可以贰心。辟，罪也。[五]若欲滥刑以快君心，谁无可加罪之辞？

秦伯[一]伐晋,济河焚舟[二],取王官,及郊[三]。晋人不出,遂自茅津济,封[四]殽尸而还。遂霸西戎,用孟明[五]也。君子是以知秦穆公之为君也,举人之周[六]也,与人之壹[七]也;孟明之臣也,其不解[八]也,能惧思[九]也;子桑[一〇]之忠也,其知人也,能举善也。《诗》曰[一一]:"'于以采蘩,于沼于沚,于以用之,公侯之事',秦穆有焉[一二]。'夙夜匪解,以事一人[一三]',孟明有焉。'诒厥孙谋,以燕翼子[一四]',子桑有焉。"(《左传·文公三年》)

[一]秦穆公。秦本伯爵,故称秦伯。[二]示必死也。[三]王官及郊,皆晋地。[四]封,埋藏之也。[五]孟明,姓百里,名视,此其字也。[六]周,备也,不以一恶弃其善。[七]无二心。[八]不以败军而生解怠之心。解(xiè)音懈。[九]能知惧而思改其行为。[一〇]公孙枝,字子桑,是举孟明者。[一一]《诗经·国风·采蘩篇》。[一二]言沼沚之蘩至薄,犹采以供公侯,以喻秦穆公不遗小善。[一三]此二句见《诗经·大雅·烝民篇》。夙,早也。匪,非也。解,音懈。[一四]此二句见《诗经·大雅·文王有声篇》。诒,遗也。燕,安也。翼,成也。美武王能遗其子孙善谋,以安成子孙,言子桑有举善之谋也。

倬按:豪杰之士所以异于众人者,为其有伟大之志,与刚强之气也。故当其失败之时,惟知努力奋斗,而无丝毫委靡之态,卒能雪旧耻、树功业。孟明,其一例也。然无穆公之知人善任,则孟明者,固一挫于殽、再蹶于彭衙之败将;虽败而犹用之,终得其力以霸西戎。此昔贤所以重知己之感，而盛称明君贤臣之相遇合欤?!

贾季奔狄，宣子[一]使臾骈送其帑[二]。夷之蒐[三]，贾季戮[四]臾骈。臾骈之人欲尽杀贾氏以报焉，臾骈曰："不可。吾闻《前志》有之曰：'敌惠敌怨[五]，不在后嗣'，忠[六]之道也。夫子[七]礼于贾季，我以其宠[八]报私怨，毋乃不可乎？介[九]人之宠，非勇也；损怨益仇[一〇]，非知也；以私害公，非忠也。释此三者，何以事夫子？"尽具其帑与其器用财贿，亲帅扞[一一]之，送致诸竟[一二]。(《左传·文公六年》)

[一]宣子即赵盾。[二]帑(nú)音奴，妻、子也。[三]是年春，晋蒐于夷，以谋军帅。蒐音搜，春猎为蒐。[四]戮，辱也。[五]敌犹对也。言有恩惠，有怨雠，与我敌对者。[六]忠恕。[七]夫子，指赵宣子。[八]言己蒙宣子宠任。[九]介，因也。[一〇]杀贾季家，欲以除怨。宣子将复怨己，是益仇也。[一一]扞(hàn 汉)，保卫也。[一二]竟音境。

晋侯[一]观于军府，见钟仪，问之曰："南冠而絷[二]者，谁也？"有司对曰："郑人所献楚囚也[三]。"使税[四]之，召而吊之[五]。再拜稽首。问其族，对曰[六]："泠人[七]也。"公曰："能乐乎？"对曰："先父之职官也，敢有二事[八]？"使与之琴[九]，操南音[一〇]。

公曰:"君王何如?"对曰:"非小人之所得知也。"固问之,对曰:"其为太子也,师保奉之,以朝于婴齐而夕于侧也[一一]。不知其他。"公语范文子[一二],文子曰:"楚囚,君子也。言称先职,不背本也;乐操土风,不忘旧也;称太子,抑无私也[一三];名其二卿,尊君[一四]也。不背本,仁也;不忘旧,信也;无私,忠也;尊君,敏也。仁以接事,信以守之,忠以成之,敏以行之,事虽大,必济[一五]。君盍归之,使合晋楚之成?"公从之,重为之礼,使归求成[一六]。(《左传·成公九年》)

[一]晋景公。[二]南冠,楚冠。絷(zhí执),拘执也。[三]郑献钟仪,在成公七年。[四]税,解也。[五]召钟仪而吊其被囚。[六]钟仪答辞,下同。[七]乐官。[八]言不敢学他事。[九]晋侯使人与钟仪琴。[一〇]南音,楚声也。[一一]言其尊师敬老。婴齐,令尹子重之名。侧,司马子反之名。[一二]晋侯以见钟仪情形告范文子。[一三]舍其近事而远称少小,以示性所自然,明至诚无私。[一四]尊晋君。[一五]言有此四德,必能成大事。[一六]是年十二月,晋楚结成。

宣伯[一]使告郤犨[二]曰:"鲁之有季、孟,犹晋之有栾、范[三]也,政令于是乎成。今其[四]谋曰:'晋政多门[五],不可从也。宁事齐、楚,有亡而已,蔑[六]从晋矣。'若欲得志于鲁,请止行父[七]而杀之,我毙蔑[八]也。而事晋,蔑有贰矣[九]。鲁不贰,小国必睦;

不然，归必叛矣。"

九月，晋人执季文子于苕丘[一〇]。公还，待于郓[一一]，使子叔声伯请季孙于晋。郤犫曰："苟去仲孙蔑而止季孙行父，吾与子国，亲于公室[一二]。"对曰[一三]："侨如之情，子必闻之矣[一四]。若去蔑与行父，是大弃鲁国而罪寡君也。若犹不弃，而惠徼周公[一五]之福，使寡君得事晋君，则夫二人者，鲁国社稷之臣也[一六]。若朝亡之，鲁必夕亡。以鲁之密迩仇雠[一七]，亡而为雠[一八]，治之何及？"郤犫曰："吾为子请邑[一九]。"对曰："婴齐[二〇]，鲁之常隶[二一]也，敢介[二二]大国以求厚焉！承[二三]寡君之命以请，若得所请，吾子之赐多矣，又何求？"范文子谓栾武子曰："季孙于鲁，相二君[二四]矣。妾不衣帛，马不食粟，可不谓忠乎？信谗慝而弃忠良，若诸侯何[二五]？子叔婴齐奉君命无私[二六]，谋国家不贰，图其身不忘其君。若虚其请[二七]，是弃善人也。子其图之！"乃许鲁平，赦季孙。

冬十月，出叔孙侨如而盟之[二八]，侨如奔齐。（《左传·成公十六年》）

[一]叔孙侨如。[二]郤犫（chōu 抽），晋大夫，主东诸侯者。[三]栾武子，范文子，皆晋大夫有权力者。[四]其，指季孟。[五]言晋国政令不一，出于多门。[六]蔑，无也。[七]季孙行父，即季文子。[八]仲孙蔑，即孟献子，时留守公宫。[九]无有二心。[一〇]用宣伯之谮也。苕丘，晋地。[一一]公，鲁成公。郓，鲁西邑。[一二]亲鲁甚于晋公室。

[一三]子叔声伯答辞。[一四]侨如通于穆姜,欲去季孟而取其室,言其淫慝之情,子必闻之。[一五]周公,鲁君之祖。[一六]二人,仲孙蔑与季孙行父也。二人存亡,关于鲁国之社稷,故谓"鲁国社稷之臣"。[一七]仇雠,谓齐、楚。[一八]言鲁属齐、楚,则还为晋雠。[一九]请邑,谓请益禄邑。[二〇]婴齐,子叔声伯之名。[二一]常隶,犹言贱官。[二二]介,因也。[二三]承,奉也。[二四]二君,谓宣公、成公。[二五]谓受侨如之潛,执季孙之贤,必为诸侯所讥。[二六]不受郤犨请邑。[二七]谓不允其请。[二八]诸大夫共盟,以侨如为戒。

倬按:有季孙行父之为相,与子叔声伯之为使,以鲁之弱小而得不亡者,非幸也,宜也。

季文子[一]卒,大夫入敛,公在位[二]。宰庀家器为葬备[三],无衣帛之妾,无食粟之马,无藏金玉,无重器备[四]。君子是以知季文子之忠于公室也[五]。相三君[六]矣,而无私积[七],可不谓忠乎?!(《左传·襄公五年》)

[一]季孙行父。[二]鲁襄公在阼阶西乡。[三]宰,季氏之宰。庀(pǐ 匹),匹婢反,具也。言季氏之宰,庀具家器,为丧葬之备也。[四]谓珍宝、甲兵之物。[五]君子观季文子恭俭于其私家,可知其忠爱于公室。[六]三君,谓宣公、成公、襄公。[七]私人积蓄。

楚子囊[一]还自伐吴，卒。将死，遗言谓子庚："必城郢[二]。"君子谓："子囊忠。君薨不忘增其名[三]，将死不忘卫社稷，可不谓忠乎？忠，民之望也。《诗》[四]曰：'行归于周，万民所望[五]。'忠也。"（《左传·襄公十四年》)

[一]子囊为楚令尹。[二]子庚，楚司马公子午也。当代子囊为令尹，故子囊遗言令必城郢。盖楚徙都郢，尚未缮修城郭也。[三]谓前年楚共王卒，子囊请谥之曰"共"。[四]《诗经·小雅·都人士篇》。[五]忠信为周，言德行归于忠信，即为万民所瞻望。

临患不忘国，忠也。（《左传·昭公元年》，晋赵孟语）

子曰："宁武子[一]邦有道则知，邦无道则愚。其知可及也，其愚不可及也[二]。"（《论语·公冶长》)

[一]卫大夫宁俞，"武"其谥也。[二]《集注》："武子仕卫，当文公、成公之时。文公有道，而武子无事可见，此'其知之可及'也。成公无道，至于失国，而武子尽心竭力，不避艰险，凡其所处，皆智巧之士所深避而不肯为者，而卒能保其身以济其君，此'其愚之不可及'也。"邦，国也。知音智。《邢疏》："言有道则知，人或可及；佯愚似实，不可及也。"

唐蔚芝先生曰："邦有道则知，邦无道则愚，武子洵千古忠臣哉！天下惟至愚之人，能济艰难险阻之功，而成忠孝非常之诣。然而上下古今，如武子之愚者，何其少也！"（《论语新读本》）

曾子曰："可以托六尺之孤[一]，可以寄百里之命[二]，临大节而不可夺也[三]，君子人与？君子人也[四]。"（《论语·泰伯》）

[一]汉孔氏安国曰："六尺之孤，幼少之君。"[二]百里，诸侯之国。命，政令也。此言诸侯之国，其大臣能受先君托孤之任，而摄行政令，以一身系国家、人民之安危也。[三]大节，犹大事也。言遇有关国家安危存亡之大事，则立定主意，不为利害所动，不为威武所屈，而不可倾夺也。[四]与，今作"欤"，疑辞也；也为决辞，设为问答，所以深著其必然也。

子曰："直哉史鱼[一]！邦有道如矢，邦无道如矢[二]。"（《论语·卫灵公》）

[一]史，官名。鱼，卫大夫，以官为氏，名䲡。《韩诗外传》云："史䲡病且死，谓其子曰：'我数言蘧伯玉之贤，而不能进；弥子瑕不肖，而不能退。为人臣，生不能进贤而退不肖，死不当治丧正堂。殡我于室足矣。'卫君问其故，子以父言对（闻），君造然召蘧伯玉而贵之，而退弥子瑕，徙殡于正堂，成礼而后去。生以身谏，死以尸谏，可谓直矣。""直哉史鱼"者，孔子美史鱼之行为正直也。[二]邦，

国也。矢，箭也。如矢，言其德性，恒如箭之直而不曲，不以国之有道、无道而改变也。

齐宣王见孟子于雪宫[一]。王曰："贤者亦有此乐乎[二]？"孟子对曰："有人不得，则非其上矣[三]。不得而非其上者，非也；为民上而不与民同乐者，亦非也。乐民之乐者，民亦乐其乐；忧民之忧者，民亦忧其忧。乐以天下，忧以天下，然而不王者，未之有也。昔者齐景公问于晏子[四]曰：'吾欲观于转附朝儛[五]，遵[六]海而南，放于琅邪[七]，吾何修而可以比于先王观[八]也？'晏子对曰：'善哉问也！天子适诸侯曰巡狩。巡狩者，巡所守也。诸侯朝于天子曰述职。述职者，述所职也[九]。无非事者，春省[一〇]耕而补不足，秋省敛而助不给[一一]。夏谚[一二]曰："吾王不游，吾何以休？吾王不豫，吾何以助？一游一豫[一三]，为诸侯度[一四]。"今[一五]也不然，师行而粮食[一六]，饥者弗食，劳者弗息[一七]，睊睊胥谗[一八]，民乃作慝[一九]。方命[二〇]虐民，饮食若流[二一]。流连荒亡，为诸侯忧[二二]。从流下[二三]而忘反谓之流，从流上[二四]而忘反谓之连，从兽无厌谓之荒[二五]，乐酒无厌谓之亡[二六]。先王无流连之乐，荒亡之行，惟君所行也[二七]。'景公说，大戒于国，出舍于郊[二八]。于是始兴发[二九]，补不足。召太师[三〇]曰：'为我作君臣[三一]相说之乐。'盖《徵招》《角招》[三二]是也。其《诗》[三三]曰：'畜君何尤？'畜君者，

好君也[三四]。"(《孟子·梁惠王下》)

[一]雪宫,齐离宫名。齐宣王馆孟子于此,故就见之。[二]宫中有苑囿台池之饰,禽兽之饶,王自多有此乐,故问曰"贤者亦有此乐乎"。[三]有为人下者不得此乐,则必非谤其上矣。[四]齐臣,姓晏,名婴。[五]转附、朝儛(wǔ舞),皆山名。[六]遵,沿也,循也。[七]放,至也。琅邪,齐东南境上邑名,在今山东省境内。[八]游观。[九]述,陈也。述所职,陈其所受之职也。[一〇]省,视察也。[一一]敛,收获也。给,亦足也。[一二]夏时俗语,如歌谣之类。[一三]豫,玩乐也。或曰:"春行曰游,秋行曰豫。"[一四]谓可为诸侯之法度。[一五]谓晏子时。[一六]师,众也。二千五百人为师。《春秋传》曰:"君行师从。"粮食,谓转粮而食之也。[一七]饥饿之民不得饱食,劳乏之民不得休息。[一八]睊睊(juàn绢),侧目貌。胥,相也;谗,谤也。言疾视相谗谤也。[一九]慝(tè特),怨恶也。言民不胜其劳,而起怨恶也。[二〇]方,逆也。命,先王之命。[二一]若流,谓如水之流,无穷极也。[二二]言流、连、荒、亡四行,为诸侯之所忧。[二三]谓放舟随水而下。[二四]谓挽舟逆水而上。[二五]从兽,田猎也。荒,废也。[二六]乐酒,以饮酒为乐也。亡,犹"失"也,言失事也。[二七]言先王之法,今时之弊,二者惟在君所行耳。[二八]戒,告命也。自责以省民。[二九]兴惠政,发仓廪。[三〇]太师,乐官。[三一]君臣,景公谓己与晏子也。[三二]《徵招》《角招》,其所作乐章名。招,音韶。[三三]《徵招》《角招》之诗。[三四]畜通"慉",媚也。媚有"好"义,故孟子以"好君"解之。何尤者,无过也。好,爱好也。

曾子[一]曰："晏子[二]可谓知礼也已，恭敬之有焉[三]。"有若[四]曰："晏子一狐裘三十年，遣车一乘，及墓而反[五]。国君七个，遣车七乘；大夫五个，遣车五乘[六]。晏子焉知礼？"曾子曰："国无道，君子耻盈礼焉。国奢则示之以俭，国俭则示之以礼[七]。"(《礼记·檀弓下》)

[一]孔子弟子曾参。[二]齐大夫晏婴。[三]礼以恭敬为本，故称其知礼。[四]有若亦孔子弟子。[五]狐裘贵在轻、新，乃三十年而不易，是俭于己也。其父晏桓子是大夫，大夫遣车五乘，晏子葬父，惟用一乘，俭其亲也。礼，窆后有拜宾、送宾等礼，晏子窆讫即还，俭于宾也。此三者，皆以其俭而失礼者也。[六]遣车之数，诸侯七乘，大夫五乘。个，包也。每遣车一乘，则载一包。[七]言其时齐国方奢，矫之是也。

元吴氏澄曰："曾子言礼之本，故以其恭敬，而谓之'知礼'。有子言礼之文，故以其俭不中礼，而谓之'焉知礼'。二子之言皆是也。"(《礼记义疏》)

唐蔚芝先生曰："后世行丧礼，铺张靡丽者多矣。'君子耻盈礼'者，耻与世俗为伍也。国奢则示之以俭，士君子有挽回风气之责。况齐俗夸靡，自当有以矫之。晏子真可谓贤者矣。圣人亦曰：'礼，与其奢也宁俭。'"(《礼记大义》)

滕文公[一]问曰："滕，小国也，间于齐、楚[二]，事齐乎？事楚乎？"孟子对曰："是谋，非吾所能及也。无已，则有一焉[三]：凿斯池也[四]，筑斯城也，与民守之，效死而民弗去[五]，则是可为也。"(《孟子·梁惠王下》)

[一]文公，滕国之君。[二]居齐、楚二大国之间。[三]不得已有一谋焉。[四]凿，谓掘。池，即护城河。[五]效，犹"致"也，至死而民不叛去也。

唐蔚芝先生曰："或以孟子之谋为迂阔。孟子岂迂哉？凿斯池也，筑斯城也，则宜经画地利也。与民守之，则宜联络民心也。效死而民弗去，则是民信已立，而众志成城也。天下之事，莫难于使人愿为我死。而与我以共死，是非精诚感格不为功。登陴涕泣，慷慨誓师，易子而食，析骸而爨，何其酷也！抑何其壮也！此必其平日有以大得乎民心者矣。孟子之谋岂迂哉！"(《孟子新读本》)

江希张先生曰："圣人虽非战恶杀，然决不反对守国卫民。鲁哀公时，齐国侵鲁，鲁人背城而战，冉有用矛于齐师，故能入其军，孔子曰：'义也。'于公为汪锜之殡，孔子曰：'能执干戈以卫社稷，可无殇也。'我们处今日之世界，亦可以知所遵循矣。"(《四书新编》)

倬按：以弱小国处两强大国之间，惟有施德养民，与之死守，斯为良策。事齐事楚，均非有民族精神者所忍言也。

伊尹相汤，以王于天下。汤崩，太丁[一]未立，外丙二年，仲壬四年[二]。太甲颠覆汤之典刑[三]，伊尹放之于桐[四]三年。太甲悔过，自怨自艾[五]，于桐处仁迁义三年，以听伊尹之训已也。复归于亳[六]。(《孟子·万章上》，孟子答万章之言)

[一]太丁，汤之太子，未立而死。[二]外丙立二年，伸壬立四年，二人皆太丁之弟。[三]太甲，太丁之子。颠覆，坏乱也。典刑，常法也。言太甲坏乱汤之常法。[四]桐，地名，汤墓所在。[五]艾、乂字通，治也。言太甲自己怨恨，自己责治也。[六]亳(bó)音泊，商之都城。言太甲复归亳为君也。

桃应[一]问曰："舜为天子，皋陶为士[二]，瞽瞍[三]杀人，则如之何？"孟子曰："执之而已矣[四]。""然则舜不禁与[五]？"曰："夫舜恶得而禁之？夫有所受之也[六]。""然则舜如之何[七]？"曰："舜视弃天下，犹弃敝蹝也。窃负而逃，遵海滨而处，终身䜣然乐而忘天下[八]。"(《孟子·尽心上》)

[一]桃应，是孟子弟子。[二]士即士师，古之法官。[三]瞽瞍(gǔsǒu 鼓叟)，是舜之父。[四]言但当执而不纵。盖皋陶之心，知有法而已，不知有天子之父也。[五]桃应又问："然则舜不禁止之欤？"[六]恶(wū)音污，何也。言舜何得禁止之。皋陶之执法逮捕罪人，是受之舜也。皋陶既受之舜，而舜复禁之，是自坏其法矣。[七]桃应又问："此时之舜将如何应付？"[八]蹝(xǐ 喜)音徙，草履也。窃，私也。负，谓负之背上。遵，循也。海滨，言远也。䜣，古

"欣"字，乐也。言舜视弃天下，犹弃敝坏之草履。弃天子之位，私自背负其父而逃，循海滨远处居住，终身欣乐，而忘天下之富。盖舜之心，知有父而已，不知有天下也。

蒋伯潜先生曰："此章本是孟子师生假设的问答，由此可见孟子把国法、私情分得很明白。天子的父亲犯了法，亦不能禁司法官之拘捕，实具有后世法律平等之精神。"（《孟子新解》）

倬按：《汉书·张释之传》，谓汉文帝时，张释之为廷尉，执法不阿，虽帝命亦不曲从。其言曰："法者，天子所与天下共也。今法如是，更重之，是法不信于民也。"又曰："廷尉，天下之平也。一倾，天下用法皆为之轻重，民安所错其手足？"桃应所问，非以为真有此事。而释之之所为，殆深有得于此章之义者欤！

《师》之上六[一]："大君有命，开国[二]承家[三]，小人勿用。"《象》曰[四]："'大君有命'，以正功[五]也。'小人勿用'，必乱邦也。"（《周易·上经》）

[一]"师"是卦名。上者，最上一爻之名；六为阴爻。[二]封诸侯。[三]立大夫。承，受也。[四]《师》卦上六爻象之辞。[五]言赏必当功。

宋朱子曰："《师》之终，顺之极，论功行赏之时也。然小人虽有功，亦不可使之得有爵土，但优以金帛可也。"（《周易本义》）

宋赵氏汝楳曰："智勇之人，不能皆全材。用于戎行，

有将帅节制其上，未见其害。今为国为家，有人民，有社稷，则不可属之小人。"（《周易折中》）

倬按：《系辞上传》："子曰：'作《易》者，其知盗乎？《易》曰："负且乘，致寇至。"（《解》卦六三爻辞）负也者，小人之事也；乘也者，君子之器也。小人而乘君子之器，盗思夺之矣。上慢下暴，盗思伐之矣。'"小人勿用，非仅患小人本身为乱，盖亦虑盗贼之窥伺也。

☷ 《蹇》之六二[一]："王臣蹇蹇，匪躬之故[二]。"《象》曰："王臣蹇蹇，终无尤也[三]。"（《周易·下经》）

[一] 二，谓自下而上第二爻。[二] 蹇（jiǎn 简），纪免反，难也。故，事也。言志在济君于难，其蹇蹇者，非为本身之事。[三]"不言吉凶"者，鞠躬尽瘁而已；至于成败利钝，则非所论也。事虽不济，亦可无尤。

宋胡氏瑗曰："冒险而进，非一身之故，救天下之蹇也。"（《周易费氏学》引）

☲ 《既济》之《象》曰："水在火上，既济[一]。君子以思患而豫防之。"（《周易·下经》）

[一]《既济》，离下坎上。离为火，坎为水。

元王氏申子曰："既济虽非有患之时，患每生于既济之后。君子思此而豫防之，则可以保其初吉，而无终乱之忧矣。"（《周易折中》）

元龚氏焕曰："水上火下，虽相为用，然水决则火灭，火炎则水涸。相交之中，相害之机伏焉。"（同上）

俾按：《系辞下传》："重门击柝，以待暴客，盖取诸《豫》。"亦思患豫防之道也。

不出户庭，无咎[一]。子曰："乱之所生也，则言语以为阶[二]。君不密则失臣，臣不密则失身，几事[三]不密则害成。是以君子慎密而不出也[四]。"（《周易·系辞上传》）

[一]此《节》卦初九爻辞。户庭，户外之庭。[二]阶，谓梯也。言乱之所生，由言语为之阶梯。[三]几事，机密之事。几（jī）音机。[四]谓不妄出言语也。

俾按：机密之事，大抵关系国家利害，不密而失臣、失身。史册所载，不可胜数，而其患率由于多言。此《系辞上传》所以有"君子慎密"之说，而《系辞下传》又云"吉人之辞寡"欤？

子曰："危者，安其位者也[一]；亡者，保其存者也[二]；乱者，有其治者也[三]。是故君子安而不忘危，存而不忘亡，治而不忘乱[四]。是以身安而国家可保也。《易》曰：'其亡其亡，系于苞桑。'[五]"（《周易·系辞下传》）

[一]言所以今有倾危者，由前安乐于其位，自以为安，

不有畏慎，故致今日危也。[二]言所以今日灭亡者，由前保有其存，恒以为存，不有戒惧，故致今灭亡也。[三]言所以今有祸乱者，由前自恃有其治理也，恒以为治，不有忧虑，故致今祸乱也。[四]君子今虽安，心恒不忘倾危之事；国虽存，心恒不忘灭亡之事；政虽治，心恒不忘祸乱之事。[五]此《否》卦九五爻辞，言心恒畏慎其将灭亡，则修明其政治，乃系于苞桑之固也。

马师通伯（其昶）曰："《礼运》：'君子居安如危，小人居危如安。'郑注引《易》'危者安其位'，疏云：'谓所以今日危亡者，正为偷安其位也。'前三句是戒，'君子'以下是法。"（《周易费氏学》）

曰若[一]稽古帝尧[二]，曰放勋[三]，钦、明、文、思、安安[四]，允恭克让[五]，光被四表，格于上下[六]。克明俊德[七]，以亲九族[八]。九族既睦[九]，平章百姓[一〇]；百姓昭明[一一]，协和万邦[一二]，黎民於变时雍[一三]。（《书经·尧典》）

[一]吴师北江（闿生）曰："曰、粤、越通，古文作'粤'。'曰、若'二字为发语辞。"[二]吴师曰："稽，当也。言当古时，有帝尧也。"[三]放勋为尧之名。或曰："曰"者犹言"其说如此"也。放，至也，犹孟子言"放乎四海"是也。勋，功也。言尧之功大，而无所不至也。[四]钦，敬也；明，通明也。钦明，敬体而明用也。文为文章，思是意思。文思，文著见而思深远也。安安，无所勉强也。言其德性之美，皆出于自然，而非勉强也。[五]允，信也；克，能

也。言信恭而能让也。恭非饰貌，故曰"允恭"；让非强为，故曰"克让"。[六]被，及也；四表，犹"四方"也。格，至也。上为天，下为地。言其盛德之光，横四海而塞天地。[七]明，明之也；俊，大也。言能明其大德也。[八]九族，上自高祖、下至玄孙之亲。或曰：九族者，父族四，母族三，妻族二也。[九]既，尽也。睦，亲而和也。[一〇]平章即辨章。辨章，遍明也。百姓，百官也。[一一]昭明，皆能自明其德也。[一二]协，合也。万邦，天下诸侯之国。[一三]黎，黑也。民首皆黑，故曰"黎民"。或曰：黎，众也。於（wū）音乌，美也；变，化也；时，是也；雍，和也。

宋朱子曰："尧是初头出治第一个圣人，《尧典》是第一篇典籍。说尧之德，钦是第一个字。圣贤千言万语，大事小事，莫不本于敬。"（《书经传说汇纂》）

宋真氏德秀曰："此章纪尧之功德，与其为治之次序也。明俊德者，修身之事。亲九族者，齐家之事，所谓身修而家齐也。九族既睦，平章百姓，所谓家齐而国治也。百姓昭明，协和万邦，黎民於变时雍，所谓国治而天下平也。夫五帝之治，莫盛于尧，而其本则自克明俊德始。故《大学》以明明德为新民之端。然则《尧典》者，其《大学》之宗祖欤？！"（《大学衍义》）

帝曰："咨！四岳[一]。朕在位七十载[二]，汝能庸命巽朕位[三]？"岳曰："否德，忝帝位[四]。"曰："明明扬侧陋[五]。"师锡[六]帝曰："有鳏在下，曰虞舜[七]。"

帝曰:"俞?予闻[八],如何[九]?"岳曰:"瞽子[一〇],父顽[一一],母嚚[一二],象傲[一三];克谐以孝,烝烝乂,不格奸[一四]。"

帝曰:"我其试哉!女于时[一五],观厥刑于二女[一六]。"厘降二女于妫汭[一七],嫔于虞[一八]。帝曰:"钦哉[一九]!"慎徽五典,五典克从[二〇]。纳于百揆,百揆时叙[二一]。宾于四门,四门穆穆[二二]。纳于大麓,烈风雷雨弗迷[二三]。

帝曰:"格[二四]!汝舜。询事考言,乃言底可绩三载[二五],汝陟[二六]帝位。"舜让,于德弗嗣[二七]。

正月上日[二八],受终于文祖[二九]。在璿玑玉衡[三〇],以齐七政[三一]。肆类于上帝[三二],禋于六宗[三三],望于山川[三四],遍于群神[三五]。辑五瑞[三六]。既月[三七],乃日觐四岳群牧[三八],班瑞于群后[三九]。岁二月,东巡守,至于岱宗[四〇],柴[四一]。望秩于山川[四二],肆觐东后[四三]。协时月,正日[四四],同律度量衡[四五]。修五礼[四六],五玉三帛二生一死贽[四七]。如五器[四八],卒乃复[四九]。五月,南巡守,至于南岳[五〇],如岱礼[五一]。八月,西巡守,至于西岳[五二],如初[五三]。十有一月,朔巡守,至于北岳[五四],如西礼[五五]。归格于艺祖[五六],用特[五七]。五载一巡守,群后四朝[五八]。敷奏[五九]以言,明试以功[六〇],车服以庸[六一]。

肇十有二州[六二],封十有二山[六三],浚川[六四]。象以典刑[六五]，流宥五刑[六六]，鞭作官刑[六七]，扑作教刑[六八]，金作赎刑[六九]。眚灾肆赦[七〇]，怙终贼刑[七一]。钦哉、钦哉，惟刑之恤哉[七二]！流共工于幽[七三]，放驩兜于崇山[七四]，窜三苗于三危[七五]，殛鲧于羽山[七六]，四罪而天下咸服。

二十有八载，帝乃殂落[七七]。百姓如丧考妣[七八]，三载，四海遏密八音[七九]。

月正元日[八〇]，舜格于文祖[八一]，询于四岳，辟四门，明四目，达四聪[八二]。"咨，十有二牧[八三]！"曰："食哉[八四]！惟时柔远能迩[八五]，惇德允元，而难任人[八六]，蛮夷率服[八七]。"

舜曰："咨，四岳！有能奋庸熙帝之载[八八]，使宅百揆，亮采惠畴[八九]？"佥曰[九〇]："伯禹作司空[九一]。"帝曰："俞，咨禹！汝平水土，惟时懋哉[九二]！"禹拜稽首[九三]，让于稷、契暨皋陶[九四]。帝曰："俞，汝往哉[九五]！"帝曰："弃[九六]，黎民阻饥[九七]，汝后稷[九八]，播时百谷[九九]。"帝曰："契[一〇〇]，百姓不亲，五品不逊[一〇一]，汝作司徒[一〇二]，敬敷五教，在宽[一〇三]。"帝曰："皋陶[一〇四]，蛮夷猾夏，寇贼奸宄[一〇五]。汝作士[一〇六]，五刑有服，五服三就[一〇七]；五流有宅，五宅三居[一〇八]。惟明克允[一〇九]！"帝曰："畴若予工[一一〇]？"佥曰："垂[一一一]哉！"帝曰："俞，咨垂！汝共工[一一二]。"垂拜稽首，让于殳、斨暨伯与[一一三]。帝曰："俞。往哉！汝谐[一一四]。"帝曰："畴若予上下[一一五]草木鸟兽？"佥曰："益哉！"帝曰："俞，咨益！汝作朕虞[一一六]。"益拜稽首，让于朱虎、熊罴[一一七]。帝曰："俞，往哉！汝谐。"帝曰："咨，四岳！有能典朕三礼[一一八]？"佥曰："伯夷[一一九]。"帝曰："俞，咨伯！汝作秩宗[一二〇]。夙夜惟寅[一二一]，直哉惟清[一二二]。"伯拜稽首，让于夔、龙[一二三]。帝曰："俞，往，钦哉！"帝曰："夔，命汝典乐，教胄子[一二四]，直而温，宽而栗[一二五]，刚而无虐，简而无傲。诗言志，歌永[一二六]言，声依永[一二七]，律和声[一二八]。八音克谐，无相夺伦[一二九]，神人以和。"夔曰："於！予击石拊石，百兽率舞[一三〇]。"帝曰："龙，朕堲谗说殄行，震惊朕师[一三一]。命汝作纳言[一三二]，夙夜出纳朕命，惟允[一三三]！"帝曰："咨！汝二十有二人[一三四]，钦哉！惟时亮天功[一三五]。"

三载考绩，三考黜陟[一三六]，幽明庶绩咸熙[一三七]。分北三苗[一三八]。

舜生三十，征庸[一三九]二十，在位五十载，陟方[一四〇]乃死。（同上）

[一]帝，唐尧。咨，嗟也，嗟叹而告之也。四岳，官名，一人而总四岳诸侯之事者。[二]朕，古人自称之通号。载，年也。尧年十六，以唐侯升为帝，在位七十年，则时年八十六，老将求代。[三]庸，用也；巽，践也。尧之子丹朱不肖，群臣又多不称，故欲举其位以授人，而先之四岳也。[四]否音鄙，鄙也；忝，辱也。四岳言己不堪而辞也。[五]明明，上"明"谓明显之，下"明"谓已在显位者。扬，举

也。侧陋，微贱之人。尧令举显位及疏远隐匿者。[六]师，众也；锡，言也。四岳、群臣、诸侯同辞以对也。[七]鳏，无妻之名。在下，谓民间。虞为氏；舜，名也。[八]俞，然也。"予闻"者，我闻有此人也。[九]复问其德之详。[一〇]四岳独对曰：舜乃瞽者之子。瞽（gǔ）音古，无目之名。舜父号瞽叟。或曰：舜父有目，但不能识别善恶，与无目者同，故时人谓之瞽。[一一]心不则德义之经为顽。[一二]母，舜之后母。口不道忠信之言为嚚（yín），音银。[一三]象，舜之异母弟。傲，骄慢也。[一四]谐，和也。烝（zhēng 蒸），之承反，进也；乂，治也。格，至也。言舜不幸遭此，而能和以孝，使之进进以善自治，而不至于大为奸恶。[一五]女，以女与人也。时，是也。《史记》云："于是妻之二女。"[一六]厥，其也；刑，法也。二女，尧之女娥皇、女英。[一七]厘降，饬下也。舜能饬下之。妫（guī），居危反，水名；水北曰汭（ruì 瑞），如锐反；盖舜所居之地。[一八]嫔（pín 频）音并，妇也。二女在虞如妇礼。[一九]钦，善之也。此句之下，《十三经注疏》本有"曰若稽古帝舜，曰重华协于帝。濬哲文明，温恭允塞，玄德升闻，乃命以位"二十八字，今文《尚书》无之。[二〇]徽，和也。五典，五常；父子有亲，君臣有义，夫妇有别，长幼有序，朋友有信是也。从，顺也。此盖使为司徒之官。[二一]百揆，百官。《史记》有"遍入百官"之文可证。或曰："百揆"者，揆度庶政之官，惟唐虞有之，犹周之冢宰也。时叙，以时而叙，左氏所谓"无废事"也。[二二]四门，四方之门。古者以宾礼亲邦国，诸侯各以方至而使主焉，故曰宾。穆穆，和之至也。[二三]麓音鹿，山足也。烈，迅也；迷，错也。尧使舜入山林，雷风大至，众惧失常，而舜不迷。[二四]格，来也；尧呼舜曰"来"。[二五]询，谋也。乃，汝也。乃下之"言"字，系衍文。底，至也；绩，行也。《史记》："汝谋事至而言可行三年矣。"[二六]陟，升也。[二七]德，犹"志"也。嗣，本作"台"。于德弗嗣，于意不悦也。或曰：谦逊自以其德不足为嗣也。[二八]上日，朔日也。[二九]文祖，尧之太祖。于是尧老，命舜摄政。[三〇]在，察也。璿玑玉衡，北斗七星。璿玑是斗魁四星，玉衡是拘横三星。或曰：璿玑玉衡，乃治历观天之器。璿（xuán）音旋。[三一]七政，天、地、日、月、星辰、钟律、历。[三二]肆，遂也。非时祭天曰"类"。时舜告摄，非常祭也。[三三]禋（yīn）音因，祭名。六宗，日、月、北辰、岱、河、海。[三四]望亦祭名，望而祭之，故曰"望"。山川，名山大川，五岳、四渎之属。[三五]遍，遍祭也。群神，谓丘陵坟衍、古昔圣贤之类。[三六]辑，敛也；瑞，信也。五瑞，珪、璧、琮、璜、璋。[三七]既，尽也。既月，尽正月。[三八]觐，见也。四岳，主四方诸侯者；群牧，十二州之牧伯。[三九]班，与"颁"同，还也。群后即诸侯，颁还其瑞，与之正始。[四〇]舜于二月至东方巡守。"巡守"者，巡所守也。岱宗，泰山也。岱（dài）音代。[四一]燔柴祭天。[四二]以尊卑秩次祭之。[四三]遂见东方君长。[四四]时谓四时，月谓月之大小，日谓日之甲乙。诸侯之国，其有不齐者，则协而正之。[四五]同，齐也。律谓十二律。度，丈尺也；量，斗斛也；衡，称也。[四六]吉、凶、宾、军、嘉为五礼。[四七]五玉，五等诸侯所执者，即五瑞也。公侯以玉为贽。三帛，赤、黑、白缯，所以荐玉。二生，卿执羔，大夫执雁。一死，士执雉。五玉、三帛、二生、一死，皆所以为贽而见者。[四八]如，若也。五器即五瑞。[四九]卒，终也；复，还也。礼终则还之也。[五〇]自东岳南巡，五月至南岳衡山。[五一]其礼如在岱宗时。[五二]西岳，华山。[五三]初谓岱宗。[五四]朔，北方也。北岳，恒山。[五五]如在西岳之礼。[五六]格，至也。巡守既归，告至艺祖之庙。艺祖，疑即文祖。或曰：艺，祢也。[五七]特，特牲，谓一牛也。[五八]五年之内，帝舜巡守者一，诸侯来朝者四。盖巡守之明年，东方诸侯来朝；又明年，南方诸侯来朝；又明年，西方诸侯来朝；又明年，北方诸侯来朝；又明年，则帝再巡守，四方诸侯再依次来朝。一往一来，礼无不答，是以上下交通而远近洽和也。[五九]敷，遍也；奏，告也。[六〇]功，事也。[六一]庸，劳也；谓劳以车服也。[六二]肇，与"兆"同，兆域也。十二州，冀、兖、青、徐、荆、扬、豫、梁、雍、幽、并、营也。自冀州至雍州，为旧有九州之名。禹治水之后，舜分冀州为幽州、并州，分青州为营州，遂有十二州。[六三]封，表也。每州封表一山，以为一州之镇。[六四]浚导十二州之川。浚（jùn 俊），苟俊反。[六五]象，如天之垂象以示人，使人易避而难犯也。典者，常也。刑，即墨、劓、剕、宫、大辟五刑也。[六六]流，遣之使远去。宥，宽也；所以待夫罪之稍轻，虽入于五刑，而情可哀矜者也。宥（yòu）音又。[六七]以鞭为治官事之刑。[六八]扑（pū 铺），普卜反，夏、楚二物，学校之刑。[六九]意善而功恶者，使出金赎罪。赎（shú 孰），石欲反。[七〇]肆，过失也。过失虽有眚灾，亦赦之。眚（shěng）音省。[七一]怙（hù）音户，恃也。恃其奸邪，终为残贼，则刑之。[七二]钦，敬也。恤，慎也。[七三]共工静言庸违，象恭滔天，故流之于幽州。幽州，北裔之地。共（gōng）音恭。[七四]驩兜党于共工，故放之。崇山，南裔之山。驩（huān欢），呼端反；兜（dōu），丁侯反。[七五]三苗，国名；恃险为乱，故窜逐之。三危，西裔之地。[七六]鲧方命圮族，绩用不成，故殛之。殛（jí即），纪力反，拘囚困苦之也。羽山，东裔之山。鲧（gǔn衮），故本反。[七七]帝谓尧；殂落，死也。[七八]父曰考；母曰妣（bǐ比），必礼反。[七九]遏（è厄）音谒，止也；密，默也。八音，金、石、丝、竹、匏、土、革、木也。言尧恩泽隆厚，故四海之民，思慕之深，至于如此。[八〇]正月朔日。[八一]舜至文祖庙，告即帝位。[八二]询，谋也。辟，开也。舜谋治于四岳之官，开四方之门，以来天下之贤俊；广四方之视听，以决天下之壅蔽。[八三]咨，亦谋也。十二牧，十二州之牧。牧，养民之官也。[八四]吴师北江曰："食，为也，勉之之词。"[八五]时，是也。能，安也；迩，近也。[八六]惇，厚也；允，信也。德，有德之人；元，仁厚之人。难，拒也；任，佞也。言当厚有德、信仁人，而拒佞人也。[八七]虽蛮夷之国，亦相率而服从。[八八]奋庸，成也；熙，美也；载，事也。《史记》："有能成美尧之事者。"[八九]宅百揆，度百官也。亮采，相事也。惠，犹"为"也；畴，谁也。或曰：亮，明也；惠，顺也；畴，类也。言使居百揆之位，以明亮庶事，而顺成庶类也。[九〇]佥（qiān签），七廉反，众也。同辞而对。[九一]禹，姒姓，崇伯鲧之子，为司空，治洪水有功。[九二]时，是也。懋，勉也；指百揆之事以勉之也。[九三]稽首，首至地。《周礼》：太祝"辨九拜，一曰稽首"。稽首是拜内之别名，为拜乃稽首，故云"拜稽首"也。稽（qǐ）音启。[九四]稷名弃，姓姬氏，周之祖。契（xiè）音泄，姓子氏，殷之祖也。暨，及也。皋陶亦当时名臣。

[九五]俞者，然其举也。汝往哉，不听禹之让也。[九六]帝舜呼弃而命之。[九七]阻，厄也；言厄于饥也。[九八]吴师曰："后，当依《列女传》作'居'。"稷，农官名。[九九]播，布也；时，莳也。谷非一种，故曰百谷。[一〇〇]帝舜呼契而命之。[一〇一]亲，相亲睦也。五品，父子、君臣、夫妇、长幼、朋友之伦也。逊，顺也。[一〇二]司徒，掌教之官。[一〇三]敷，布也；五教，即五常之教。宽，谓从容不迫也。[一〇四]帝舜呼皋陶而命之。[一〇五]猾（huá 滑），户八反，乱也。中国文明之地，故曰华夏。劫人曰寇，杀人曰贼，在外曰奸，在内曰宄（guǐ），音轨。[一〇六]士，理官也。[一〇七]服，制也。大刑用甲兵，其次斧钺；中刑用刀锯，其次钻笮；薄刑用鞭朴。三就，行刑当就三处：大罪于原野，大夫于朝，士于市。[一〇八]五流，五刑之当宥者也。五宅三居者，流虽有五，而宅之但为三等：大罪居于四裔，次则九州之外，次则千里之外。[一〇九]明，明察也；克，能也；允，信也。[一一〇]若，顺也。帝舜问谁能顺我百工之事者。[一一一]垂，臣名，有巧思。[一一二]命垂为共工之官。[一一三]吴师曰："殳、斨、伯与，三臣名。"殳（shū）音殊；斨（qiāng），千羊反；与（yú）音余。[一一四]吴师曰："谐、偕同字，使偕往为佐。"[一一五]上下，谓山林泽薮。[一一六]虞，掌山泽之官。[一一七]朱虎、熊罴，二臣名。熊，回弓反；罴，班縻反。[一一八]典，主也。三礼，祀天神、享人鬼、祭地祇之礼。[一一九]伯夷，臣名，姜姓。[一二〇]秩，序也；宗，祖庙也。秩宗，主叙次百神之官，而专以"秩宗"名之者，盖以宗庙为主也。[一二一]夙，早也；寅，敬也。[一二二]吴师曰："直哉，'当事'也。哉、载同，事也。惟清，宜静

洁也。"[一二三]夔、龙，二臣名。夔（kuí）音逵。[一二四]胄子，稚子也。或曰：胄，长也。教长天下之子弟也。[一二五]栗，庄敬也。[一二六]永，长也。[一二七]永，咏也。[一二八]律谓六律、六吕，阳声黄钟、太簇、姑洗、蕤宾、夷则、无射为六律，阴声大吕、应钟、南吕、林钟、仲吕、夹钟为六吕。声，五声，宫、商、角、徵、羽也。[一二九]夺伦，易次也。[一三〇]石，磬也。磬和则无不和。拊（fǔ）音抚，小击也。率舞，自舞也。命官忽记夔言，美韶乐也。[一三一]塈（jí即），疾力反，疾也。殄行者，谓伤绝善人之事；师，众也。言其变乱黑白，以骇众听也。[一三二]纳言，喉舌之官。[一三三]允，信也。[一三四]四岳一人，合九官、十二牧，为二十二人。[一三五]惟是相天事。[一三六]陟，升也；黜（chù怵），丑律反，退也。三考为九年，人之贤否，事之得失，皆可见；于是升其贤而有成绩者，退其不肖而成绩不良者。我国考绩之法始此。[一三七]远近众功皆兴。[一三八]北，古"别"字。盖所黜者，独三苗耳。[一三九]庸，用也。[一四〇]陟方，省方也。

宋吕氏祖谦曰："明明扬侧陋，见尧为天下得人之意，广大无间。明者可举则明之，侧陋者可举则扬之，其公天下之道如此。"（《书经传说汇纂》）

宋王氏炎曰："百揆，百官之首，故先命禹。养民，治之先务，故次命稷。富然后教，故次命契。刑以弼教，故次命皋陶。工立成器，以为天下利，人治之末，故次命垂。如此，治人者略备矣。然后及草木鸟兽，故次命益。民物如此，则隆礼乐之时也，故次命夷、夔；礼先乐后，故先夷后夔。乐作则治功成矣。群贤虽盛，治功虽成，苟谗闲得行，则贤者不安，前功遂废。故命龙于末，所以防谗闲、卫群贤，以成其终。"（同上）

柳翼谋先生（诒徵）曰："唐虞之时，以天然地理，画分九州。中间尝分为十二州。说者谓舜以冀州之北广大，分置并州；以青州越海，分置营州；又分燕以北为幽州。至禹即位，复为九州。然其文无征，不能定其界域，惟知其时确尝分为十二区域耳。又即九州分为五服，以地形证之，四方相距，未必能平均如其里数。惟可知其治地，约分此五种界限；甸服直接于天子；侯、绥为诸侯治地；要、荒服皆蛮夷，其文化相悬甚远耳。当时诸侯号为万邦，亦非确数。其阶级盖分五等，其长曰牧、曰岳、曰伯。其国中制度不可考。以《书》观之，岳、牧之在中央政府，颇有大权，而中央政府亦可黜陟之。中央政府与各州诸侯之关系，以巡狩述职为最重之事。观《尚书》之文，当时帝者巡狩之要义有三：一，致祭，如'岁二月至于岱宗，柴，望秩于山川'是；二，壹法，如'协时月，正日，同律度量衡'是；三，修礼，如'修五礼，五玉三帛二生一死贽。如五器，卒乃复'是。三者之中，以第二义为最切于民生日用，并可以推见当时诸侯之国，往往各用其相传之正朔，各用其律度量衡，不必与中央政府之定制相同。故虞帝定制，越五年一往考察，务使之齐同均一。此即统一中国之大纲也。"（《中国文化史》）

又曰："唐虞之官吏，殆多由大臣举用。其用人虽多出于贵族，然必以其言论及事功，参稽而用之；且惩戒之法甚严，失职者不免鞭挞，甚且著之刑书。其考绩必以三年者，取其官久而事习，然后可以定其优劣也。官法虽严，而君臣之分际，初不若后世之悬隔。相与对语，率以尔汝之称，且设四邻以为人主之监督。(《尚书大传》："古者天子必有四邻，前曰疑，后曰丞，左曰辅，右曰弼。天子中立而听朝，则四圣维之。是以虑无失计，举无过事。")故君主无由专制，而政事无不公开也。"(同上)

益曰[一]："吁，戒哉[二]！儆戒无虞[三]，罔失法度。罔游于逸，罔淫于乐[四]。任贤勿贰，去邪勿疑。疑谋勿成[五]，百志惟熙[六]。罔违道以干[七]百姓之誉，罔咈[八]百姓以从己之欲。无怠无荒，四夷来王[九]。"(《书经·大禹谟》)

[一]益告舜之言。[二]先吁后戒，欲使听者精审也。[三]儆与"警"同，言未有可虞之时，必儆必戒。[四]罔，勿也。法度，法则制度也。淫，过也。当四方无虞之时，法度易至废弛，故戒其失坠；逸乐易至纵恣，故戒其游淫。乐（luò）音落。[五]谋，图为也。有所图为，揆之于理而未安者，则不复成就之。[六]言百种意志惟益广也。[七]干，求也。[八]咈（fú），符勿反，逆也。[九]言无怠惰荒废，则四夷来归。

宋王氏安石曰："'罔失法度'以下，修之身者也。'任贤勿贰'以下，修之朝者也。'罔违道'以下，施之天下者也。"(《书经传说汇纂》)

禹曰[一]："於，帝念哉[二]！德惟善政，政在养民[三]。水火金木土谷惟修[四]，正德、利用、厚生惟和[五]，九功惟叙，九叙惟歌[六]。戒之用休，董之用威[七]，劝之以九歌，俾勿坏[八]。"（同上）

[一]禹告舜之言。[二]於（wū）音乌，叹美辞。禹叹美益言儆戒之道，谓帝当深念益之所言也。[三]德非徒善而已，惟当有以善其政；政非徒法而已，在乎有以养其民。下文六府三事，即养民之政也。[四]水、火、金、木、土、谷为六府。惟修者，水克火，火克金，金克木，木克土，而生五谷，或相制以泄其过，或相助以补其不足，而六者无不修矣。[五]正德者，父慈子孝、兄友弟恭、夫义妇听，所以正民之德也。利用者，工作什器、商通货财之类，所以利民之用也。厚生者，衣帛食肉、不饥不寒之类，所以厚民之生也。此三事惟当谐和之。[六]九功，合上述之六府与三事也。叙者，言九者各顺其理。歌者，以九功之叙而咏之歌也。[七]董，督也。威，古文作畏。其勤于是者，则戒喻而休美之；其怠于是者，则督责而惩戒之。[八]又以事之出于勉强者不能久，故复即其前日歌咏之言，协之律吕，播之声音，用之乡人，用之邦国，以劝相之。使其欢欣鼓舞，趋事赴功，不能自己（已），而前日之成功，得以久存而不坏。

明丘氏濬曰："民之为民也，有血气之躯，不可以无所养；有心知之性，不可以无所养；有血属之亲，不可以无所养；有衣食之资，不可以无所养；有用度之费，不可以无所养。一失其养，则无以为生矣。是以自古圣帝明王，修德以为政，立政以为治，孜孜焉一以养民为务。"（《大学衍义补》）

人心惟危，道心惟微[一]，惟精惟一，允执厥中[二]。（同上，舜告禹之言）

[一]心者，人之知觉，主于中而应于外者也。指其发于形气者而言，则谓之人心；指其发于义理者而言，则谓之道心。人心易私而难公，故危；道心难明而易昧，故微。[二]惟能精以察之，而不杂形气之私；一以守之，而纯乎义理之正，道心常为之主，而人心听命焉，则动静云为，自无过不及之差，而信能执其中矣。

宋黄氏幹曰："圣人知发于形气者惟危，发于义理者惟微，故欲人于此用工，而精以察之于始，一以守之于终。凡一念之发，必察其发于形气乎？发于义理乎？发于形气，则摧折之；发于义理，则扩充之。如是，则'精'之事得矣。又从而坚持固执，念念不忘，使前之扩充者，常昭著光明；前之摧折者，必潜遁退听，而至于无焉。此'一'之事也。既精且一，则心之所发，身之所为，无不合乎中矣。"（《书经传说汇纂》）

宋真氏德秀曰："'人心惟危'以下十六字，乃尧、舜、禹传授心法，万世圣学之渊源。"（《大学衍义》）

夏伯定先生（震武）曰："人心、道心，皆感物而动。而其所以不同者，则以一动于欲，而一动于理也。"又曰："危者，人欲之易炽也；微者，天理之易失也。精一执中，所以去人欲之私，而全其天理之公也。"（《灵峰先生集》）

胡朴安先生曰："人心，人欲也。人欲即是物质。物质无论如何发达，皆是互相抵触而危险的，故曰'惟危'。道心，天理也。天理即是精神。精神无论如何文明，皆是隐不可见而微妙的,故曰'惟微'。物质之中有精神,精神之中亦有物质。使二者融和无间,不见二者之杂,故曰'惟精'。不以精神为体、物质为用,而精神自然是主,物质常随精神,而不见有二者之分,故曰'惟一'。非取精神之一半,物质之一半,而谓之中;亦非于精神、物质之外,别有所取,而谓之中。即融和精神与物质,而不见其有融和之迹,允执其中,则危者安、微者著矣。"(《儒家修养法》)

倬案:《大禹谟》,即世所称伪《古文尚书》之一篇。知其为伪古文,而仍选入者,亦自有说。龚氏自珍曰:"庄君存与传山右阎氏之绪学,阎氏所廓清,已信于海内。言官、学臣议上言于朝,重写二十八篇于学官,颁赐天下。考官命题,学僮讽诵,伪书无得与。公以翰林学士,直上书房为师傅,闻之,忽然起,逌然思,郁然叹,忾然而窹谋。自语曰:'古籍坠湮什之八,颇籍(藉)伪书存者什之二。《大禹谟》废,人心、道心之旨,"杀不辜宁失不经"之戒亡矣;《太甲》废,"俭德永图"之训坠矣;《仲虺之诰》废,"谓人莫己若"之戒亡矣;《说命》废,"股肱良臣启沃"之谊丧矣;《旅獒》废,"不宝(贵)异物贱用物"之戒亡矣;《囧命》废,"左右前后皆正人"之美失矣。今数言幸而存,皆圣贤之真言,言尤疴瘵关后世,宜贬须臾之道,以授肄业者。'公退直上书房,日著书,曰《尚书》既见如干卷,数数称《禹谟》《虺诰》《伊训》,颇为承学者诟病,而古文竟获仍学官不废。"(《龚定盦文集·资政大夫礼部侍郎武进庄公神道碑铭》)夫庄、龚二氏,皆清代之著名今文学家也,而其言若此,则伪《古文尚书》,亦自有其不可磨灭处可知。倬因选其尤有益世教者,以资研究焉。

禹曰[一]："洪水滔天，浩浩怀山襄陵[二]，下民昏垫[三]。予乘四载[四]，随山刊木[五]；暨益，奏庶鲜食[六]。予决九川，距四海[七]，浚畎浍，距川[八]；暨稷，播奏庶艰食[九]，鲜食[一〇]。懋迁有无[一一]，化居[一二]，烝民乃粒[一三]，万邦作乂[一四]。"(《书经·皋陶谟》，《注疏》本作《益稷》)

[一]禹于帝舜之前答皋陶之言。[二]洪水，大水。滔天，言水势泛溢，上漫于天也。怀，包也；襄，上也。[三]下民昏瞀垫溺，皆困于水灾。垫（diàn店），都念反。[四]四载：水乘舟，陆乘车，泥乘輴，山乘樏。輴（chūn春），《史记》作橇，《汉书》作毳。以板为之，其状如箕，擿行泥上。樏（léi雷），《史记》作桥，《汉书》作梮。以铁为之，其形如锥，长半寸，施之履下，以上山不蹉跌也。[五]随，循也；刊，除也。盖水涌不泄，泛滥瀰漫，地之平者，无非水也，其可见者山耳。故必循山伐木，通蔽障，开道路，而后水工可兴。[六]暨，与也；奏，进也；庶，众。血食曰鲜，音仙。水土未平，民未粒食，与益进众鸟兽鱼鳖之肉于民，使食以充饱也。[七]九川，九州之川。距，致也，致之于四海。[八]浚，深也。古者一亩之间，广尺、深尺曰畎（quǎn犬），工犬反。方百里之间，广二寻、深二仞曰浍（kuài快），故外反。距川，致之于川也。[九]艰食，难得之食。言与稷遍予众难得之食。[一〇]鲜（xiǎn显），息浅反，少也。言食少也。[一一]调有馀，补不足。[一二]化，徙也；居，贮也。徙所居积之货也。[一三]吴师曰："烝，众也。粒、立同字。立，定也，言众民乃定。"[一四]乂，

治也；言万邦用治。

柳翼谋先生曰："禹伤父功不成，劳身焦思，以求继续先业而竟其志。其法盖先行调查测量，而后从事于疏凿。其所治之诸水，具详于《禹贡》。史家推论其功，尤以导河为大。按：河自龙门至今河间、天津等地，其长殆二千里，皆禹时以人力开凿而成。专治一河，其工之巨，已至可骇，矧兼九州之山水治之？北至河套，南至川滇，西至青海，东至山东，其面积至少亦有七八百万方里。鲧治之九年，禹治之十三年，合计二十二年，而九州之地尽行平治。以今人作事揆之，断不能如此神速。故西洋历史家，于禹之治水，极为怀疑。按：治水之难，以人工及经费为首。近世人工皆须以金钱雇之，故兴工必须巨款。吾国古代每有力役，但须召集民人，无须予以金钱。故书史但称禹之治水，不闻唐虞之人议及工艰费巨者。此其能成此等大功之最大原因也。西人但读《禹贡》，不知其时治水者，实合全国人之力，故疑禹为非常之人。若详考他书，则知其治水，非徒恃一二人之功。观《史记》《书经注疏》，即可见矣。禹之治水，不徒治大水也，并田间之畎浍而亦治之。孔子之称禹，不颂其治江河，而独颂其尽力沟洫。盖畎浍沟洫之利，实较江河巨流为大。使仅有九川距海，而无畎浍距川，则农田水利，仍无由兴，而治川之功为虚费矣。然此义若再为西人言之，则必更惊禹之神奇，谓禹遍天下之沟洫而一一治之。不知禹之浚九川及浚畎浍，皆身为之倡，而人民相率效之。虽其勤苦异于常人，而以大多数之人民之功，悉归于禹，则未知事实之真相耳。"（《中国文化史》）

禹曰："予娶涂山[一]，辛壬癸甲[二]。启呱呱而泣，予弗子[三]，惟荒度土功[四]。"（《书经·皋陶谟》）

[一]"予"字下本有"创若时"三字，"娶"字下本有"于"字，今从《史记·夏本纪》校。涂山，国名。[二]辛壬癸甲，当系纪年，非纪日。盖娶后三年，始生启耳。[三]孟子称禹治水，三过其门而不入，是至门闻启泣声，不暇子爱之也。[四]荒，大也。言以故大成水土功也。

九州攸同[一]，四隩既宅[二]，九山刊旅[三]，九川涤源[四]，九泽既陂[五]，四海会同[六]。六府孔修[七]，庶土交正[八]，底慎[九]财赋，咸则三壤[一〇]，成赋。中邦锡土姓[一一]，祗台德先，不距朕行[一二]。（《书经·禹贡》，禹所自述之言）

[一]九州，冀、兖、青、徐、扬、荆、豫、梁、雍也。攸，所也。九州所同，与下为目；其言九山、九川、九泽，是同之事也。[二]四隩，四方土也。宅，居也。言四方之土，已尽可居也。隩（yù 玉），于六反。[三]九山，九州之山。刊旅者，表道也。[四]九川，九州之川。涤源者，浚涤泉源而无壅遏也。[五]九泽，九州之泽。陂、披同字；披，散也。[六]四海之水，无不会同，而各有所归。言九州四海，水土无不平治也。[七]六府，水、火、金、木、土、谷。孔修，大修治也。[八]庶，众也。言众土美恶及高下，得其正也。[九]底，致也；慎，眘也。[一〇]咸，皆也；则，准也。三壤，上、中、下三等。[一一]中邦，中国也。

锡土姓者，言诸侯胙土，锡之姓氏。[一二]台（yí）音怡，我也。距，违也。言自我德首倡天下，皆不违我道也。

吴师北江曰："'祗台德先'二句，乃禹功所以能成之故。苟非以德为先，化成天下，将所至为人所距，禹亦匹夫耳，安能成此震天烁地之伟绩乎哉？《吕氏春秋》云：'禹之决江水也，民聚瓦砾。事成功立，为万世利。'此足见禹功之成之不易矣。《左传》云：'美哉禹功，明德远矣。'亦以德为言。盖能道神禹之志者也。"（《尚书大义》）

柳翼谋先生曰："吾国之名为中国，始见于《禹贡》。唐虞之时，所以定国名为'中'者，盖其时哲士，深察人类偏激之失，务以中道诏人御物，以为非此不足以立国，故制为累世不易之通称。一言国名，而国性即以此表现。其能统制大宇、混合殊族者，以此。其民多乡原，不容有主持极端之人，或力求偏胜之事，亦以此也。"（《中国文化史》）

又曰："治水之功，除水患，一也；利农业，二也；便交通，三也。观《禹贡》所载各州贡道，各州之路，无不达于河，亦无不达于冀州帝都者。以政治言，则帝都与侯国消息灵通，居中驭外，故能构成一大帝国；以经济言，则九州物产，转输交易，生计自裕，故人民咸遂其生，而有'於变时雍'之美。犹之近世国家，开通铁道，而政治、经济，咸呈极大之变化。《禹贡》所称治水之功效，洵非虚语也。"（同上）

周公若曰[一]："拜手稽首，告嗣天子王矣[二]，用咸戒于王，曰王左右[三]，常伯常任[四]，准人[五]，缀衣[六]，虎贲[七]。"

周公曰："呜呼休兹[八]，知恤鲜哉[九]！古之人迪惟[一〇]有夏，乃有室大竞吁俊[一一]，尊上帝，迪知忱恂[一二]，于九德[一三]之行。乃敢告［教］厥后曰：'拜手稽首后矣！'曰：'宅乃事，宅乃牧，宅乃准[一四]，兹惟后矣[一五]。谋面用丕训德，则乃宅人，兹乃三宅无义民[一六]。'"

桀德[一七]，惟乃弗作往任，是惟暴德罔后[一八]。亦越成汤陟[一九]，丕釐上帝之耿命[二〇]，乃用三有宅；克即宅，曰三有俊，克即俊[二一]。严惟丕式[二二]，克用三宅三俊，其在商邑，用协于厥[二三]邑；其在四方，用丕式见德[二四]。

呜呼！其在受德暋[二五]，惟羞刑暴德之人，同于厥邦[二六]；乃惟庶习逸德之人，同于厥政[二七]。帝钦罚之，乃伻我有夏[二八]，式[二九]商受命，奄甸[三〇]万姓。

亦越文王、武王，克知三有宅心，灼见三有俊心[三一]，以敬事上帝，立民长伯，立政[三二]：任人[三三]，准夫[三四]，牧作[三五]，三事[三六]，虎贲，缀衣，趣马[三七]，小尹[三八]，左右携仆[三九]，百司[四〇]，庶府[四一]，大都[四二]，小伯[四三]，艺人[四四]；表臣百司[四五]：太史[四六]，尹伯[四七]，庶常[四八]，吉士，司徒，司马，司空，亚旅[四九]，夷微卢烝，三亳阪尹[五〇]。

文王惟厥宅心[五一]，乃克立兹常事司牧人，以克俊有德[五二]。文王罔攸兼于庶言[五三]；庶狱庶慎，惟有司之牧夫，是训用违[五四]；庶狱庶慎，文王罔敢知于兹。

亦越武王，率惟敉功[五五]，不敢替厥义德[五六]，率惟谋从容德[五七]，以并受此丕丕基[五八]。

呜呼！孺子王矣！继自今，我其立政、立事准人、牧夫[五九]，我其克灼知厥若[六〇]，丕乃俾乱[六一]；相我受民[六二]，和我庶狱庶慎。时则勿有间之自一话一言[六三]，我则末惟成德之彦，以乂我受民[六四]。

呜呼！予旦以前人之微言[六五]，咸告孺子王矣。继自今，文子、文孙其勿误[六六]于庶狱庶慎，惟正[六七]是乂之。

自古商人，亦越我周文王[六八]，立政、立事牧夫、准人，则克宅之，克由绎之[六九]，兹乃俾乂[七〇]。国则罔有立政用憸人，不训于德，是罔显在厥世[七一]。继自今，立政其勿以憸人，其惟吉士，用劢相我国家[七二]。

今文子、文孙孺子王矣，其勿误于庶狱，惟有司之牧夫[七三]。其克诘尔戎兵，以陟禹之迹[七四]，方行天下，至于海表，罔有不服[七五]。以觐文王之耿光，以扬武王之大烈[七六]。呜呼！继自今，后王立政，其惟克用常人[七七]。

周公若曰："太史司寇苏公[七八]，式敬尔由狱[七九]，以长[八〇]我王国。兹式有慎，以列用中罚[八一]。"（《书经·立政》）

［一］此篇周公所作，而记之者周史也，故称"若曰"。［二］周公既拜手稽首而后发言，还自言"拜手稽首"，示己重其事，欲令受其言，故尽礼致敬以告王也。嗣天子王矣，言嗣天子今已为王矣。［三］曰、越，通借字。越，及也；曰王左右，"及王左右"也。［四］常伯常任，侍中之职。［五］准人，汉石经作"辟人"，谓近侍也。［六］缀衣，掌衣服者。缀（zhuì坠），朱卫反。［七］虎贲，守宫者。贲（bēn），音奔。［八］休兹，犹云"美哉"。［九］恤，慎也。知恤鲜哉，犹云"知德者鲜矣"。［一〇］惟为语助词。［一一］乃，犹"其"也。有室，谓卿大夫。大，犹"遍"也；竞，并也。吁（yù）音喻，和也；俊，敬也。［一二］迪知，诚知也；忱恂，诚行也。恂，与"行"通。［一三］九德，即《皋陶谟》所载：宽而栗，柔而立，愿而恭，乱而敬，扰而毅，直而温，简而廉，刚而塞，强而义。［一四］宅、度同字。乃，犹"汝"也。事，职也。牧，治也；治者，功状也。准者，法也。言度汝职事功状法制也。［一五］兹者，如也；惟，为也。言如此而后可以为君。［一六］谋面，黾勉也。丕，奉也。训德，即"俊德"也。乃，能也。义，与"俄"同，衺（邪）也。言黾勉以奉俊德，则能度人；此夏之三度所以无邪人也。［一七］桀即夏桀。德，升也，犹云"兴"也。［一八］往任，谓老成人。惟其不用老成人，是以暴德彰闻，丧亡无后。［一九］亦越，继前之词。成汤即商汤，以武功成，故曰"成汤"。陟，亦升也。［二〇］丕，大也。厘，饬也，敬也。耿，光也。［二一］以事、牧、准度人，曰三宅；以三者进人，曰三俊。即，就也。言汤所用三宅，能成乎其宅；于所称三俊，能成乎其俊也。［二二］严、业同，创也。式，法也。言创为大法。［二三］用，以也。协，和也。厥，

其也。[二四]德亦"和"也,言以大法而见和。[二五]受德,纣字。暋（mǐn）音敏,代也。[二六]羞、宿同字。刑,成也。所与共国者,惟宿成暴德之诸侯。[二七]庶,众也。所以共政者,惟众习逸德之臣下。或曰:庶习即左右近侍。[二八]帝,上帝也。钦,兴也。伻（bēng 崩）,普庚反,使也。言上帝兴罚,乃使我周有此诸夏。[二九]式,读为拭,刷清也。[三〇]奄,大也;甸,治也。[三一]三有宅心,三有俊心,禹汤审官之心也。文王、武王克知之,灼见之。[三二]政与长,对文。《管子》"知时者可立以为长,无私者可置以为政",是其例。下文乃备列立长伯、立政之目。[三三]任人,常任也。[三四]准人。[三五]牧伯。[三六]大夫。[三七]趣马,掌马之官。[三八]小官之长。[三九]携,犹"厮"也;携仆,厮仆也。[四〇]百官有司。[四一]主券契藏吏。[四二]大国。[四三]小国。[四四]卜祝巫匠,执技以事上者。[四五]表,外也。上"百司",盖内百司,此言外百司。[四六]史官。[四七]师尹。[四八]庶,众也;常,祥也。[四九]司徒、司马、司空,此三卿也。亚,次卿。旅,众大夫也。[五〇]烝,君也。言夷则微卢之君,三亳则阪尹也。[五一]"惟"下依汉石经去"克"字。惟厥宅心,言惟其能度于心。[五二]乃能立此常职司牧诸人,用能进有德也。[五三]不兼庶言,文王不敢下侵庶职也。[五四]庶狱,狱讼也;庶慎,庶成也,即今之簿书。庶狱、庶慎,皆庶言也。之,是也。牧,法也。"有司之牧夫"者,有主是法人也。训,顺也。言庶狱、庶慎,均委有司,惟所从违也。[五五]率,循也。敉,谋也;敉（mǐ 米）,亡婢反。[五六]义德,法教也。[五七]容,读为睿。谋,勉也。勉从容德之人。[五八]丕丕,大也。以普受此大业也。[五九]立政，建立长官也。立事，建立群职也。准人，度乃准也；牧夫，度乃牧也。[六〇]若，道也。言我能灼然知其道。[六一]丕，斯也；俾，从也；乱，治也。言斯乃从治也。[六二]相，治也。治我所受天民，犹后文"乂我受民"。[六三]事关刑狱，虽一话一言之微，亦不得以己意厕于其间。盖非此不足以尽"勿虞庶狱"之义，而保全司法独立之精神也。[六四]末惟，"终有"也。乂（yì）音刈，治也。我终有成德之美士，以治我所受之民矣。[六五]旦，周公之名。"以前"二字，本作"已受"，"微"本作"徽"，依汉石经校。[六六]误、虞同字。虞，忧也，度也。[六七]正，犹《康诰》之"正人"，当职者也。[六八]古，谓夏。言自夏及商人，及我周文王。[六九]由，与"䌷"同。言能度之，能䌷绎之。[七〇]此乃从治。[七一]自古为国，无有立政用憸利小人者。小而谓之憸者，形容其沾沾便捷之状也。憸利小人，不顺于德，是无能光显于厥世矣。憸（xiān 先），息廉反。[七二]劢（mài），音迈，勉也。王当继今以往，立政勿用憸利小人，其惟用吉士，使勉力以辅相我国家。[七三]重言以申明之。此诰后嗣之继体为王者，非仅为今王言也。独举庶狱，以赅庶慎，盖刑狱固尤重欤。[七四]诘，校核也。禹迹，禹服旧迹。[七五]方，犹"横"也。海表，四裔也。言德威所及，无不服也。[七六]觐，见也；耿光，德也。大烈，业也。[七七]常，祥也。常人即吉士，犹云善人也。[七八]周公更召司寇苏公而语之。太史，盖苏公之兼官。[七九]敬，矜也。邮、由同字；由狱，犹云"邮罚"也。[八〇]长，益也。[八一]"列"者，前后相比，犹今言"例"也。"中罚"者，无过不及之谓。（此篇注释大都依照吴师《尚书大义》）

宋真氏德秀曰："成王即政之始，周公恐其未知文王之心法，故作此书。以'立政'为名，所陈皆命官用人之事，而必以'宅心'为先。盖用人乃立政之本，而宅心又用人之本也。"（《大学衍义》）

宋金氏履祥曰："古人诘兵，盖有国之常政。军伍藏于井甸，阵法讲于蒐狩，射御习于乡学，巡边四征寓于巡狩会同。但恐守文之主，或自废弛尔。况其时淮奄未尽平，故周公言及之。"（《书经传说汇纂》）

吴师北江曰："此篇以勿虞庶狱为主。以今语诠之，所以保全司法独立之精神，特申明其权限，而惧王及左右之乱之也。故诫王而兼及群臣，乃至缀衣、虎贲之属，特加意焉。以此等近侍媟御，其荧惑王之见闻，而挠乱刑狱，为弥易也。故繁复其词，以庶习憸人为戒，而要之以克用常人。又恐言之而王或不察也，复召司寇苏公于前而显命之，使自慎其官守。诏苏公，即所以警王也。当日周公用意固极周至，而文章之精严奇翀，亦千古所未有矣。"（《尚书大义》）

鸱鸮鸱鸮[一]，既取我子，无毁我室[二]。恩斯勤斯，鬻子之闵斯[三]。

[一]鸱鸮，鸺鹠（xiū liú 休留），恶鸟。重言之者，乃深恶而痛斥之词。鸱（chī 吃），尺夷反；鸮（xiāo 消），吁娇反。[二]宁亡二子，不可以毁我周室。二子指管叔、蔡叔，以武庚挟管、蔡以毁周也。[三]恩，爱也。鬻（yù），音育，稚也。稚子谓成王。闵，忧也。言衅起萧墙，为稚子之病，安得不爱护勤劳之乎？

迨[一]天之未阴雨,彻彼桑土[二],绸缪牖户[三]。今女[四]下民,或敢侮予。

[一]迨(dài)音待,及也。[二]彻,取也。桑土,桑根也。[三]绸缪,缠绵也。牖,巢之通气处;户,其出入处也。缪(móu谋),莫侯反。[四]女,音汝。

宋朱子曰:"为鸟言。我及天未阴雨之时,而往取桑根,以缠绵巢之隙穴,使之坚固,以备阴雨之患,则此下土之民,谁敢有侮予者?亦以比己深爱王室,而预防其患难之意。"(《诗经集传》)

予手拮据[一],予所捋荼[二],予所蓄租[三]。予口卒瘏[四],曰予未有室家[五]。

[一]拮据(jiéjū)音结居,手口共作之貌。[二]捋(luō),力活反,取也。荼(tú)音徒,萑苕可藉巢者也。[三]蓄,积也;租,聚也。[四]卒,尽也。瘏(tú)音徒,病也。[五]室家,巢也。

朱子曰:"亦为鸟言。作巢之始,所以拮据以捋荼蓄租,劳苦而至于尽病者,以巢之未成也。以比己之前日,所以勤劳如此者,以王室之新造而未集故也。"(同上)

予羽谯谯[一],予尾翛翛[二],予室翘翘[三]。风雨所漂[四]摇，予维音哓哓[五]。

[一]谯谯，杀也。谯（qiáo 乔），在消反。[二]翛翛，敝也。翛（xiāo 消），素凋反。[三]翘翘，危也。[四]漂（piāo 飘），匹遥反。[五]哓哓，惧也。或曰：急也。哓（xiāo 消），呼尧反。

朱子曰："亦为鸟言。羽杀尾敝，以成其室而未定也。风雨又从而漂摇之，则我之哀鸣，安得而不急哉！以比己既劳悴，王室又未安，而多难乘之。则其作诗以喻王，亦不得而不汲汲也。"（同上）

《鸱鸮》四章，章五句。（《诗经·豳风》）

汉司马氏迁曰："成王少，周公乃践阼当国。管叔及其群弟流言于国。周公乃告太公望、召公奭曰：'我之所以弗辟（音避）而摄行政者，恐天下畔周，无以告我先王，所以为之若此。'于是卒相成王。管、蔡、武庚等果率淮夷而反。周公乃奉成王命，兴师东伐，作《大诰》，遂诛管叔，杀武庚，放蔡叔。乃为诗贻王，命之曰《鸱鸮》。"（《史记·鲁周公世家》）

马师（通伯）曰："武王崩后，三监即叛，周公即征。此诗乃周公克殷将归，先为此以贻王，述其不得已而用兵之故。凯还入告之辞，忧惧如此，盖惩前毖后，不可以商乱既平而忘戒也。东征之役，古今聚讼。夫变起仓卒，公既摄政，不应引嫌自避，则郑氏玄以为'避居东都'者非也。然骨肉之间，一闻流言，遽兴师征，朱子晚年又疑其事。窃谓无可疑也。周公之东征,特提兵镇摄,使其祸不至蔓延;而又不亟于致讨,万一叛人革面,犹可曲全,所以为仁至义尽。不然,一戎衣而有天下,殄殷小丑,奚待二年哉!史臣知之,故不曰'东征',而曰'居东';不曰'诛武庚、管、蔡',而曰'罪人斯得'。圣人哀矜恻怛之心,并当日情事,皆昭然若揭矣。"(《诗毛氏学》)

唐蔚芝先生曰:"周公之诛管、蔡,周公之不得已也。既伤且悔,引咎自责。首章追念文考、文母恩勤养子之艰,不图天伦构变,无道善全。次章望成王于未毁之先,同心图政。内疑既释,外患自消。三四两章,历述己之劳瘁,以王室新造,多难迭乘,哀鸣自诉,以冀感动正心。咙音瘏口,不忍卒读;至性至情,感人者深已!"(《诗经大义》)

夏暑雨,小民惟曰怨咨;冬祁寒,小民亦惟曰怨咨。厥惟艰哉[一]!思其艰以图其易,民乃宁[二]。(《书经·君牙》穆王告君牙之词)

[一]祁,大也。暑雨祁寒,天之常道,而小民怨咨;治民欲使无怨,其惟艰哉![二]思念其难以图其易,民乃安宁。

宋吕氏祖谦曰:"此穆王深知民之艰难也。时方暑雨,小民之沾体涂足者,殆其怨咨乎,不以处广厦而忘之也;时方祁寒,小民之裂面堕指者,殆其怨咨乎,不以处温室而忘之也。穆王一遇寒暑,深恤民瘼,如闻其愁叹;思欲人人而济,夏乎其难!举以告君牙,盖欲其共此心也。"(《书经传说汇纂》)

出自北门[一]，忧心殷殷[二]。终窭且贫，莫知我艰[三]。已焉哉！天实为之，谓之何哉！

[一]自，从也。北门背阳向阴，喻己仕于暗君，犹行而出北门也。[二]殷殷，忧也。[三]终，犹"既"也。窭者，无财可以为礼；贫者，无财可以自给。叹其贫窭而人莫知之也。窭（jù）音巨。

王事适我，政事一埤益我[一]。我入自外，室人交遍谪我[二]。已焉哉！天实为之，谓之何哉！

[一]王事，国有王命役使之事。适，之也。政事，其国赋税之事。一，犹"皆"也。埤（pí）音琵，厚也。言繁简巨细，莫不丛集于一身也。[二]谪（zhé 折）音摘，责也。言自外回家，室人亦交责我也。

王事敦[一]我，政事一埤遗[二]我。我入自外，室人交遍摧[三]我。已焉哉！天实为之，谓之何哉！

[一]敦，犹"投掷"也。[二]遗，加也。[三]摧，沮也。

《北门》三章，章七句。（《诗经·邶风》）

宋杨氏时曰:"忠信重禄,所以劝士也。卫之忠臣,至于贫窭而莫知其艰,则无劝士之道矣。然不择事而安之,无怼憾之辞,知其无可奈何而归之于天,所以为忠臣也。"(《诗经集传》)

唐蔚芝先生曰:"王事之重,政务之烦,以一身肩之,其才可想。乃君上不能体恤周至,使其终窭且贫,内不足以畜妻子,而有交谪之忧;外不足以谢勤劳,而有敦迫之苦。乃随遇而安,尽心职守,迫至无可奈何,则归诸于天,绝无怨尤之语,处变而不失其道,可不谓贤乎?"(《诗经大义》)

小戎俴收[一],五楘梁辀[二]。游环胁驱[三],阴靷鋈续[四]。文茵[五]畅毂[六],驾我骐馵[七]。言念君子,温其如玉。在其板屋,乱我心曲[八]。

[一]小戎,群臣之兵车。俴(jiàn 剑)音浅,浅也;收,轸也。谓车前后两端横木,所以收敛所载者也。[二]五,五束也。楘(mù)音木,历录也,梁辀(zhōu 周),辀上句衡。一辀五束,束有历录。[三]游环,靷环也,以皮为环,当两服马之背上,所以御出也。胁驱,亦以皮为之,着服马之外胁,所以止入也。[四]阴,掩軓也。靷(yǐn 引)音胤,以皮二条前系骖马之颈,后系阴版之上,所以引也。鋈(wù 误)音沃,白金也。续,续靷也。鋈续,阴版之上有续靷之处,消白金沃灌其环以为饰也。[五]车中所坐虎皮褥。茵(yīn)音因。[六]畅,长也。毂(gǔ)音谷,车轮之中,外持辐、内受轴者也。[七]骐(qí)音其,文也。马左足白曰馵(zhù 住),之树反。以上六句,国人夸

兵车之善，言以此伐戎，何有不克者乎？[八]君子，妇人目其夫也。温其如玉，美之之辞。板屋者，西戎之俗，以板为屋。念想君子伐得而居之。心曲，心中之委曲，忧则心乱也。此四句，妇人闵其君子之言也。

四牡孔阜，六辔在手。骐駵是中，騧骊是骖[一]。龙盾之合，鋈其觼軜[二]。言念君子，温其在邑。方何为期？胡然我念之[三]！

[一]赤马黑鬣曰駵（liú），音留。中，两服马也。黄马黑喙曰騧（guā 瓜），古花反。骊，黑色也；骖，两騑也。此亦国人夸马之善，云我君子兵车，所驾四牡之马甚肥大，而又良善；御人执其六辔在手而已，不假控制之也。[二]盾（dùn 顿），顺允反，干也。龙盾，画龙其盾也。合而载之，以为车上之卫。觼（jué 决），古穴反，所以贯骖内辔之环。軜（nà）音纳，骖内辔也。置觼于轼前以系軜，故谓之觼軜；亦消沃白金以为饰也。[三]邑，西戎之邑。方，将也。妇人闵念其君子云："我念君子，其体性温然，在敌人之邑，将以何时为归期乎？何为使我思念之极也！"

俴駟孔群[一]，厹矛鋈錞[二]。蒙伐有苑[三]，虎韔镂膺[四]。交韔二弓，竹闭绲縢[五]。言念君子，载寝载兴。厌厌良人，秩秩德音[六]。

[一]俴駟，四马皆以浅薄之金为甲也。孔，甚也；群，

和也。[二]厹矛，三隅矛也。鋈錞，以白金沃矛之下端平底者也。厹（qiú）音求，錞（duì 队）音敦。[三]蒙，讨羽也；讨，杂也。伐，中干也，盾之别名。苑，文貌。画杂羽之文于盾上也。[四]虎，虎皮。韔（chàng 唱），敕亮反，弓室也。膺（yīng），于澄反，马带也，以革为之，着于胸前，故曰膺。镂膺，镂金以饰此带也。镂（lòu 漏），鲁豆反。[五]交韔，交二弓于韔中。必二弓，以备坏也。闭，弓檠也。绲（gǔn 滚），古本反，绳也。縢（téng 滕），直登反，约也。以竹为闭，而以绳约之于弛弓之里，檠弓体使正也。以上六句，亦国人夸兵甲之善也。[六]载寝载兴，言思之深而起居不宁也。厌厌，安静也；秩秩，有序也。此妇人闵其君子之劳，又思其性与德也。厌（yàn 燕），于盐反；秩（zhì 至），陈乙反。

《小戎》三章，章十句。（《诗经·秦风》）

宋朱子曰："西戎方强，则征伐宜休矣，而不休；征伐不休，则国人宜怨矣，而不怨，反为诗以美其主，而圣人亦有取焉。何哉？襄公承命以报君父之雠，其所以不能自已者，岂恔忿之私心哉？乃人伦之正，天理之发，以大义驱其人而战之。敌之强弱，战之胜负，皆不暇有所顾，而惟知仇雠之不可以不复。此襄公所以能用其人，而秦人所以乐为之用也。圣人有取乎此，亦《春秋》大复雠而与讨贼之意欤？"（《诗经传说汇纂》）

唐蔚芝先生曰："秦襄公备具兵甲，征讨西戎，国人忘其军旅之苦，反矜夸车甲之盛；妇人绝无怨旷之思，惟闵念君子之劳。首章详述车制,次章言马之驾驭得宜,三章言戎器之整齐。而每章之下四句,眷眷惓惓于君子,念其居处之陋,念其归期之远,念其德音之美。先公义,后私情,民心如是,秦之所以强也。"(《诗经大义》)

倬按:秦君之注重武备,与秦民之忠勇奋发,读此诗可见一斑。秦之所以灭六国而一华夏也,固自有其强盛之道在;非仅恃形势之利、暴戾之力也。

江汉浮浮,武夫滔滔[一]。匪安匪游,淮夷来求[二]。既出我车,既设我旟[三]。匪安匪舒,淮夷来铺[四]。

[一]浮浮,众强貌;滔滔,广大貌。王氏引之谓此诗经文错误,当作"江汉滔滔,武夫浮浮"。[二]匪,非也。言非敢斯须自安,非敢斯须游止,来求淮夷也。淮夷,夷之在淮上者也。[三]车,戎车也。(画有)鸟隼曰旟(yú 余)。[四]舒,宽舒也。铺,病也。

宋辅氏广曰:"首章言师众之行,其志专,其气锐;有不战,战必胜矣。故次章便言其成功。"(《诗经传说汇纂》)

江汉汤汤,武夫洸洸[一]。经营四方,告成于王[二]。四方既平,王国庶定[三]。时靡有争,王心载宁[四]。

[一]汤汤,水流盛也;洸洸,武貌。汤(shāng)音

伤，洸（guāng）音光。[二]召（shào绍）穆公既克淮夷，又以战胜之威，经营四方之国。有不服者，则从而伐之；每有所克，则告其成于周宣王。[三]庶，幸也；定，安定也。[四]载之言"则"也。时无叛戾乖争者，我王之心，则安宁矣。此召公尽忠之言，述其志也。

宋曹氏粹中曰："宣王厉志恢复，始则北伐猃狁，次则南征蛮荆。至于常、武、江、汉，而夷之居淮南北者，悉已讨定之矣。故召虎于是以经营四方之武功，告成于王也。"（《诗经传说汇纂》）

江汉之浒[一]，王命召虎：式辟四方，彻我疆土[二]。匪疚匪棘，王国来极[三]。于疆于理，至于南海[四]。

[一]浒（hǔ）音虎，水涯也。[二]虎，召穆公之名。式，用也；辟与"闢"同；彻，井其田也。言江汉既平，王又命召公辟四方之侵地，而治其疆界。[三]疚，病也；棘，急也；极，中也。言非以病之，非以急之也，但使其来取正于王国而已。[四]遂疆理之，尽南海而止。

宋严氏粲曰："古人伐叛讨贰之后，则必去其苛政，平其赋敛，以慰民心。故此章言彻法之事。"（《诗经传说汇纂》）

《江汉》六章，章八句（录一章至三章）。（《诗经·

大雅·荡之什》）

倬按：周文王三分天下有其二，以服事殷，孔子称为至德。然《大雅·皇矣》"密人不恭，敢距大邦，侵阮徂共。王赫斯怒，爰整其旅，以按徂旅。以笃（于）周祜，以对于天下"，一怒而安天下之民，其威武为何如！《常武》，召穆公美宣王也，其言曰："王奋厥武，如震如怒。进厥虎臣，阚（[hǎn 喊]呼减反，奋怒之貌）如虓（[xiāo 消]火交反，虎鸣也）虎。铺敦淮濆，仍执丑虏。截彼淮浦，王师之所。"颇烈烈有英气。而此篇所咏，尤见尚武之精神。可知古之圣贤，未尝偏尚文德，亦甚重武功也。

国君死社稷[一]，大夫死众[二]，士死制[三]。（《礼记·曲礼下》）

[一]谓国亡与亡。[二]谓讨罪御敌，败则死之。[三]言既受命，（临）难毋苟免也。

倬按：《礼运》曰："国有患，君死社稷，谓之义。"古者为君主政体，故以国君死社稷为义。今为共和国家，以人民为主体，即人人有为国而死之义务矣。

鲁庄公及宋人战于乘丘[一]，县贲父御，卜国为右[二]。马惊，败绩，公队[三]，佐车授绥[四]。公曰："末之卜也[五]。"县贲父曰："他日不败绩，而今败绩，是无勇也。"遂死之[六]。圉人[七]浴马，有流矢在白

肉[八]。公曰："非其罪也[九]。"遂诔之[一〇]。士之有诔，自此始也。(《礼记·檀弓上》)

[一]乘丘，鲁地。战在鲁庄公十年。[二]右谓车右，勇力者为之。[三]队音坠。[四]佐车，副车。绥，挽以升车之索也。[五]言卜国微末无勇。[六]县贲父、卜国二人，遂赴敌而死。[七]掌养马者。[八]流矢中马股间之肉。[九]知非二人之罪。[一〇]诔其赴敌之功以为谥。诔（lěi 垒）力轨反。

宋朱氏申曰："公责卜国，而贲父自责。马之驰骋，在御不在右也。"(《礼记义疏》)

知悼子[一]卒，未葬，平公[二]饮酒，师旷、李调侍[三]，鼓钟[四]。杜蒉[五]自外来，闻钟声，曰："安在?"曰："在寝[六]。"杜蒉入寝，历阶而升，酌曰："旷饮斯[七]。"又酌曰："调饮斯[八]。"又酌，堂上北面坐饮之[九]。降，趋而出。平公呼而进之曰[一〇]："蒉，曩者尔心或开予，是以不与尔言[一一]。尔饮旷何也[一二]?"曰[一三]："子卯不乐[一四]。知悼子在堂[一五]，斯其为子卯也大矣[一六]。旷也，太师也[一七]，不以诏，是以饮之也[一八]。""尔饮调何也?"[一九]曰："调也，君之亵臣[二〇]也，为一饮一食，忘君之疾，是以饮之也[二一]。""尔饮何也?"[二二]曰："蒉也，宰夫也，非刀匕是共，又敢与知防，是以饮之也[二三]。"平公曰："寡人亦有过焉，酌而饮寡人。"杜蒉洗而扬觯[二四]。公谓

侍者曰:"如我死,则必毋废斯爵也。"至于今,既毕献,斯扬觯,谓之杜举[二五]。(《礼记·檀弓下》)

[一]知悼子,即晋大夫荀盈。知音智。[二]平公是晋国之君,姓姬名彪。[三]二人与平公饮。[四]乐作。[五]平公之宰夫。蒉(kuì 愧)音快。[六]燕于寝。[七]杜蒉酌酒而告师旷曰:"旷饮此酒。"[八]又酌酒而告李调曰:"调饮此酒。"[九]自酌酒,在堂上北面,坐而饮之。[一〇]平公呼杜蒉入而询之。[一一]曩(nǎng 攘),曏(xiàng 向)也。言尔之初入,我意尔必有所谏教开发于我,我是以不先与尔言。[一二]尔之饮旷,何说也?[一三]杜蒉答辞。下二"曰"同。[一四]夏桀于乙卯日死,商纣以甲子日死,谓之"疾日",君不举乐。[一五]时知悼子在殡。[一六]言大臣之丧,重于疾日。[一七]师旷为晋之太师。[一八]诏,告也。罚其不告之罪。[一九]亦平公问杜蒉之言。[二〇]近习之臣。[二一]贪于饮食,而忘君违礼之疾,故罚之。[二二]平公问杜蒉:"尔自饮,何也?"[二三]非,犹"不"也。宰夫职在刀匕,今不专供刀匕之职,而敢与知谏争防闲之事,是侵官矣,故自罚也。[二四]扬觯,举觯也。盥洗而后举,致洁敬也。觯(zhì)音志。[二五]平公自知其过,既命蒉酌酒饮己,又欲以此爵为后世戒。故《记》者云:至今晋国行燕礼之终,必举此觯,谓之"杜举"者,言此觯乃昔者杜蒉所举也。

倬按:《正义》曰:"此节论君有大臣之丧,不得有作乐饮酒之事。"足征古者君臣相与,各有相敬相爱之礼,非出于片面者也。杜蒉能纳君于礼,可谓忠矣;平公自知其非,且以此爵为后世戒,亦明君也哉!

战于郎[一]，公叔禺人遇负杖入保者息[二]，曰[三]："使之虽病也，任之虽重也，君子不能为谋也，士弗能死也，不可[四]！我则既言矣[五]。"与其邻重汪踦[六]往，皆死焉。鲁人欲勿殇重汪踦[七]，问于仲尼[八]，仲尼曰："能执干戈以卫社稷，虽欲勿殇也，不亦可乎！"（同上）

[一]鲁哀公十一年，齐伐鲁，战于郎。郎，鲁近邑也。[二]公叔禺人，鲁昭公之子。遇，见也。禺人见鲁人走避齐师，而入保城邑者，疲倦之余，负其杖而休息。禺（yú余）音遇。[三]禺人之言。[四]君子，谓卿大夫。言徭役之烦，虽不能堪；税敛之数，虽过于厚，若上之人协心以御寇，犹可塞责也。今卿大夫不能画策，士不能捐身以死难，岂人臣事君之道哉？甚不可也。[五]我既出此言矣，可不思践吾言乎？[六]重，通作"童"。踦（qī七）音纪。[七]鲁人以汪踦有成人之行，欲以成人之丧礼葬之。[八]孔子。

宋陈氏祥道曰："君子之于人，视于人，不视其年。年虽壮而无成，处之以童可也，郑忽之狡童是也；年虽稚而有成，处之以成人可也，汪踦之勿殇是也。"（《礼记义疏》）

倬按：汪踦无战守之责，以卫社稷而死，虽一弱小之童子，鲁人欲勿殇之，孔子亦以勿殇为可。足征为国捐躯者，必受国人之尊敬，而亦圣贤之所深许也。

阳门之介夫[一]死，司城子罕[二]入而哭之哀。晋人之觇[三]宋者，反报于晋侯曰："阳门之介夫死，而子罕哭之哀，而民说[四]，殆不可伐也。"孔子闻之曰："善哉觇国乎[五]！《诗》[六]云：'凡民有丧，扶服[七]救之。'虽微晋而已，天下其孰能当之[八]？"（同上）

[一]阳门，宋之国门名。介夫，甲士之守卫者。[二]宋武公讳司空，改其官名为司城。子罕即乐喜也，是戴公之后。[三]觇（chān 搀），窥视也。[四]说音悦。[五]善其知微。[六]《诗经·邶风·谷风篇》。[七]扶服，"致力"之义。[八]言不独晋而已，天下其孰能当之者乎？

元陈氏澔曰："孔子善之，以其识治体也。孰能当之，甚言人心之足恃也。"（《礼记集说》）

为人臣下者，有谏而无讪[一]，有亡而无疾[二]；颂而无谄[三]，谏而无骄[四]；怠，则张而相之[五]；废，则扫而更之[六]。谓之社稷之役[七]。（《礼记·少仪》）

[一]讪（shàn 善），所谏反，为道说过恶及谤毁也。[二]亡，去也。疾，憎恶也。[三]谄（chǎn）音诌，谓以恶为美，藉求见容。[四]谓君若从己之谏，不得恃己言行谋用而生骄慢也。[五]怠，惰也。相，助也。[六]政治若已废坏，则当扫荡，而更创立新政。[七]以其有功劳于社稷。

州吁[一]未能和其民，厚问定君于石子[二]。石子曰："王觐[三]为可。"曰[四]："何以得觐？"曰[五]："陈桓公方有宠于王，陈、卫方睦，若朝陈使请，必可得也。"厚从州吁如[六]陈。石碏使告于陈曰："卫国褊小，老夫耄矣，无能为也。此二人者，实弑寡君，敢即图之[七]。"陈人执之，而请；莅于卫[八]。九月，卫人使右宰醜[九]莅杀州吁于濮，石碏使其宰獳羊肩[一〇]，莅杀石厚于陈。君子曰："石碏纯臣也，恶州吁而厚与焉。'大义灭亲'[一一]，其是之谓乎？"（《左传·隐公四年》）

[一]州吁，卫之公。鲁隐公四年春，弑卫桓公而自立。[二]石厚，石碏之子。石子，即石碏。厚以州吁不安，咨其父也。碏，七略反。[三]于周王处行觐礼。[四]石厚问语。[五]石碏答辞。[六]如，往也。[七]言国小、身老，无能为役，敢请陈因其来朝而就图讨之。[八]莅音利，临也，请卫人自临讨之。[九]右宰，官名；醜是人名。[一〇]獳羊肩是石碏之家宰。獳，奴侯反。[一一]子从弑君之贼，国之大逆，不可不除，故曰"大义灭亲"。

周任[一]有言曰："为国家者，见恶，如农夫之务去草焉，芟夷蕴崇[二]之，绝其本根，勿使能殖[三]，则善者信[四]矣。"（《左传·隐公六年》）

[一]周大夫。[二]芟（shān）音衫，刈也；夷，杀也；蕴，积也；崇，聚也。[三]殖，孳生也。[四]信音申，信、伸同义。恶者既屈，则善者自伸矣。

为政者，不赏私劳，不罚私怨。(《左传·昭公五年》，引周任语)

卫文公大布[一]之衣，大帛[二]之冠，务材[三]训农[四]，通商[五]惠工[六]，敬教[七]劝学[八]，授方[九]任能[一〇]。元年，革车[一一]三十乘；季年[一二]，乃三百乘。(《左传·闵公二年》)

[一]粗布。[二]厚缯。[三]务植材用。[四]训民劝农。[五]通商贩之路，令货财往来。[六]加恩惠于百工，赏其利器用也。[七]敬民五教。[八]劝民学问。[九]授民以事，皆有方法。[一〇]其所委任，信能用人。[一一]兵车。[一二]在鲁僖公二十五年。

三十三年春，秦师过周北门[一]，左右免胄而下[二]。超乘[三]者三百乘。王孙满尚幼，观之[四]，言于王[五]曰："秦师轻而无礼[六]，必败。轻则寡谋，无礼则脱[七]。入险而脱，又不能谋，能无败乎？"及滑[八]，郑商人弦高将市于周[九]，遇之。以乘韦先，牛十二犒师[一〇]，曰："寡君闻吾子将步师出于敝邑[一一]，敢犒从者，不腆[一二]，敝邑为从者之淹[一三]，居则具一日之积，行则备一夕之卫[一四]。"且使遽告于郑[一五]。

郑穆公使视客馆，则束载、厉兵、秣马矣[一六]。使皇武子辞焉[一七]，曰："吾子淹久于敝邑，唯是脯资饩牵竭矣，为吾子之将行也[一八]，郑之有原圃，犹秦之有具囿也[一九]。吾子取其麋鹿以闲敝邑，若何[二〇]？"杞子奔齐，逢孙、扬孙[二一]奔宋。孟明曰："郑有备矣，不可冀也[二二]。攻之不克，围之不继[二三]，吾其还也[二四]。"灭滑而还。（《左传·僖公三十三年》）

[一]鲁僖公三十年，秦使大夫杞子戍郑。三十二年冬，杞子自郑使告于秦曰："郑人使我掌其北门之管，若潜师以来，国可得也。"秦穆公乃召孟明、西乞、白乙出师东行。周北门，王城之北门也。[二]冑（zhòu昼），兜鍪；免，去也。下，下车也。王城为周王所在之地，秦师经过其门，礼宜解甲束兵，去盔疾趋，以示敬意。时秦已目无王室，故仅令左右去胄下车。[三]超乘，谓车正行之时，一跃而上也。[四]王孙满，周大夫，即鲁宣公三年答楚问鼎者。时年尚少，出观秦兵。[五]周襄王。[六]轻，指超乘。无礼，谓过周王城之门不解甲束兵。[七]脱，忽略也。[八]秦师至滑。滑，姬姓之国；或曰郑国边境之邑。[九]郑国之商人弦高，将经商于周。[一〇]乘，四也。韦是熟制皮革。古者将献遗于人，必有以先之。以乘韦先，谓先送四皮革，再送牛十二头，以犒秦师也。[一一]步师，犹"行师"也。弦高偶遇秦师，而言郑君闻秦将率师亲临郑国者，示郑已知秦之谋略也。[一二]腆（tiǎn）音忝，厚也。不腆，言不丰厚也。[一三]淹，留也。[一四]秦师尚留居郑，则为秦具一日刍米薪菜之积；若径行过郑，则为秦备一夕捍御外侮之卫。[一五]遽是传车，弦高既犒秦师，即使传车告其事于郑君。

[一六]使人视秦杞子等之馆舍，果见杞子等收拾担装，以盛军中糇粮，与磨刀喂马，以待秦师之至而为之内应矣。束，包裹；载，装载也。糇（mò）音末。[一七]郑穆公使大夫皇武子向杞子等致辞。[一八]干肉曰"脯"，货财曰"资"，米曰"饩"（xì细），牛羊豕曰"牵"。谓君等久留郑国，今作此远行之状，想是虑及供给耗竭。示已知其情也。[一九]原圃、具囿，皆囿名。囿者，所以养鸟兽也。[二〇]若何，犹"如何"。言君等自取麋鹿以为行资，令敝邑得闲暇，免于供应之劳，如何？[二一]逢孙、扬孙二子，是与杞子同戍郑者。[二二]言郑国已有准备，无袭取之希望。[二三]攻而伐之，则不可必胜；环而围之，则兵少莫有后继。[二四]言不如返秦。

俾按：弦高，商人也，惟懋迁是务，非有守土之责者也。然忠义奋发，既矫命犒师，以挫强敌之谋；且使遽告郑，俾其君知所警备。知勇兼备，洵不愧为爱国之士矣。先哲有言："天下兴亡，匹夫有责。"民主国家之国民，固人人应自竭其力以卫国者也，吾侪宜如何奋勉哉？！

战于殽[一]也，晋梁弘御戎，莱驹为右。战之明日，晋襄公缚秦囚，使莱驹以戈斩之。囚呼，莱驹失戈，狼瞫[二]取戈以斩囚，禽之[三]，以从公乘，遂以为右[四]。箕之役[五]，先轸黜之，而立续简伯[六]。狼瞫怒。其友曰："盍死之？"瞫曰："吾未获死所[七]。"其友曰："吾与女为难[八]。"瞫曰："《周志》[九]有之，'勇则害上，不登于明堂[一〇]'。死而不义，非勇也。共用[一一]之谓勇。吾以勇求右，无勇而黜，亦其所也。谓上不我知，黜而宜，乃知我矣[一二]。子姑待之。"及彭衙[一三]，既陈，以其属驰秦师，死焉。晋师从之，大败秦师。君子谓："狼瞫于是乎君子。诗云[一四]：'君子如怒，乱庶遄沮。'[一五]又曰[一六]：'王赫斯怒，爰整其旅。'[一七]怒不作乱，而以从师，可谓君子矣。"（《左传·文公二年》）

[一]鲁僖公三十三年四月，晋败秦师于殽（yáo 肴）。[二]瞫（shěn 沈），尺甚反。[三]禽，获也。因上文莱驹失戈，故言禽之。[四]瞫代莱驹为右，与公乘战。晋襄公喜其勇，遂以为车右。[五]僖公三十三年八月，晋败狄于箕。[六]立续简伯为车右。[七]言吾未得可死处。[八]欲共杀先轸。女音汝。[九]《周书》。[一〇]明堂是祖庙。[一一]共用，死国用也。[一二]言今见黜而合宜，则吾不得复言上不我知。[一三]秦孟明视帅师伐晋，晋侯御之，战于彭衙。[一四]《诗经·小雅·巧言篇》。[一五]遄（chuán 船），市专反，疾速也。沮，止也。言君子如有所怒，祸乱庶几其疾止也。[一六]《诗经·大雅·皇矣篇》。[一七]言文王赫然奋怒，则整师旅以讨乱。

宋吕氏祖谦曰："瞫，烈士也。回犯上之气，而为徇国之勇，虽非中节，要非常人之所能望也。"（《东莱博议》）

箴尹克黄[一]使于齐，还，及宋，闻乱[二]。其人曰："不可以入矣。"箴尹曰："弃君之命，独谁受之？

君,天也,天可逃乎?"遂归复命,而自拘于司败[三]。王[四]思子文之治楚国也,曰:"子文无后,何以劝善?"使复其所[五],改命曰生[六]。(《左传·宣公四年》)

[一]箴尹是官名。克黄,斗氏,令尹子文之孙也。[二]子文弟子良之子越椒作乱。[三]司败即司寇,刑官。[四]楚庄王。[五]使克黄复其所任箴尹之官。[六]易其名也。

倬按:克黄所言,自是封建时代之尊君思想;然不避祸害,归国复命,不可谓非忠也。

冬,楚子[一]为陈夏氏乱[二]故,伐陈。谓陈人无动,将讨于少西氏[三]。遂入陈,杀夏征舒,轘诸栗门[四],因县陈[五]。陈侯[六]在晋。

申叔时[七]使于齐,反[八],复命而退。王使让[九]之曰:"夏征舒为不道,弑其君,寡人[一〇]以诸侯讨而戮之,诸侯、县公[一一]皆庆寡人,女[一二]独不庆寡人,何故?"对曰:"犹可辞乎?"[一三]王曰:"可哉。"曰:"夏征舒弑其君,其罪大矣,讨而戮之,君之义也。抑人亦有言曰:'牵牛以蹊[一四]人之田,而夺之牛。'牵牛以蹊者,信有罪矣;而夺之牛,罚已重矣。诸侯之从也,曰讨有罪也。今县陈,贪其富也。以讨召诸侯,而以贪归之,无乃不可乎?"王曰:"善哉!吾未之闻也。反之,可乎?"对曰:"可哉!吾侪小人所谓'取诸其怀而与之'也。"[一五]乃复封陈,乡取一人焉以归,

谓之夏州[一六]。故书曰[一七]："楚子入陈，纳公孙宁、仪行父于陈。"书有礼也[一八]。（《左传·宣公十一年》）

[一]楚庄王。[二]鲁宣公十年夏，陈夏征舒弑其君灵公。[三]少西，征舒之祖子夏之名。[四]轘（huàn 换），车裂也。栗门是陈之城门，言车裂夏征舒于陈之栗门也。[五]灭陈以为楚县。[六]陈灵公之子成公。[七]申叔时是楚大夫。[八]反，返也。[九]让，以辞相责也。[一〇]寡人，寡德之人，古诸侯自称之谦辞。[一一]楚县大夫皆僭称公。[一二]女音汝。[一三]言尚可有辞以自解乎？[一四]蹊（xī）音兮，践也。[一五]叔时谦言小人意浅，谓譬如取人物于其怀而还之，为愈于不还。[一六]每乡取一人以归楚，而成一州，谓之夏州。[一七]《春秋》之书法。[一八]没其县陈本意，全以讨乱存国为文，善其得礼。

清丘之盟，晋以卫之救陈也，讨焉[一]。使人弗去，曰："罪无所归，将加而师[二]。"孔达[三]曰："苟利社稷，请以我说[四]。罪我之由。我则为政，而亢大国之讨[五]，将以谁任？我则死之。"

十四年春，孔达缢而死[六]。卫人以说于晋而免。遂告于诸侯曰："寡君有不令[七]之臣达，构我敝邑于大国[八]，既伏其罪[九]矣，敢告。"卫人以为成劳，复室其子，使复其位。[一〇]（《左传·宣公十三年、十四年》）

[一]鲁宣公十二年，晋原縠、宋华椒、卫孔达、曹人同盟于清丘，曰"恤病讨贰"。嗣陈贰于楚，宋为盟故伐陈。

卫人救之。十三年冬，晋因寻清丘之盟以责卫。[二]而，汝也。言将伐之。[三]卫之正卿。[四]欲自杀以说晋。[五]亢，御也，谓御宋之讨陈也。[六]以绳绕颈而死也。缢（yì义）音倚。[七]不善。[八]使我卫国结怨于晋。[九]已就刑辟。[一〇]成，平也；劳，功也。卫侯以其有平定国家之功，复以女妻其子，使袭父之禄位。

晋人归楚公子谷臣与连尹襄老之尸于楚，以求知䓨[一]，于是荀首佐中军矣，故楚人许之[二]。王送知䓨，曰[三]："子其怨我乎？"对曰[四]："二国治戎[五]，臣不才，不胜其任，以为俘馘[六]。执事不以衅鼓[七]，使归即戮[八]，君之惠也。臣实不才，又谁敢怨？"王曰："然则德我乎？"对曰："二国图其社稷，而求纾其民，各惩其忿，以相宥也[九]，两释累囚，以成其好[一〇]。二国有好，臣不与及，其谁敢德[一一]？"王曰："子归，何以报我[一二]？"对曰："臣不任[一三]受怨，君亦不任受德。无怨无德，不知所报。"王曰："虽然，必告不榖[一四]。"对曰："以君之灵[一五]，累臣得归骨于晋，寡君之以为戮，死且不朽[一六]。若从君之惠而免之，以赐君之外臣首[一七]；首其请于寡君，而以戮于宗[一八]，亦死且不朽。若不获命，而使嗣宗职[一九]，次及于事，而帅偏师以修封疆[二〇]，虽遇执事，其弗敢违[二一]。其竭力致死，无有二心，以尽臣礼，所以报也[二二]。"王曰："晋未可与争[二三]。"重为之礼而归

之[二四]。(《左传·成公三年》)

[一]鲁宣公十二年,晋、楚战于邲,楚获晋知罃。罃之父知庄子,囚楚公子谷臣,射杀连尹襄老,载其尸而归。至是,晋归二者于楚,以赎知罃。罃(yīng)音莹。[二]荀首,即知庄子。荀首食邑于知,其后遂以邑为氏。佐,辅也。中军为古行军时发号施令之所。是时荀首佐晋中军,楚人畏其权势,故许归其子。[三]楚共王送知罃而问之。以下三"王曰",亦共王问知罃之辞。[四]知罃答楚共王之辞。下三"对曰"同。[五]二国谓晋、楚。戎,兵也。[六]俘馘,军所虏获者。生擒之敌人曰俘,杀敌而割其左耳曰馘。俘音孚,馘(guó)音国。[七]以血涂鼓为衅鼓。[八]即,就也。即戮,谓就刑也。[九]晋、楚二国皆为社稷之谋,而欲纾缓其民,各惩戒往日战争之忿,以相赦宥而释憾也。[一〇]累,系也。囚谓俘虏之人。言晋释谷臣,楚释知罃,以成二国之和好。[一一]言两国本不为己而和,又敢归德于谁人。[一二]楚王问知罃归晋国后,将如何报答我。[一三]任,犹"当"也。[一四]不穀,诸侯自称之谦辞。[一五]灵,福也。[一六]死尚不朽,以示其至死不忘。[一七]称于异国之君曰"外臣"。首,谓荀首。[一八]宗,谓知氏之宗庙。[一九]嗣,继也。宗职,祖宗之职。言晋君不许戮,而使嗣其祖宗之职务。[二〇]偏师,一部分之军队。言已以次第而及于晋国之政事,统率一部分之军队,以修治晋国之疆场。[二一]执事,谓楚之将帅。违,避也。言虽遇楚国之将帅,不敢以私废公,而有所趋避。[二二]当竭尽其力,致身死地,以与楚战。不敢有携贰之心,以尽人臣事君之礼,即所以报楚之德也。[二三]楚共王闻知罃之言,而告其臣下

曰："晋有臣如此，未可与争也。"[二四]以厚礼待知罃，而送还晋国。

倬按：知罃之言，磊落已极。一以见在囚之不辱，一以示强晋之无畏。虽所处之地无甚危险，不难作慷慨激昂之辞；然非内存忠爱之心，亦决不能如此之畅快也。

二月乙酉朔，晋悼公[一]即位于朝。始命百官[二]，施舍[三]、已责[四]，逮鳏寡[五]，振废滞[六]，匡[七]乏困，救灾患，禁淫慝，薄赋敛，宥[八]罪戾，节[九]器用，时用民[一〇]，欲无犯时[一一]。使魏相、士鲂、魏颉、赵武为卿[一二]，荀家、荀会、栾黡、韩无忌为公族大夫，使训卿之子弟共俭孝弟[一三]。使士渥浊为太傅，使修范武子之法[一四]。右行辛为司空，使修士蒍[一五]之法。弁纠[一六]御戎，校正[一七]属焉，使训诸御知义。荀宾为右，司士[一八]属焉，使训勇力之士时使[一九]。卿无共御，立军尉以摄之[二〇]。祁奚为中军尉，羊舌职佐之，魏绛为司马，张老为候奄[二一]。铎遏寇为上军尉，籍偃为之司马[二二]，使训卒乘，亲以听命[二三]。程郑为乘马御[二四]，六驺[二五]属焉，使训群驺知礼。凡六官之长[二六]，皆民誉[二七]也。举不失职，官不易方[二八]，爵不逾德[二九]，师不陵正[三〇]，旅[三一]不偪师，民无谤言，所以复霸也。（《左传·成公十八年》）

[一]晋国之君，姓姬名周。[二]始为政。[三]施恩惠，舍劳役。[四]已，止也，言止逋责。[五]惠及微贱。[六]起

用旧德。[七]匡,亦救也。[八]宽宥。[九]节省。[一〇]使民以时。[一一]不纵私欲,以夺农时。[一二]此四人之父祖,皆有功于晋国。[一三]共(gōng)音恭;弟(tì)音悌。[一四]士会为晋景公太傅,作执秩之法。[一五]士蒍(wěi伪)为晋献公司空。[一六]栾纠。[一七]校正是主马官。校(jiǎo叫),户孝反。[一八]司士是车右之官。[一九]勇力多不顺命,故训之以共时之使。[二〇]省卿戎御,令军尉摄御而已。[二一]中军,主斥候之官。[二二]上军司马。[二三]相亲以听上命。[二四]乘车之仆。[二五]六闲之驺。驺(zōu邹),侧留反。[二六]晋时置六卿为军帅,故总举六官,则知群官皆得其人。[二七]民之所誉者。[二八]官守其业,无相踰易。[二九]量德授爵。[三〇]师,二千五百人之帅。正,军将,命卿也。陵,侵越也。[三一]旅,五百人之帅。

倬按:晋悼公才大识高,始为国君,即行仁政、举贤才,提纲挈领,气象朗然。故虽当厉公昏乱之后,仍能复文公之霸业也。

祁奚请老[一],晋侯问嗣焉[二]。称解狐[三],其雠也,将立之而卒[四]。又问焉[五],对曰:"午也可[六]。"于是羊舌职死矣,晋侯曰:"孰可以代之[七]?"对曰:"赤也可[八]。"于是使祁午为中军尉,羊舌赤佐之。君子谓:"祁奚于是能举善矣。称其雠,不为谄[九];立其子,不为比[一〇];举其偏,不为党[一一]。《商书》[一二]曰:'无偏无党,王道荡荡。'[一三]其祁奚之谓矣!解狐得举，祁午得位，伯华得官，建一官而三物成[一四]，能举善也。夫唯善，故能举其类。《诗》[一五]云：'惟其有之，是以似之。'[一六]祁奚有焉。"（《左传·襄公三年》）

[一]祁奚为中军尉。请老，致仕也。[二]晋悼公问谁可继其职者。[三]祁奚举解狐可以继任。[四]解狐卒。[五]晋侯又问谁可继任。[六]祁奚答以午可继任。午者，祁奚之子也。[七]晋侯又问祁奚，谁可以代羊舌职。[八]祁奚答以赤可继任。赤者，羊舌职之子伯华。[九]谄媚。[一〇]亲比。[一一]偏，属也；党，阿私也。[一二]《尚书·洪范篇》。[一三]平正无私。[一四]一官，谓军尉；物，事也。言得举、得位、得官，三事皆成。[一五]《诗经·小雅·裳裳者华篇》。[一六]言惟有德之人，能举似己者也。

倬按：《礼记·儒行篇》曰："儒有内称不辟（辟音避，下同）亲，外举不辟怨。程功积事，（程算其功，积累其事。）推贤而进达之，不望其报。君得其志，（谓此贤者辅助其君，使君得遂其志。）苟利国家，不求富贵。其举贤援能有如此者。"宋方氏悫申其义曰："不以一身之小嫌，妨天下之真才，故虽亲也，亦在所称。不以一心之私怨，害天下之公义，故虽怨也，亦在所举。"（《礼记义疏》）祁奚熟读诗书，而所为如此，真儒者也。

又按：祁奚举雠，汉萧何举曹参，庶几近之。（事见《史记·萧相国世家》）而其举子也，则效之者不可胜数也。夫知子莫若父，倘才学果能胜任，自不必因其为己之子而故抑之。惟后世大僚，往往怀舐犊之爱，未能操刀而使之割，于是政治败坏，民心离散，至国家倾覆，亦随之灭亡。爱之欤?抑害之欤?良可叹也。

秋,栾盈[一]出奔楚。宣子[二]杀箕遗、黄渊、嘉父、司空靖、邴豫、董叔、邴师、申书、羊舌虎、叔罴[三],囚伯华、叔向[四]、籍偃。人谓叔向曰:"子离于罪,其为不知乎[五]?"叔向曰:"与其死亡若何[六]?《诗》[七]曰:'优哉游哉,聊以卒岁。'知也[八]。"乐王鲋[九]见叔向曰:"吾为子请。"叔向弗应;出,不拜[一〇]。其人皆咎叔向,叔向曰:"必祁大夫[一一]。"室老[一二]闻之,曰:"乐王鲋言于君,无不行。求赦吾子,吾子不许[一三]。祁大夫所不能也,而曰'必由之',何也?"叔向曰:"乐王鲋,从[一四]君者也,何能行?祁大夫外举不弃仇,内举不失亲,其独遗我乎?《诗》[一五]曰:'有觉德行,四国顺之[一六]。'夫子,觉者也[一七]。"

晋侯[一八]问叔向之罪于乐王鲋,对曰:"不弃其亲,其有焉[一九]。"于是祁奚老矣,闻之,乘驲[二〇]而见宣子,曰:"《诗》[二一]曰:'惠我无疆,子孙保之[二二]。'《书》[二三]曰:'圣有谟勋,明征定保[二四]。'夫谋而鲜过[二五],惠训不倦者,叔向有焉,社稷之固也。犹将十世宥之,以劝能者[二六]。今壹不免其身,以弃社稷,不亦惑乎?鲧殛而禹兴[二七]。伊尹放太甲而相之,卒无怨色[二八]。管、蔡为戮,周公右王[二九]。若之何其以虎[三〇]也弃社稷?子为善,谁敢不勉?多杀何为?"宣子说[三一],与之乘,以言诸公而免之[三二]。

不见叔向而归[三三]。叔向亦不告免焉而朝[三四]。(《左传·襄公二十一年》)

[一]栾盈，晋国大夫。[二]宣子，即范匄。[三]十子皆栾盈之党。[四]叔向是羊舌虎之兄。[五]离，犹遭也。讥其受囚而不能去。[六]言虽囚，何若于死亡。[七]《诗经·小雅·采菽篇》。[八]言君子优游于衰世，所以避害卒其寿，是亦知也。[九]晋大夫。鲋（fù）音附。[一〇]乐王鲋出，叔向不拜。[一一]祁奚。[一二]叔向之家臣。[一三]不许，谓不应、不拜。[一四]顺从。[一五]《诗经·大雅·抑篇》。[一六]言德行直，则天下顺之。[一七]夫子谓祁大夫。觉，较然正直也。[一八]晋平公。[一九]言叔向笃亲亲，必与叔虎同谋。[二〇]駬（rì 日），人实反，传车也。[二一]《诗经·周颂·烈文篇》。[二二]言文武有惠训之德，加于百姓，故子孙保赖之。[二三]逸《书》。[二四]（謩 mó 谟），莫胡反，谋也；勋，功也。言圣哲有谋功者，当明信定安之。[二五]有謩勋。[二六]子孙有罪，犹将加以宽宥，以劝勉才能之士。[二七]言不以父罪废其子。鲧（gǔn 衮），古本反。[二八]言不以一怨妨大德。[二九]言兄弟罪不相及。[三〇]羊舌虎。[三一]说音悦。[三二]共载入见晋侯，请免叔向之罪。[三三]祁奚不见叔向，言为国，非私叔向。[三四]叔向不告谢祁奚，明不为己。

晋侯[一]之弟扬干，乱行于曲梁[二]，魏绛戮其仆[三]。晋侯怒，谓羊舌赤曰："合诸侯，以为荣也。扬干为戮，何辱如之？必杀魏绛，无失也[四]！"对曰：

"绛无贰志,事君不辟[五]难,有罪不逃刑,其将来辞,何辱命焉[六]?"言终,魏绛至,授仆人[七]书,将伏剑[八]。士鲂、张老止之。公读其书曰:"日君乏使,使臣斯司马[九]。臣闻师众以顺为武[一〇],军事有死无犯为敬[一一]。君合诸侯,臣敢不敬?君师不武,执事不敬,罪莫大焉。臣惧其死,以及扬干,无所逃罪[一二]。不能致训,至于用钺[一三]。臣之罪重,敢有不从[一四],以怒君心,请归死于司寇[一五]。"公跣而出[一六],曰:"寡人之言,亲爱也;吾子之讨,军礼也。寡人有弟,弗能教训,使干大命,寡人之过也。子无重寡人之过[一七],敢以为请[一八]。"

晋侯以魏绛为能以刑佐民矣,反役[一九],与之礼食[二〇],使佐新军。张老为中军司马,士富为候奄。(《左传·襄公三年》)

[一]晋悼公。[二]行,陈次也。曲梁是晋地。[三]仆,御也。以车乱行,是御者之罪,故魏绛戮之。[四]言执之勿失也。[五]辟,与"避"同。[六]言绛将自来陈辞,何辱君命使人执之。[七]晋侯仆御。[八]谓仰剑刃,身伏其上而取死也。[九]斯,此也。使臣为此司马之官。[一〇]师旅兵众,顺从上命,莫敢违逆,是为威武。[一一]守官行法,虽死不敢有违,是为恭敬。[一二]臣惧不讨而有死罪,又以此罪累及扬干,是罪重将无所逃也。[一三]斩扬干之仆。钺(yuè)音越。[一四]言不敢不从戮。[一五]致尸于司寇,使戮之。[一六]晋侯感悟,乃匆遽不暇蹑履,跣足走出。[一七]听绛死为重过。[一八]请使无死。[一九]反自鸡泽之

役。[二〇]欲显魏绛，故特为设礼食。

俾按：魏绛守法之精神，处事之干练，足为在下位者之模范；而晋侯感悟之敏捷，举措之适当，为领袖者，亦宜效法也。

宋皇国父为太宰，为平公筑台，妨于农收（功）。子罕请俟农功之毕，公[一]弗许。筑者讴[二]曰："泽门之晳[三]，实兴我役。邑中之黔[四]，实慰我心。"子罕闻之，亲执扑，以行[五]筑者，而挞[六]其不勉者，曰："吾侪小人，皆有阖庐，以辟燥湿寒暑。今君为一台，而不速成，何以为役[七]。"讴者乃止。或问其故，子罕曰："宋国区区，而有诅有祝[八]，祸之本也。"（《左传·襄公十七年》）

[一]宋平公。[二]讴，乌侯反。齐声歌唱也。[三]皇国父白晳，而居近泽门。[四]子罕黑色，而居邑中。黔音琴。[五]扑（pǔ 普），普卜反，杖也；行，下孟反，巡行也。[六]挞（chì 赤），耻乙反，决罚也。[七]役，事也。[八]诅兴役者，祝缓役者。

俾按：常人之情，恒以祝己诅人为快。子罕知诅祝并兴，足以酿成乱源，故执扑挞不勉者，以止筑者之讴。其忠心雅量，均足式也。

荀偃瘅疽[一]，生疡于头[二]。济河，及著雍，病，目出[三]。大夫先归者皆反，士匄[四]请见，弗内[五]。请后，曰："郑甥可[六]。"二月甲寅卒，而视不可含[七]。宣子盥而抚之[八]，曰："事吴，敢不如事主[九]！"犹视。栾怀子[一〇]曰："其为未卒事于齐故也乎？"乃复抚之曰："主苟终，所不嗣事于齐者，有如河[一一]！"乃瞑，受含。宣子出，曰："吾浅之为丈夫也[一二]。"（《左传·襄公十九年》）

[一]恶创。瘅（dàn）音旦；疽（jū居），七徐反。[二]疡（yáng）音羊，疽属，在头曰疡。[三]因病痛而目睛努出。[四]士匄为晋中军佐。[五]内，与"纳"同。[六]问以谁为后嗣，荀偃答曰"郑甥可"。郑甥即荀吴，以吴之母为郑女也。[七]目开口噤。[八]宣子即士匄（gài丐）。盥（guàn贯）音管，洗手也。抚之，抚荀偃之尸也。[九]吴，荀吴。大夫称"主"。[一〇]栾盈。[一一]嗣，续也。襄公十八年，晋伐齐。有如河，言水逝而不返，以死为誓也。[一二]自恨以私待人。

太史[一]书曰："崔杼弑其君[二]。"崔子杀之。其弟嗣[三]书而死者二人。其弟又书，乃舍之。南史氏[四]闻太史尽死，执简[五]以往；闻既书矣，乃还。（《左传·襄公二十五年》）

[一]齐之史官。[二]齐庄公与崔杼之妻通，杼因弑之。[三]嗣，续也。[四]齐史之在外者。[五]古之书者，必以汗青之简。

善为国者，赏不僭[一]而刑不滥。赏僭，则惧及淫人；刑滥，则惧及善人。（《左传·襄公二十六年》，蔡公孙归生语）

[一]僭（jiàn见），子念反。谓僭差也。

子产[一]使都鄙有章[二]，上下有服[三]，田有封洫[四]，庐井有伍[五]。大人[六]之忠俭者，从而与之。泰侈者，因而毙之[七]。

丰卷将祭，请田[八]焉；弗许，曰："惟君用鲜[九]，众给而已[一〇]。"子张[一一]怒，退而征役[一二]。子产奔晋，子皮止之，而逐丰卷。丰卷奔晋。子产请其田里[一三]，三年而复之，反其田里，及其入[一四]焉。

从政一年，舆人[一五]诵之曰："取我衣冠而褚之[一六]，取我田畴而伍之[一七]。孰杀子产，吾其与之！"及三年，又诵之曰："我有子弟，子产诲之。我有田畴，子产殖之。子产而死，谁其嗣之？"（《左传·襄公三十年》）

[一]公孙侨以子皮之让，秉郑国之政。[二]国都及边鄙，车服尊卑各有分部。[三]公卿大夫，服不相逾。[四]封，疆也；洫，沟也。[五]庐，舍也。九夫为井，使五家相保。[六]卿大夫。[七]因其有罪而毙之。[八]田猎。[九]鲜，谓野兽。[一〇]众臣祭，以刍豢为足。[一一]丰卷，字子张。[一二]召兵欲攻子产。[一三]请于公，不没收。

[一四]田里所收入。[一五]众人。[一六]褚（chǔ 储），张吕反，畜也。奢侈者畏法，故畜藏。[一七]竝畔为畴。兼并者失志，故取田畴而伍结之。

倬按：子产所为，系因时制宜。古今异势，不尽足效。然其公忠体国之心，实足以令人感动；而所以处置丰卷者，尤不愧为宰相之风度也。

公[一]薨之月，子产相郑伯[二]以如晋，晋侯以我丧故，未之见也[三]。子产使尽坏其馆之垣[四]，而纳车马焉。士文伯让之[五]曰："敝邑以政刑之不修，寇盗充斥[六]，无若诸侯之属辱在寡君者何？是以令吏人完客所馆[七]，高其闳闳[八]，厚其墙垣，以无忧客使[九]。今吾子坏之，虽从者[一〇]能戒，其若异客[一一]何？以敝邑之为盟主，缮完葺墙[一二]，以待宾客；若皆毁之，其何以共[一三]命？寡君使匄请命[一四]。"对曰[一五]："以敝邑褊[一六]小，介于大国，诛求无时[一七]，是以不敢宁居，悉索敝赋[一八]，以来会时事[一九]。逢执事之不间，而未得见[二〇]，又不获闻命[二一]，未知见时，不敢输币，亦不敢暴露。其输之，则君之府实也，非荐陈之，不敢输也[二二]。其暴露之，则恐燥湿之不时而朽蠹，以重敝邑之罪。侨[二三]闻文公[二四]之为盟主也，宫室卑庳[二五]，无观台榭[二六]，以崇大诸侯之馆。馆如公寝[二七]，库厩缮修[二八]，司空以时平易道路[二九]，圬人以时塓馆宫室[三〇]。诸侯宾至，甸设庭燎[三一]，仆人巡宫[三二]，车马有所[三三]，宾从有代[三四]，巾车脂辖[三五]，隶人牧圉各瞻其事[三六]，百官之属各展其物[三七]。公不留宾，而亦无废事[三八]，忧乐同之，事则巡之[三九]，教其不知，而恤其不足。宾至如归，无宁菑患[四〇]？不畏寇盗，而亦不患燥湿。今铜鞮之宫[四一]数里，而诸侯舍于隶人[四二]；门不容车，而不可逾越；盗贼公行，而夭疠不戒[四三]；宾见无时，命不可知[四四]。若又勿坏，是无所藏币以重罪也。敢请执事，将何以命之[四五]？虽君之有鲁丧，亦敝邑之忧也。若获荐币，修垣而行[四六]，君之惠也，敢惮勤劳？"文伯复命，赵文子曰："信[四七]！我实不德，而以隶人之垣，以赢[四八]诸侯，是吾罪也。"使士文伯谢不敏焉。晋侯见郑伯，有加礼，厚其宴好而归之。乃筑诸侯之馆。

叔向曰："辞之不可以已也如是夫！子产有辞，诸侯赖之，若之何其释[四九]辞也？《诗》[五〇]曰：'辞之辑矣，民之协矣。辞之绎矣，民之莫矣[五一]。'其知之矣[五二]。"(《左传·襄公三十一年》)

[一]鲁襄公。[二]郑简公。[三]晋平公以鲁有襄公之丧，故未之见。[四]郑伯所寓馆舍之垣。[五]士文伯，名匄，字伯瑕，与范宣子同族同名。让，责也。[六]充，满也；斥，见也。充斥，言其多也。[七]馆舍。[八]闬、闳，皆门名。闬（hàn 旱），户旦反；闳（hóng 宏），获耕反。[九]无令客使忧寇盗。[一〇]郑之从者。[一一]他国之宾客。[一二]谓以草覆墙，而缮治完固也。葺（qì 气），音缉。[一三]共（gòng）音供，应也。[一四]本国国君使匄请问

毁垣之命。[一五]子产答辞。[一六]褊狭。[一七]诛,责也。谓大国责令贡献无常时。[一八]索,求也。言尽搜求郑国之财赋。[一九]随时来朝会。[二〇]值晋君无暇,未得遽见。[二一]晋君之命。[二二]荐陈,犹"献见"也。不敢以非礼输纳于府库。[二三]侨是子产之名。[二四]晋文公。[二五]庳（bì）音婢,小也。[二六]无筑土为台,构屋为榭,以为游观之地。榭音谢。[二七]言文公之客馆,如今日晋君之路寝。[二八]馆中藏币之库,养马之厩,莫不缮治修葺。[二九]司空掌邦土,故使之以时平治道路。易,治也。[三〇]圬人,泥匠。圬（wū）音乌。塓（mì密）,莫历反,涂也。馆宫室,馆舍之宫室也。[三一]甸人设火于庭。[三二]宫馆有仆人巡夜。[三三]宾之车马,皆有地以安处。[三四]宾之仆从,各有人以代役。[三五]巾车,主车之官。脂辖（xiá匣）,以油膏涂客之车辖也。[三六]徒隶之人与牛之牧、马之圉,各瞻视客之所为以供其事。[三七]展,陈也。谓群官各陈其物以待宾。[三八]宾得速归,则事不废。[三九]事之得失,晋则巡其当否。[四〇]无宁,宁也。言待宾如此,宁当复有菑（zāi灾）患耶？[四一]晋离宫。鞮（dī堤）,丁兮反。[四二]舍如隶人之舍。[四三]疠,犹灾也。戒,备也。[四四]召见之命,不得而知。[四五]问晋命己所止之宜。[四六]荐,进也；行,去也。言若得见晋君而进币,仍将馆垣修治,然后归国。[四七]赵武谓信如子产之言。[四八]赢（yíng）音盈,受也。[四九]释,弃也。[五〇]《诗经·大雅·板篇》。[五一]辑,和也；协,合也；绎（yì）音亦,同"怿",悦也。莫,犹"定"也。言辞辑睦,则民协同；辞说绎,则民安定也。[五二]谓诗人知辞之有益。

倬按：办外交者，贵有计画，能专对；办弱国之外交者，尤贵知己知彼，有胆有识。夫以郑之弱小，而子产敢在主盟之晋国尽坏其馆垣；及闻士文伯之责让，更能不屈不挠，据理力争。晋之君臣，不特不以为忤，且待之有加礼焉。谁实为之，孰令致之？缅怀前修，景仰曷已！

子产之从政也，择能而使之。冯简子能断大事；子大叔美秀而文[一]；公孙挥能知四国之为[二]，而辨于其大夫之族姓、班位、贵贱、能否[三]，而又善为辞令[四]；裨谌能谋，谋于野则获，谋于邑则否[五]。郑国将有诸侯之事，子产乃问四国之为于子羽[六]，且使多为辞令；与裨谌乘以适野，使谋可否；而告冯简子，使断之；事成，乃授子大叔，使行之，以应对宾客。是以鲜有败事[七]。（《左传·襄公三十一年》）

[一]其貌美，其才秀。[二]知诸侯之所欲为。[三]凡诸侯之臣，族姓之同异，班位之高下，人物之贵贱，才具之能否，皆能辨别。[四]又长于应对。[五]谋于宽闲之野，则得其所谋；谋于喧嚣之邑，则不得其所谋。谌（chén 臣），市林反。[六]公孙挥时为行人，即今日之外交官也。[七]失败之事。

苟利社稷，死生以[一]之。（《左传·昭公四年》，郑子产语）

[一]以，用也。

九月，楚平王卒，令尹子常欲立子西[一]，曰[二]："太子壬[三]弱，其母非适[四]也，王子建实聘之[五]。子西长而好善。立长则顺，建善则治。王顺国治，可不务乎？"子西怒，曰："是乱国而恶君王也[六]。国有外援，不可渎也[七]。王有适嗣，不可乱也。败亲、速仇[八]、乱嗣，不祥，我受其名[九]。赂吾以天下，吾滋[一〇]不从也。楚国何为？必杀令尹！"令尹惧，乃立昭王。（《左传·昭公二十六年》）

[一]子西，平王之长庶子。[二]子常之言。[三]太子壬，即楚昭王。[四]适（di）音的，与"嫡"同。[五]本王子建所聘，而平王夺之。[六]废嫡立庶，是乱楚国之政。言王子建聘之，是彰平王之恶。[七]太子壬之母为秦女，外援即指秦国。渎，慢也。[八]不立壬，秦将来讨，是速仇也。[九]受恶名。[一〇]滋，益也。

倬按：吾国古代，颇重宗法，嫡、庶之分甚严。子西乃心君国，敝屣尊荣，固楚国之忠臣，亦芈氏之孝子也。

利其禄，必救其患。（《左传·哀公十五年》季子[子路]语）

桓公二年，春，王正月，戊申，宋督[一]弑其君与夷[二]及其大夫孔父[三]。及者何？累[四]也，弑君多矣。舍此无累者乎？曰：有，仇牧[五]、荀息[六]皆累也。舍仇牧、荀息无累者乎？曰：有。有则此何以书？贤也。何贤乎孔父？孔父可谓义形于色矣。其义形于色奈何？督将弑殇公，孔父生而存，则殇公不可得而弑也，故于是先攻孔父之家。殇公知孔父死，己必死，趋而救之，皆死焉。孔父正色而立于朝，则人莫敢过而致难于其君者。孔父可谓义形于色矣。(《公羊传·桓公二年》)

[一]华父督，宋戴公之孙。[二]与夷，是宋殇公之名。[三]孔父嘉，孔子六世祖。[四]连累。[五]仇牧事，见下第二节。[六]荀息事，见《左传》。

九月，宋人执郑祭仲[一]。祭仲者何？郑相也。何以不名？贤也。何贤乎祭仲？以为知权[二]也。其为知权奈何？古者郑国处于留。先郑伯有善于邻公者，通乎夫人[三]，以取其国，而迁郑[四]焉，而野留[五]。庄公[六]死，已葬，祭仲将往省于留，涂出于宋，宋人[七]执之，谓之曰："为我出忽而立突[八]。"祭仲不从其言，则君必死、国必亡；[九]从其言，则君可以生易死，国可以存易亡。少辽[一〇]缓之，则突可故[一一]出，而忽可故反，是不可得则病[一二]，然后有郑国[一三]。古人[一四]之有权者，祭仲之权是也。权者何？权者，反于经然后有善者也。权之所设[一五]，舍死亡无所设。行权有道，

自贬损以行权[一六]，不害人以行权[一七]。杀人以自生，亡人以自存，君子不为也。(《公羊传·桓公十一年》)

[一]祭仲，名足，仲其字也。[二]权者，称也，所以别轻重。喻祭仲知国重君轻。[三]夫人即叔妘。[四]迁郑都于邻。[五]野，鄙也。以留为边邑。[六]郑庄公。[七]宋庄公。[八]忽，是郑昭公之名。突即郑厉公，宋外甥也。[九]是时宋强郑弱，祭仲不从其言，必为宋杀。宋纳突、出忽，即可因之灭郑。[一〇]辽，远也。[一一]故，犹"仍"也。[一二]病，犹"辱"也。[一三]言祭仲之意，以为突可出，忽可反。若不可得，则以为大耻。盖其意，必欲出突而反忽也。谋国之权如是，然后能保有郑国。[一四]古人，谓伊尹。[一五]设，施也。[一六]身蒙逐君之恶以存郑。[一七]已立突，不害忽。

江叔海先生（瀚）曰："祭仲之逐君，所以保有郑国，犹愈于国之亡，正《孟子》所谓'君为轻'也。较之后世以拥护一人之位而不惜糜烂全国者，其贤不肖为何如耶！虽然，权亦恶可轻言哉？《春秋繁露》曰：'夫权虽反经，亦必在可以然之域。不在可以然之域，虽死亡，终弗为也。'然则苟不在可以然之域，而谬托行权，以便其私者，宁非祭仲之罪人与？"(《孔学发微》)

秋八月，甲午，宋万弑其君接[一]，及其大夫仇牧。及者何？累也，弑君多矣。舍此无累者乎？孔父、荀息皆累也。舍孔父、荀息无累者乎？曰：有。有则此何以书？贤也。何贤乎仇牧？仇牧可谓不畏强御[二]矣。其不畏强御奈何？万尝与庄公[三]战，获乎庄公。庄公归，散舍诸宫中[四]，数月，然后归之。归反为大夫于宋。与闵公博，妇人皆在侧。万曰："甚矣，鲁侯之淑[五]，鲁侯之美也！天下诸侯宜为君者，唯鲁侯尔！"闵公矜[六]此妇人，妒其言，顾曰："此虏也[七]！尔虏焉故，鲁侯之美恶乎至[八]？"万怒，搏闵公，绝其脰[九]。仇牧闻君弑，趋而至，遇之于门，手剑而叱之[一〇]。万臂摋[一一]仇牧，碎其首[一二]，齿著乎门阖[一三]。仇牧可谓不畏强御矣。（《公羊传·庄公十二年》）

[一]接，是宋闵公之名。[二]强暴。[三]鲁庄公。[四]散，放也；舍，止也。言释放而止于宫中也。[五]鲁侯即鲁庄公。淑，善也。[六]矜，色自美大之貌。[七]此，指万。闵公顾谓侧妇人曰："此虏也！"[八]尔，谓万也。恶（wū乌），犹"何"也。何所至，若言何至是也。更向万曰："尔尝虏于鲁侯，故称誉之，鲁侯之美何至是乎？"[九]脰（dòu豆），颈也。[一〇]手剑，手持剑也。叱，骂也。言手持剑而骂万。[一一]以臂撞而杀之。摋（sà飒），击也。[一二]头。[一三]门扇。

聘礼，大夫受命不受辞[一]，出竟[二]，有可以安社稷、利国家者，则专之可也。（《公羊传·庄公十九年》）

[一]以外事不素制，不豫设，故云尔。[二]境。

秋七月，齐侯[一]使国佐[二]如师。已酉，及国佐盟于爰娄。筆去国五百里[三]，爰娄去国五十里。壹战绵地五百里，焚雍门[四]之茨[五]，侵车[六]东至海。君子闻之，曰："夫甚甚之辞焉[七]，齐有以取之也。"齐之有以取之何也？败卫师于新筑[八]，侵我北鄙[九]，敖郤献子[一〇]，齐有以取之也。爰娄在师之外[一一]。郤克曰："反鲁、卫之侵地，以纪侯之甗[一二]来，以萧同侄子之母为质[一三]，使耕者皆东其亩[一四]，然后与子盟。"国佐曰："反鲁、卫之侵地，以纪侯之甗来，则诺。以萧同侄子之母[一五]为质，则是齐侯之母也。齐侯之母，犹晋君之母也；晋君之母，犹齐侯之母也[一六]，使耕者尽东其亩，则是终土齐也[一七]，不可！请壹战，壹战不克，请再；再不克，请三；三不克，请四；四不克，请五[一八]；五不克，举[一九]国而授。"于是而与之盟。(《穀梁传·成公二年》)

[一]齐顷公。[二]国佐是齐大夫。[三]鲁成公二年六月，晋郤克与鲁季孙行父、卫孙良夫、曹公子手(首)及齐侯战于筆。筆，齐地。国，谓齐国都也。[四]齐城门。[五]茨(cí词)，在私反，盖也。[六]侵伐之车。[七]夫，犹"凡"也。师及国门，又至海，甚之又甚也。[八]成公二年夏四月，齐败卫师于新筑。新筑，卫地。[九]成公二年春，齐侯伐鲁北鄙。《春秋》为鲁史，故称鲁为"我"。[一〇]成公元年冬十月，鲁季孙行父秃，晋郤克眇，卫孙良夫跛，曹公子手偻，同时而聘于齐。齐使秃者御秃者，使眇者御眇

者，使跛者御跛者，使偻者御偻者。萧同侄子处台上而笑之。郤献子即郤克。敖，侮慢也。[一一]言晋师已逼其国。[一二]甗（yǎn 演）音彦，玉甑也。齐灭纪，故得其宝。[一三]萧国之君名同，其侄娣所生女嫁齐，而生顷公，故谓之萧同侄子。"之母"二字，系衍文。质音致，典押以取信曰质。[一四]欲以利其戎车，便侵伐。[一五]"之母"二字亦衍文。[一六]言尊同也。[一七]以齐为土地。[一八]齐为晋所败，兵临城下。所以更能五战者，以齐为大国，收拾余烬，尚足以当诸国之师也。[一九]举，尽也。

俾按：郤克怀挟私怨，藉战胜之威，以要胁齐国，其气焰之盛，不难想见。国佐折之以礼义，告之以不惮五战，郤克乃不得不就范而与之盟。由此可知，天下惟能战者，斯能言和也。

卷二 孝

有子[一]曰："其为人也孝弟，而好犯上者，鲜矣[二]；不好犯上，而好作乱者，未之有也[三]。君子务本，本立而道生[四]。孝弟也者，其为仁之本与[五]？"（《论语·学而》）

[一]有若，鲁人，孔子弟子。《论语》于孔门弟子，惟有子、曾子称"子"。此必孔子弟子于孔子殁后，尊事二子如师，故通称子也。[二]其，发声也。善事父母为孝，善事兄长为弟。弟与"悌"通。好（hào 号），谓心欲也。犯，侵也。上，谓凡在己上者。鲜，少也。言为人善事父母兄长，而欲侵犯在上之人者少也。[三]作乱，为悖逆争斗之事。言不好侵犯在上之人，而好为悖逆争斗之事者，必无其人，故曰"未之有也"。[四]务，专力也。本，犹"根"也；立，犹"定"也。道者，人所由行之路。事物之理，皆人所由行，故亦曰"道"。生，出也。言君子专力于根本，根本既定而道出也。[五]恐人未知其根本，故言"孝弟也者，其为仁之本与"。"与"为疑辞，谦退不敢质言，故云"与"也。

清陆氏陇其曰："今人但以孝弟为庸德庸言，不知犯上作乱之事，纷纷于世，皆从不孝弟起；仁民爱物之事莫能行，亦从不孝弟起。苟孝弟之风行，便可以弭天下之大祸，建天下之大业。孝弟者，万福之原也。"（《松阳讲义》）

　　章太炎先生（炳麟）曰："爱亲敬长，人之良知良能，故孝弟为人之本。"（《广论语骈枝》）

　　程树德先生曰："古未有不孝于亲而能忠于国者，亦未有不敬其兄而能笃于故旧者。语云：'求忠臣必于孝子之门。'又云：'圣人以孝治天下。'有子之言，洵治国之宝鉴也。"（《论语集释》）

　　倬按：《孝经》云："教民亲爱，莫善于孝；教民礼顺，莫善于弟。"今日吾国国民之大患，在不亲不爱、无礼不顺；欲挽救之，必自提倡孝弟始。

　　子曰："弟子[一]入则孝[二]，出则弟[三]，谨而信[四]，泛爱众而亲仁[五]。行有余力，则以学文[六]。"（同上）

　　[一]弟子，谓人幼少为弟、为子时也。[二]孝是孝父母。父母在内，故云"入"也。[三]弟者，言事诸兄师长皆弟顺也。诸兄师长，义兼疏属，故云"出"也。[四]"谨而信"者，理兼出入，言恭谨而诚信也。[五]泛，广也；众，谓众人。亲，近也；仁，谓仁者。言博爱众人而亲近仁者也。[六]行，谓能行上述孝弟、谨信、爱众、亲仁诸事。以，用也。文，谓诗书六艺之文。言能行上述诸事而精力有余，则用以学诗书六艺之文也。

　　宋尹氏焞曰："德行，本也；文艺，末也。穷其本末，

知所先后，可以入德矣。"(《论语集注》)

宋黄氏震曰："此章教人为学，以躬行为本；躬行，以孝弟为先。文则行有余力而后学之。"(《黄氏日钞》)

孟懿子问孝[一]，子曰："无违[二]。"樊迟御[三]，子告之曰："孟孙问孝于我，我对曰'无违'[四]。"樊迟曰："何谓也[五]？"子曰："生，事之以礼；死，葬之以礼，祭之以礼[六]。"(《论语·为政》)

[一]孟懿子即鲁大夫仲孙何忌。仲孙氏以庶长加孟，"懿"乃其死后之谥。"问孝"者，问孝道于孔子也。[二]孔子答以无得违礼。[三]孔子弟子，姓樊，名须，字子迟。御者，为孔子御车也。[四]孔子以孟懿子之所问及己之答辞告樊迟也。[五]樊迟不知孔子之意而问之。[六]此孔子为言无违之事实。

宋朱子曰："人之事亲，自始至终，一于礼而不苟，其尊亲也至矣。是时三家僭礼，故夫子以是警之。"(《论语集注》)

宋真氏德秀曰："昏定而晨省，冬温而夏清，出告而反面；下气怡声，问衣燠寒；疾痛疴痒而敬抑搔之，出入则或先或后而敬扶持之，饮食则问所欲而敬进之；有命之，应唯敬对；进退周旋谨齐，升降出入揖逊；不敢哕噫嚏咳欠伸跛倚睇视，不敢唾洟：此生事之礼也。丧三日而殡，凡附于身者必诚必信；三月而葬，凡附于棺者必诚必信：此死葬之礼也。及时将祭，君子乃齐，防其邪物，讫其嗜欲，耳不听乐，心不苟虑，必依于道；手足不苟动，必依于礼；散齐七日以定之，致齐三日以齐之——齐者，精明之至，然后可以交神明：此祭之礼也。自天子而至于庶人，其物之隆杀不同，然礼之所得为者，则不容一毫之不尽也。"(《大学衍义》)

马一浮先生曰："拈出一'礼'字，养生送死之义尽矣。"(《复性书院讲录》)

孝子之事亲也，有三道焉：生则养，没则丧，丧毕则祭。养则观其顺也，丧则观其哀也，祭则观其敬而时[一]也。尽此三道者，孝子之行也。(《礼记·祭统》)

[一]以时思之。

孟武伯[一]问孝，子曰："父母惟其疾之忧[二]。"(同上)

[一]孟武伯即孟懿子之子仲孙彘，"武"其谥也。于兄弟次为长，故称"伯"。[二]《集注》："父母爱子之心，无所不至，惟恐其有疾病，常以为忧也。人子体此，而以父母之心为心，则凡所以守其身者，自不容于不谨矣，岂不可以为孝乎？"刘氏《正义》谓"父母"二字当略读，以人子忧父母之疾为孝。惟，独也。

明李氏颙曰："子有身而父母惟其疾之忧，子心已不堪自问，若不能自谨而或有以致疾，则不孝之罪愈无以自解矣。故居恒须体父母之心，节饮食，寡嗜欲，慎起居，凡百自爱，必不使不谨不调，上贻亲忧。父母所忧，不仅在饥寒、劳役之失调，凡德不加进，业不加修，远正狎邪，交非其人，疏于检身，言行有疵，莫非是疾。知得是疾，谨得此身，始慰得父母，始不愧孝子。"（《四书反身录》）

清张氏英曰："养身之道，一在谨嗜欲，一在慎饮食，一在慎忿怒，一在慎寒暑，一在慎思索，一在慎烦劳。有一于此，足以致病，以贻父母之忧，安得不时时谨懔也！"（《聪训斋语》）

唐蔚芝先生曰："曹氏叔彦谓：孩提幼儿，往往多病，而所苦不能自言。父母心诚求之，曲中其隐以疗之，自少至长，不知几经忧劳。人子思此，则父母之疾，其忧当何如乎？况子疾父母忧之而愈，父母之疾，子或忧之而仍不能愈，人子思之，其忧当何如乎？痛自衰世人心陷溺，竟有'久病无孝子'之谚。所谓'哀莫大于心死'者，苟尚有人心，清夜思之，其可以为人、可以为子乎？曹君之言，至为沉痛。试思久病而果无孝子，父母之痛苦为何如！窃谓惟父母久病，人子夙夜侍疾，乃益见其孝；宜反言之曰：'久病在床见孝子。'"（《劝孝编》）

子游[一]问孝。子曰："今之孝者，是谓能养[二]。至于犬马，皆能有养；不敬，何以别乎[三]？"（《论语·为政》）

[一]孔子弟子言偃，字子游。[二]是犹"只"也，养谓饮食供奉。言今之孝者，只谓能饮食供奉而已。[三]《集注》："人畜犬马，皆能有以养之。若能养其亲而敬不至，则

与养犬马者何异?"而清李氏光地《论语劄记》云:"'能'字接犬马说,似非谓人能养犬马也。盖言禽兽亦能相养,但无礼耳。人养亲而不敬,何以自别于禽兽乎?"似较《集注》为长。

宋真氏德秀曰:"父母至重也,犬马至轻也。孔子以至轻喻至重,所以深警世人之以养为孝者。子游圣门高弟,宜不至是。然一念之微,少以能养为足,则已堕不敬之域矣。非必轻忽简慢,而后谓之不敬也。故《礼记》亦曰:'养可能也,敬为难。'"(《大学衍义》)

明张氏居正曰:"凡父母之于子,怜悯姑息之情常胜。故子之于父母,狎恩恃爱之意常多,其始虽无轻慢之心,其后渐成骄纵之习。孔子之言,实深究人情之偏,而预防其渐也。"(《四书集注直解》)

子夏[一]问孝。子曰:"色难[二]。有事,弟子服其劳;有酒食,先生馔,曾是以为孝乎[三]?"(同上)

[一]孔子弟子卜商,字子夏。[二]汉包氏咸谓"承顺父母色,乃为难"。朱子则云"事亲之际,惟色为难",是以色属之人子也。[三]先生,谓父兄。馔,饮食也。曾是,犹言"乃是"也。言有事则子弟服劳,有酒食则父兄饮食之,乃是以为孝乎?

明李氏颙曰:"服劳、奉养,古人尚不以为孝。若并服劳、奉养而有遗憾,罪通于天矣!"(《四书反身录》)

唐蔚芝先生曰:"人子之养亲,当视于无形,先意承旨。

服劳、奉养,未足为孝也。"(《论语新读本》)

孝子之有深爱者,必有和气;有和气者,必有愉色;有愉色者,必有婉容。孝子如执玉,如奉盈[一],洞洞属属然如弗胜,如将失之。严威俨恪,非所以事亲也,成人之道也[二]。(《礼记·祭义》)

[一]奉盈满之物。[二]严谓严肃,威谓威重,俨谓俨正,恪谓恭敬。此四者之容貌,使人望而畏之,是成人之道,非孝子之道也。俨(yǎn掩),鱼检反;恪(kè克),苦各反。

元陈氏澔曰:"和气、愉色、婉容,皆爱心之所发。如执玉奉盈,如弗胜将失,皆敬心之所存。爱敬兼尽,乃孝子之道。"(《礼记集说》)

子事父母,鸡初鸣,咸盥漱[一],栉縰笄总,拂髦,冠緌缨[二],端韠绅[三],搢笏[四]。左右佩用[五],左佩纷帨[六]、刀砺[七]、小觿[八]、金燧[九],右佩玦[一〇]、捍[一一]、管[一二]、遰[一三]、大觿[一四]、木燧[一五],偪[一六]、屦著綦[一七]。

妇事舅姑,如事父母。鸡初鸣,咸盥漱,栉縰笄总,衣绅[一八]。左佩纷帨、刀砺、小觿、金燧,右佩箴管[一九]、线纩[二〇],施縏袠[二一],大觿、木燧,衿缨[二二]、綦屦。

以适^[二三]父母舅姑之所，及所，下气怡^[二四]声，问衣燠^[二五]寒，疾痛苛痒^[二六]，而敬抑搔^[二七]之。出入，则或先或后而敬扶持之。进盥，少者奉槃^[二八]，长者奉水，请沃盥，盥卒授巾。问所欲而敬进之，柔色以温之^[二九]，饘酏^[三〇]酒醴^[三一]、芼羹^[三二]、菽^[三三]麦蕡^[三四]、稻黍粱秫^[三五]，唯所欲，枣栗饴^[三六]蜜以甘之，堇荁枌榆免薨瀡瀡以滑之^[三七]，脂膏以膏之^[三八]，父母舅姑必尝之而后退。(《礼记·内则》)

[一]咸，皆也。盥音管，洗手也；漱，所救反，涤口也。[二]栉，侧乙反，梳也；縰，所买反，黑缯韬发者。以縰韬发作髻讫，即横插笄以固髻。总亦缯为之，以束发之本，而垂余于髻后以为饰也。拂髦，振去髦上之尘也。髦(máo)音毛，用发为之，象幼时剪发为鬌之形。栉讫加縰，次加笄，加总，然后加髦着冠。冠之缨结于颔下以为固，结之余者下垂谓之緌。笄(jī 机)，古兮反；緌(ruí 蕤)，耳佳反。[三]端，玄端服也。服玄端着韠，又加绅大带也。韠(bì)音毕，以韦为之。[四]搢(jìn 晋)音荐，插也，插笏于带中。笏(hù 户)音忽，所以记事也。[五]所佩之物，皆是备尊者使令之用。[六]纷以拭器，或作帉；帨(shuì)音税，以拭手，皆巾也。[七]小刀与砺石。[八]觿(xī)音兮，状如锥，象骨为之。小觿，所以解小结者。[九]用以取火于日中者。燧(suì)音遂。[一〇]玦(jué)音决，射者着于右手大指，所以钩弦而开弓体也。[一一]捍音汗，拾也。韬左臂而收拾衣袖以利弦也。[一二]笔彄(kōu 抠)。[一三]遰(shì)音逝，刀室。[一四]所以解大结者。[一五]钻火之器。晴则用金燧以取火，阴则用木燧以钻火。

［一六］偪（bī 逼），彼力反，行縢也。偪束其胫，自足至膝，故谓之偪。［一七］屦（jù 具），九具反，履也。綦（qí 其）音忌，屦头之饰。［一八］衣绅，玄端绡衣之上加绅带，古代士妻之服。［一九］箴（zhēn 针），之林反。箴管，箴在管中也。［二〇］纩（kuàng）音旷，绵也。［二一］縏袠皆囊属。施縏袠者，为贮箴线纩也。縏（pán）音盘，袠（zhì 至）陈乙反。［二二］衿（jīn 今），其鸠反，结也；缨，香囊也。［二三］适，至也。［二四］怡，悦也。［二五］燠（yù）音郁，暖也。［二六］苛，疥也；痒（yǎng 养），以想反。［二七］抑，按也；搔，摩也。［二八］槃（pán）音盘，承盥水者。［二九］温，承藉之义。谓以柔顺之色，承藉尊者之意也。［三〇］饘（zhān），之然反，厚粥也；酏（yí）音移，薄粥也。［三一］醴（lǐ）音礼，甜酒也。［三二］以菜杂肉为羹也。芼（mào）音冒。［三三］菽（shū）音叔，豆之总名。［三四］蕡（fén）音焚，大麻子。［三五］秫（shú 孰）音述，稷之黏者。［三六］饴（yí）音怡，饧（xíng 行）也。［三七］堇（jǐn）音谨，菜名。荁（huán 环）音丸，似堇而叶大。榆之白者名枌（fén 汾），扶云反。免（wèn）音问，新鲜者；薧（kǎo）音考，干陈者。言堇、荁、枌、榆四物，或用新，或用旧也。滫（xiǔ 朽），思酒反，久泔也；瀡（suǐ）音髓，滑也。滫瀡，滫之滑者也。［三八］凝者为脂，释者为膏。

倬按：古今异制，食用亦异宜，诚不必亦步亦趋。但古人事亲之方法，有足资参考者，特录之以见往哲事亲之道，并以告时贤之能孝其亲者。

子曰："孝哉闵子骞[一]！人不间于其父母昆弟之言[二]。"（《论语·先进》）

[一]孔子弟子闵损，字子骞，与颜渊同列德行之科。
[二]昆，兄也。父母兄弟称其孝友，人皆信之，无异词者。盖其孝友之实，积于中而著于外，故孔子叹而美之。

倬按：《艺文类聚》引《说苑》云："闵子骞兄弟二人。母死，其父更妻，复有二子。子骞为其父御车，失辔，父持其手，衣甚单。父则归呼其后母儿，持其手，衣甚厚温。即谓其妇曰：'吾所以妻汝，乃为吾子。今汝欺我，去！无留！'子骞曰：'母在一子单，母去四子寒。'其父默然。故曰：'孝哉闵子骞！一言其母还，再言三子温。'"《韩诗外传》云："子骞早丧母，父娶后妻，生二子。疾恶子骞，以芦花衣之。父察之，欲逐后母，子骞曰：'母有一子寒，母去三子单。'父善之而止，母改悔之，遂成慈母。"古书所载闵子之行谊如此。孔子于弟子中独称闵子孝，决非无故也。

滕定公薨[一]。世子谓然友[二]曰："昔者孟子尝与我言于宋[三]，于心终不忘。今也不幸至于大故[四]，吾欲使子问于孟子，然后行事[五]。"然友之邹，问于孟子。孟子曰："不亦善乎！亲丧，固所自尽[六]也。曾子曰：'生，事之以礼；死，葬之以礼，祭之以礼[七]，可谓孝矣。'诸侯之礼，吾未之学也。虽然，吾尝闻之矣，三年之丧，齐疏之服[八]，飦粥之食[九]，自天子达于庶人，三代共之。"然友反命[一〇]，定为三年之丧。

父兄百官[一一]皆不欲，曰："吾宗国鲁先君莫之行，吾先君亦莫之行也；至于子之身而反之，不可。且《志》曰：'丧祭从先祖[一二]。'曰：'吾有所受之也[一三]。'"谓然友曰："吾他日未尝学问，好驰马试剑。今也父兄百官不我足[一四]也，恐其不能尽于大事，子为我问孟子。"然友复之邹问孟子。孟子曰："然[一五]，不可以他求者也[一六]。孔子曰：'君薨，听于冢宰[一七]。歠粥，面深墨[一八]，即位[一九]而哭，百官有司莫敢不哀，先之也。'上有好者，下必有甚焉者矣。君子之德风也，小人之德草也，草尚之风必偃[二〇]。是在世子。"然友反命。世子曰："然，是诚在我。"五月居庐[二一]，未有命戒[二二]。百官族人可谓曰"知"[二三]。及至葬，四方来观之，颜色之戚，哭泣之哀，吊者大悦。(《孟子·滕文公上》)

[一]滕国之君，文公父也。公侯死曰薨。[二]世子，即滕文公。然友，世子之傅。[三]滕文公为世子，将至楚，过宋而见孟子；孟子道性善，言必称尧舜。世子自楚反，复见孟子；孟子曰：道一而已，滕犹可以为善国。[四]大丧。[五]办丧事。[六]"自尽"者，盖悲哀之情、痛疾之意，非自外至，人子所当自尽其情也。[七]"生事之以礼"数句，乃孔子告樊迟之言，曾子述以教其门人，孟子遂以为曾子之言耳。[八]齐(zī)音资，衣下缝也。不缉曰斩衰，缉之曰齐衰。疏，粗也，粗布也。言居父母之丧，应服下端缝边之粗布衣也。衰(cuī)音崔。[九]飦，糜也。《方言》：粥稠者曰饘，稀者曰飦。言食稀粥也。飦(zhān 詹)，诸延反。

[一〇]然友奉命受孟子之言后，反滕报告文公。[一一]父兄，是世子之长辈；百官，是滕国之官员。[一二]鲁，周公之后；滕，叔绣之后，俱出文王。而周公大圣，敬圣人，故以鲁为宗国。或曰，鲁祖周公为长，兄弟宗之，故滕谓鲁为宗国。滕之父兄、百官，以为二国不行三年之丧，乃上世所传受，不可改也。然《志》所言之先祖，本如周公、叔绣能行三年之丧者。志，记也。[一三]此世子答父兄百官语，言吾非欲违背祖宗，是有人指教也。"吾"与下谓然友曰"吾"字正一人，故加"曰"字以明之。[一四]谓对我不满意也。[一五]然其"不我足"之言。[一六]言当责之于己。[一七]冢宰，六卿之长。[一八]歠（chuò 啜），川悦反，饮也。深墨，甚黑色也。言饮薄粥而面色深黑也。[一九]就丧位。[二〇]尚，加也；偃，伏也。言草如加之以风，则必偃伏也。[二一]诸侯五月而葬，未葬，居倚庐于中门之外。[二二]居丧不言，故未有命令、教戒。[二三]可，犹"合"也；知，与"善"通。言合辞曰善。

伟按：《论语·阳货篇》"宰我问三年之丧章"："子生三年，然后免于父母之怀。夫三年之丧，天下之通丧也。"《孝经》"丧亲章"："丧不过三年，示民有终也。"古圣人定丧期为三年，观此可以知其故矣。宋真德秀氏释之曰："欲报之德，昊天罔极！此虽终身之丧，未足以纾无穷之悲。其所以三年而止者，特圣人立为中制，使不可过焉耳。"（《大学衍义》）其言尤为明切。盖圣人体人情以制礼，欲贤者可以俯就，不肖者亦能勉焉，固有至理在也。洎世风浇薄，生存之父母，尚视之无异于陌路，而何丧礼之足云。若滕文公之所为，庶不愧为孝子，抑亦先圣之功臣也欤？

万章问曰:"舜往于田[一],号泣于旻天[二],何为其号泣也?"孟子曰:"怨慕也[三]。"万章曰:"'父母爱之,喜而不忘;父母恶之,劳而不怨。'[四]然则舜怨乎?"曰[五]:"长息[六]问于公明高[七]曰:'舜往于田,则吾既得闻命矣。号泣于旻天于父母,则吾不知也。'公明高曰:'是非尔所知也。'夫公明高以孝子之心为不若是恝[八]。我竭力耕田,共为子职而已矣。父母之不我爱,于我何哉[九]?帝[一〇]使其子九男二女[一一],百官牛羊仓廪备,以事舜于畎亩之中[一二],天下之士多就之者[一三],帝将胥天下而迁之焉[一四]。为不顺于父母,如穷人无所归[一五]。天下之士悦之,人之所欲[一六]也,而不足以解忧;好色,人之所欲,妻帝之二女,而不足以解忧;富,人之所欲,富有天下,而不足以解忧;贵,人之所欲,贵为天子,而不足以解忧。人悦之、好色、富贵,无足以解忧者,惟顺于父母,可以解忧[一七]。人少,则慕父母;知好色,则慕少艾[一八];有妻子,则慕妻子;仕,则慕君;不得于君,则热中[一九]。大孝终身慕父母。五十而慕[二〇]者,予于大舜见之矣。"(《孟子·万章上》)

[一]耕历山时。[二]仁覆闵下,则称旻天。号,呼也。"号泣于旻天"者,且言且泣诉之于天也。[三]怨己之不得其亲而思慕也。[四]此四句见《礼记·祭义》,乃曾子语。但上"不"字作"弗","劳"字作"惧",下"不"字作"无"。[五]孟子答辞。[六]公明高弟子。[七]曾子弟子。

[八]恝（jiá夹）音介，无愁之貌。公明高以为孝子不得意于父母，自当怨悲，不应恝恝然无忧也。[九]自责不知己有何罪。[一〇]唐尧。[一一]《史记·五帝本纪》："尧乃以二女妻舜，以观其内；使九男与处，以观其外。"[一二]百官致牛羊仓廪，备具馈礼，以奉事舜于畎亩之中。[一三]《五帝本纪》又云："一年而所居成聚，二年成邑，三年成都，是天下之士就之也。"[一四]胥与须，古人通用。须，待也，谓待天下悉治而迁位禅之。[一五]言其怨慕迫切之甚。[一六]欲，贪也。[一七]孟子推舜之心如此，以解上文之意：极天下之欲，不足以解忧，而惟顺其父母，可以解忧。[一八]艾，美好也。少艾，是美好之青年女子。[一九]不得，失意也。热中，中心躁急而热也。[二〇]舜摄政时，年五十；五十而慕，则其终身慕可知矣。

唐蔚芝先生曰："'孝'字本义，从老省，从子。子者，孺也。孺慕之心为最诚也。人子自少至老，专其心以顺父母，乃谓之孝。人子称父母曰亲，妊胎于母腹，亲之至也；生于膝下，亲之至也。弱冠以后，日疏其亲，歉何如矣！迨父母没，则由疏而远，痛何如矣！故圣人定父母之名曰亲，言终身宜亲之也。此人子之所以终身宜孝其亲，而虞舜之五十而慕，所以为大孝也。"（《孟子新读本》）

钱穆先生曰："此章发明舜之一片孝心，甚为真挚，读者即以反求诸心可也。"（《孟子研究》）

子路[一]曰："伤哉贫也，生无以为养，死无以为礼也。"孔子曰："啜菽[二]饮水尽其欢，斯之谓孝。敛首

足形，还葬[三]而无椁[四]，称其财[五]，斯之谓礼。"（《礼记·檀弓下》）

[一]孔子弟子仲由，字子路。[二]啜（chuò 辍），昌劣反。菽（shū）音叔，豆也。熬豆而食曰啜菽。[三]敛毕即葬。还音旋。[四]椁（guǒ 果）音郭，外棺也。[五]称其家之财物所有以送终。称（chèng 秤），尺证反。

宋陈氏祥道曰："君子之于亲，养在志，不在体；葬在诚，不在物。"（《礼记义疏》）

父母有过，下气怡色柔声以谏；谏若不入，起[一]敬起孝，说[二]则复谏。不说，与其得罪于乡党州闾[三]，宁孰谏[四]。父母怒不说，而挞[五]之流血，不敢疾怨，起敬起孝。（《礼记·内则》）

[一]起，犹"更"也。[二]说音悦，下同。[三]二十五家为闾，四闾为族，五族为党，五党为州，五州为乡。谓不谏而使父母得罪于乡党州闾也。[四]谓纯熟殷勤而谏。[五]挞（tà 踏），吐达反，击也。

宋马氏睎孟曰："荀子曰：'可以从而不从，是不子也；未可以从而从，是不衷也。'不子，不孝也；不衷，亦不孝也。夫明乎从、不从之义，而以恭行之，然后可以谏。"（《礼记义疏》）

倬按：《曲礼下》："子之事亲也，三谏而不听，则号泣而随之。"《论语·里仁》："事父母几谏，见志不从，又敬不违，劳而不怨。"均与此节相表里。而《孝经·谏诤章》：

"父有争子,则身不陷于不义。故当不义,则子不可以不争于父。"其言尤为切实。盖父母有过,人子固当谏诤;惟谏诤之方法,宜柔声怡色耳。

凯风自南[一],吹彼棘心[二]。棘心夭夭[三],母氏劬劳[四]。

[一]南风谓之凯风,长养万物者也。[二]棘,小木,丛生多刺,难长养;而心又其稚弱而未成者。[三]夭夭,盛貌。夭(yāo邀),于骄反。[四]劬劳,病苦也。劬(qú渠),其俱反。

宋朱子曰:"卫之淫风流行,虽有七子之母,犹不能安其室。故其子作此诗,以凯风比母,棘心比子之幼时。盖曰母生众子,幼而育之,其劬劳甚矣。本其始而言,以起自责之端也。"(《诗经集传》)

凯风自南,吹彼棘薪[一]。母氏圣善,我无令[二]人。

[一]棘可以为薪,已成就矣。[二]令,善也。

宋严氏粲曰:"棘心,喻子之幼小;棘薪,喻子之成立。凯风吹彼棘心,至于成薪,可见长养之功;而所吹之棘非美材,仅堪为薪。犹母氏养我七子,至于成人,可见圣善之德,而我七子无令善之人也。"(《诗经传说汇纂》)

爰[一]有寒泉，在浚[二]之下。有子七人，母氏劳苦。

[一]清王氏念孙曰："爰，曰也。"[二]浚（xùn训）音峻，卫邑。

朱子曰："诸子自责，言寒泉在浚之下，犹能有所滋益于浚，而有子七人，反不能事母，而使母至于劳苦乎，于是乃若微指其事，而痛自刻责，以感动其母心也。"（《诗经集传》）

睍睆黄鸟，载好其音[一]。有子七人，莫慰母心。

[一]睍睆，好貌，以兴颜色悦也。好其音者，与其辞令顺也。睍（xiàn现），胡显反；睆（huǎn缓），华板反。

朱子曰："言黄鸟犹能好其音以悦人，而我七子独不能慰悦母心哉？"（同上）

《凯风》四章，章四句。（《诗经·邶风》）

元刘氏玉汝曰："此诗本欲几谏，而先自责。几谏之词寡，而自责之词多。盖几谏固人子所当然，而自责尤人子之难事。何则？几谏犹见父母之有过，自责则不见父母之过，而惟见其为己之罪，尤足以感动亲心，固有不待几谏而父母自喻于道者矣。读是诗者，孝弟之心可以油然而生也。"（《诗缵绪》）

卷二 孝

曾子[一]曰，孝子之养老也，乐[二]其心，不违其志，乐其耳目，安其寝处，以其饮食忠养之，孝子之身终，终身也者，非终父母之身，终其身也，是故父母之所爱亦爱之，父母之所敬亦敬之，至于犬马尽然，而况于人乎。（《礼记·内则》）

[一]曾参，孔子弟子。[二]乐（luò）音洛（今音 lè），下同。

元陈氏澔曰："乐其心，喻父母于道也，不违其志，能养志也，饮食忠养以上，是终父母之身，爱所爱，敬所敬，则终孝子之身也。"（《礼记集说》）

孟子曰："事孰为大？事亲为大。守孰为大？守身为大[一]。不失其身而能事其亲者，吾闻之矣。失其身而能事其亲者，吾未之闻也[二]。孰不为事[三]？事亲，事之本也。孰不为守？守身，守之本也。曾子养曾皙[四]，必有酒肉；将彻，必请所与[五]。问有馀，必曰'有'[六]。曾皙死，曾元[七]养曾子，必有酒肉；将彻，不请所与。问有馀，曰'亡矣'[八]，将以复进也[九]。此所谓养口体[一〇]者也。若曾子，则可谓养志[一一]也。事亲若曾子者，可也。"（《孟子·离娄上》）

[一]唐蔚芝先生曰："重标四'大'字，见人生大事，

未有大于事亲、守身者也。"事亲是奉养父母。守身者，持守其身，使不陷于不义也。[二]一失其身，则亏体辱亲，虽日用三牲之养，亦不足以为孝。[三]谓天地间之事，孰非吾人所当为者。[四]曾晳，名点，曾子之父，亦孔子弟子。[五]每食必有酒肉，食毕将彻去，必请于父曰"此余者与谁"，所以体亲心也。[六]或问"此物尚有余否"，必曰"有"者，恐父因已无，遂不肯费子而言己所欲也。[七]曾元，曾子之子。[八]亡同无。言实"无"者，则直道其无。[九]"将以复进"，亦曾元之言。谓苟有意与人，将再烹饪以复进。[一○]如是，则亲或因此沮遏，而志不伸，故为"养口体"而已。[一一]能顺亲志于未言之先。

宋程子曰："子之身所能为者，皆所当为，无过分之事也。故事亲若曾子，可谓至矣。而孟子止曰'可'也，岂以曾子之孝为有余哉？"（《孟子集注》）

清焦氏循曰："《礼记·哀公问》：孔子云：'君子无不敬也，敬身为大。身也者，亲之枝也，敢不敬与？不能敬其身，是伤其亲；伤其亲，是伤其本；伤其本，枝从而亡。'孟子之言，盖本于此。"（《孟子正义》）

唐蔚芝先生曰："古来称大孝者，虞舜而外，惟推曾子。盖曾子之为人，天性最为诚笃。天下未有至孝之人，而不发于至诚者也。曾子读《丧礼》，至于泣下沾襟，此其为至诚之极则也。顾吾读史书中'孝友传'，无一人能与曾子媲美者。何哉？盖有天性挚而学问未成者，亦有学问成而天性未挚者。曾子，天性、学问兼至者也。"（《孟子新读本》）

又曰："后世之人，养其父母，当以曾子为法。养父母之志，使之愉快，则亲年眉寿矣。"（《孟子救世编》）

卷二 孝

父命呼[一]，唯而不诺[二]，手执业则投之，食在口则吐之，走而不趋[三]。亲老，出不易方[四]，复不过时[五]。亲癠[六]，色容不盛。此孝子之疏节[七]也。(《礼记·玉藻》)

[一]命呼，谓遣人呼，言父召子也。[二]唯、诺，皆应辞。唯速而恭，诺缓而慢。唯（wéi维），于癸反。[三]趋则有容，走则无容。言但急走往，不暇疾趋也。[四]有定所也。恐父母召己而莫知所在，故不易方。[五]复，反也。过时，则恐失期而贻亲之忧。[六]癠（jì）音剂，病也。[七]疏，通也。疏节，犹言通体如此。以此乃子道之常也。

唐蔚芝先生曰："《战国策》：王孙贾之母谓贾曰：'汝晨出而不归，则吾倚门而望；汝暮出而不归，则吾倚闾而望。'夫父母常悬悬于其子，而人子转不悬念其亲，独何心欤！"(《劝孝编》)

夫为人子者，出必告，反必面[一]，所游必有常[二]，所习必有业[三]。(《礼记·曲礼上》)

[一]出则告违；反则告归，又以自外来，欲省颜色，故言"面"。[二]游必有方。[三]所学必有正业。

孝子之祭也，尽其悫而悫焉[一]，尽其信而信焉，尽其敬而敬焉，尽其礼而不过失焉[二]。进退必敬，如

亲听命，则或使之也[三]。(《礼记·祭义》)

[一]"尽悫"者，谓心尽其悫；"而悫焉"，谓外亦悫焉。[二]礼有常经，不可以私意为隆杀，故曰"尽其礼而不过失焉"。[三]进退之间，其敬心之所存，如亲聆父母之命，而若有使之者也。

唐蔚芝先生曰："祭礼者，所以补事亲之缺也。树欲静而风不息，子欲养而亲不在。仁人孝子怆怀靡已，欲致其终身思慕之诚，于是祭礼兴焉。而说者竟斥之曰迷信，何其谬欤！彼西人设几筵，悬遗像，供花果，则尊之以为纪念；迨吾国人铺几筵，悬遗像，陈俎豆，则讥之以为迷信？呜呼！何其颠倒若是乎！"(《劝孝编》)

曾子曰："孝有三：大孝尊亲，其次弗辱，其下能养。"(同上)

宋黄氏裳曰："曾子言孝道三，谓人子立身行道，有大功于国，大德于民，俾人称美其先而尊重之，为上也。生，事之以礼；死，葬之以礼，祭之以礼；全父母遗体，殁身无毁者，次之。生事父母，尽其色养者，为下也。言尊亲为大，则弗辱、能养兼之矣。次言不能尊贵其亲，而惟弗辱、能养为二也，其下者。谓不能尊亲、不辱，惟能供养，是孝之末节矣。但论孝行升降轻重，不分别名位尊卑。"(《礼记义疏》)

父母虽没，将为善，思贻父母令名[一]，必果[二]；将为不善，思贻父母羞辱，必不果。(《礼记·内则》)

[一]善名。[二]果决为之。

曾子曰："身也者，父母之遗体也。行父母之遗体，敢不敬乎？居处不庄，非孝也；事君不忠，非孝也；莅官不敬，非孝也；朋友不信，非孝也；战陈无勇，非孝也。五者不遂，灾及于亲[一]，敢不敬乎？亨孰膻芗，尝而荐之，非孝也，养也[二]。君子之所谓孝也者，国人称愿然[三]曰：'幸哉有子如此！'所谓孝也已。众之本教曰孝[四]，其行曰养[五]。养可能也，敬为难；敬可能也，安为难[六]；安可能也，卒为难[七]。父母既没，慎行其身，不遗父母恶名，可谓能终矣。仁者，仁此者也；礼者，履此者也；义者，宜此者也；信者，信此者也；强者，强此者也。乐自顺此生，刑自反此[八]作。"(同上)

[一]遂，犹"成"也。此五者皆足以辱亲，故曰"灾及其亲"。灾(zāi)音灾。[二]亨孰膻芗(shānxiāng 山乡)之美，先自口尝，而后荐之父母，此非孝也，供养而已。亨(pēng)音烹；孰，与"熟"同。[三]愿，犹"羡"也。称愿，称扬羡慕也。然，犹"而"也。[四]言孝为教众之本。[五]行，犹"用"也，言用之于奉养之间。[六]孝莫大于宁亲，故安为难。或曰："安为难"者，谓非勉强矫拂之敬也。[七]谓不特终父母之身，孝子自终其身也。[八]以上七

"此"字，皆指孝而言。

宋方氏悫曰："仁者仁此，居处所以庄也；礼者履此，莅官所以敬也；义者宜此，事君所以忠也；信者信此，朋友所以信也；强者强此，战陈所以勇也。五者不遂，裁及于亲，况其身乎？"（《礼记义疏》）

倬按：自吾国迭受外侮，论世者每归咎孔孟之提倡文治，而尤集矢于孝道。不知孔子有"杀身成仁"之教，孟子有"舍生取义"之训，正气凛然，宁得讥为文弱？而《礼记》所载，尤多刚毅果敢之言。如《曲礼》曰："介胄则有不可犯之色。"《杂记》曰："外患弗辟（避音）。"《表记》曰："军旅不辟难。"《礼器》曰："我战则克。"《聘义》曰："勇敢强有力者，……天下有事，则用之于战胜；用之于战胜则无敌。"实为至精之军国民教育。至孝之为道，其意义尤为宏远。曾子者，孔子之入室弟子，而孟子之所师承者也。今观此节所云，其伟大为何如?!而"战陈无勇非孝也"之说，尤足以关妄人之口而夺之气。夫圣贤立言，各有精义，必融会贯通，而后能深知其意。振民气以抗强敌，舍实行孔孟之道，奚由哉！

夫鼎有铭[一]，铭者自名也。自名以称扬其先祖之美[二]，而明著之后世者也。为先祖者，莫不有美焉，莫不有恶焉；铭之义，称美而不称恶。此孝子孝孙之心也，唯贤者能之。铭者，论譔[三]其先祖之有德善功烈勋劳庆赏声名，列于天下，而酌之祭器[四]，自成其名[五]焉，以祀其先祖者也。显扬先祖，所以崇孝也。

身比焉，顺也[六]；明示后世，教也[七]。夫铭者，壹称而上下[八]皆得焉耳矣。是故君子之观于铭也，既美其所称，又美其所为[九]。为之者，明足以见之[一〇]，仁足以与之[一一]，知足以利之[一二]，可谓贤矣。贤而勿伐[一三]，可谓恭矣。(《礼记·祭统》)

[一]铭，谓书之、刻之以识事者也。[二]谓称扬其先祖之德，著己名于下。[三]譔(zhuàn)音撰，录也。[四]酌，斟酌其轻重大小。祭器，鼎彝之属。[五]自成其显扬先祖之孝。[六]比(bǐ笔)，毗志反，次也。谓己名次于先祖之下也。自名以称扬先祖之德，孝顺之行也。[七]示后世而使子孙效其所为，是教也。[八]上谓先祖，下谓己身。[九]美此人之为此铭。[一〇]见其先祖之善，非明不能也。[一一]使君上与己铭也，非仁莫致。[一二]利己之得次名于下，非知莫及。[一三]伐，自夸也。

宋叶氏梦得曰："美其所称者，以其不遗祖考之善也；美其所为者，以其不诬祖考之实也。有善而弗知，不明也，故言明足以见之；知而不传，不仁也，故言仁足以与之。知之而能传，又诬其实，则亦不知也，故言知足以利之。知既利之，而欲伐其善，则必丧其善，故其铭而其辞敬者，亦所谓贤而勿伐也。"(《礼记义疏》)

倬按：《祭统》又云："子孙之守宗庙社稷者，其先祖无美而称之，是诬也；有善而弗知，不明也；知而弗传，不仁也。此三者，君子之所耻也。"知古之有铭，必其先人有可称之实，惧后世之不知，因铭而见之，或纳于庙，或存于墓，一也。及世之衰，子孙徒欲褒扬其亲，遂以铭为夸耀之具，于是铭多失实；即有真实不诬者，亦不甚为世所信矣。

尝读曾氏巩《寄欧阳舍人书》，深有所感，因略识于此。

子云："善则称亲，过则称己，则民作[一]孝。"（《礼记·坊记》）

[一]作，兴起也。

子云："睦于父母之党，可谓孝矣[一]。故君子因睦以合族。《诗》[二]云：'此令[三]兄弟，绰绰[四]有裕；不令兄弟，交相为瘉[五]。'"（同上）

[一]父党、母党，皆父母之所爱；睦之，则父母之心悦，故可为孝。[二]《诗经·小雅·角弓篇》。[三]令，善也。[四]宽容之貌。绰（chuò 辍），昌灼反。[五]瘉（yù玉）音庾，病也。

子云："父母在，不称老，言孝不言慈[一]；闺门之内，戏而不叹[二]。君子以此坊民[三]，民犹薄于孝而厚于慈。"（同上）

[一]孝所以事亲，慈所以畜子。言孝不言慈，虑其厚于子而薄于亲也。[二]戏，谓为孺子之言笑，冀以娱亲也。叹，谓有忧戚之声。[三]坊与"防"同，言君子以道防民之失，犹以隄防遏水之流也。

乡饮酒之礼[一]，六十者坐[二]，五十者立侍以听政役[三]，所以明尊长也。六十者三豆[四]，七十者四豆，八十者五豆，九十者六豆，所以明养老也。民知尊长[五]养老，而后乃能入孝弟[六]；民入孝弟，出尊长养老，而后成教，成教而后国可安也。君子之所谓孝[七]者，非家至而日见之也，合诸乡射[八]，教之乡饮酒之礼，而孝弟之行立矣。(《礼记·乡饮酒义》)

[一]乡人以时会聚饮酒之礼。[二]坐于堂上，六十者坐，则七十以上亦坐可知。[三]立者，立于堂下，示有陪侍之义，听受六十以上者政事役使也。[四]豆，古食肉器。[五]长（zhǎng）音掌，齿高也。[六]弟（tì）音悌，顺也。[七]孝，当作"教"。[八]乡射，古之州长，春秋以礼会民，而射于州序之礼。

宋方氏悫曰："尊长在仪，养老在物。故坐立之不同，所以明尊长；豆数之不一，所以明养老。"(《礼记义疏》)

颖考叔为颖谷封人[一]，闻之[二]，有献于公[三]。公赐之食，食舍肉。公问之，对曰："小人有母，皆尝小人之食矣；未尝君之羹，请以遗[四]之。"公曰："尔有母遗，繄[五]我独无！"颖考叔曰："敢问何谓也？"公语之故[六]，且告之悔。对曰："君何患焉？若阙地及泉，隧而相见[七]，其谁曰不然？"公从之[八]。公入而赋[九]："大隧之中，其乐也融融[一〇]！"姜出而赋："大隧之外，其乐也泄泄[一一]!"遂为母子如初。

君子曰:"颍考叔,纯孝也,爱其母,施及庄公。《诗》[一二]曰:'孝子不匮,永锡尔类[一三]。'其是之谓乎?"(《左传·隐公元年》)

[一]典封疆之官。[二]郑庄公忿其母姜氏恶己爱弟,有"不及黄泉,无相见也"之誓。既而悔其誓重,为颍考叔所闻也。[三]郑庄公。[四]遗(wèi 为),馈也。以食饷曰馈,通作遗。[五]繄(yī 医),语助词。[六]语以弟共叔段谋袭郑,母姜氏将启之。及己克段,因怨母设誓之事。[七]隧(suì)音遂,地道也。教公掘地道,与置母之处相通,由此相见,以践誓言。[八]庄公从其言,掘地道与母相见。[九]赋诗。[一〇]和乐。[一一]泄(yì)音异,舒散也。[一二]《诗经·大雅·既醉篇》。[一三]匮,竭也;永,长也;锡,予也。言孝子为孝无有竭极之时,故能以此孝道,长赐予其俱有孝心之族类。

倬按:郑庄公阴贼险很,黄泉之誓,令人切齿。经考叔之启沃,尚能悔过从善,是天良犹未泯也。而考叔以孝子之心,全人母子之恩,使不孝者亦知感化,可谓能发扬其孝道矣。

季武子无适子[一],公弥[二]长,而爱悼子[三],欲立之。访于申丰[四],曰:"弥与纥,吾皆爱之,欲择才焉而立之。"申丰趋退,归,尽室将行[五]。他日,又访焉,对曰:"其然,将具敝车而行[六]。"乃止[七]。访于臧纥[八]，臧纥曰："饮我酒，吾为子立之。"季氏饮大夫酒，臧纥为客[九]。既献[一〇]，臧孙命北面重席[一一]，新樽絜之[一二]，召悼子，降，逆之[一三]。大夫皆起。及旅[一四]，而召公鉏，使与之齿[一五]，季孙失色[一六]。

季氏以公鉏为马正[一七]，愠[一八]而不出。闵子马见之，曰："子无然！祸福无门，唯人所召。为人子者，患不孝，不患无所[一九]。敬共父命，何常之有[二〇]？"若能孝敬，富倍季氏可也。奸回不轨，祸倍下民可也。公鉏然之。敬共朝夕，恪居官次[二一]。季孙喜，使饮己酒，而以具往，尽舍旃[二二]。故公鉏氏富，又出为公[二三]左宰。(《左传·襄公二十三年》)

[一]正妻所生之长子。适（dí嫡），丁历反。[二]公鉏（zū租）。[三]纥。[四]季氏属大夫。[五]将尽携其全家而走。[六]申丰答言：必欲如此，己将具敝车而去，不敢与闻。[七]止不立纥。[八]臧纥，即臧孙。[九]为上宾。[一〇]已献酒。[一一]命设重席于堂上北面。[一二]酒樽既新，复洁澡之。[一三]臧孙下迎悼子。[一四]献酬礼毕，而通行为旅。[一五]使从庶子之礼，列在悼子之下。[一六]季武子恐公鉏不从。[一七]家司马。[一八]愠（yùn韵），纡运反，怨怒也。[一九]所，位处。[二〇]言废置在父，无常位也。[二一]恪（kè克），谨也。官次，官舍也。[二二]季武子使公鉏为己设燕礼，以享燕之具往公鉏家，而尽弃其具以与公鉏。旃（zhān詹），之也。舍，音捨。[二三]鲁襄公。

曾子曰："慎终[一]追远[二]，民德归厚矣[三]。"(《论语·学而》)

[一]慎，谨也；老死曰"终"。慎终者，言人子对于父母之丧事，当尽其礼也。[二]远，犹"久"也。"追远"者，言祭祀祖先，虽时已久远，必须追祭也。[三]谓人民化之，其德亦归于厚。

唐蔚芝先生曰："圣门立教，首重人伦；而孝弟，人伦之本也。慎终追远，孝之本也。甚哉，曾子之言似夫子也！盖天下固有不治父母之丧者矣；有春露秋霜，岁时伏腊，不祀其先人者矣。民德之薄如此，孰使之然？亦可痛矣哉！"(《论语新读本》)

又曰："说者云：年世绵渺，音容未接，何追慕之有？吾尝正告之曰：万物本乎天，人本乎祖。高、曾者，吾祖考之祖与父也。吾欲致孝于吾父、吾祖，而不追祭高、曾，则吾祖、吾父必有隐痛于地下者。是为忘本。人而忘本，何以为人乎？《论语》载'祭如在，祭神如神在'。子曰：'吾不与祭，如不祭。'盖子孙之精神，与祖考之精神，可以通微而合莫也。后人欲废祭祀，其精神与祖考断绝，其与绝嗣何异？民德之所以日薄，人心之所以日漓，实由于此。"(《劝孝编》)

马一浮先生曰："孝弟薄而丧祭之礼废，则倍死忘生者众。教民不倍，则必自重丧祭始矣。"(《复性书院讲录》)

子曰："父母之年，不可不知也[一]，一则以喜，一则以惧[二]。"(《论语·里仁》)

[一]知，犹"记忆"也。言父母之年龄，不可不记忆。[二]喜，乐也；惧，恐也。见父母之寿考，所以喜乐；但年老将近衰亡，又不免恐惧矣。

唐蔚芝先生曰："喜、惧二字，须看得活。以常理言之，父母在五十以前，则喜时多而惧时少；在五十以后，则喜时少而惧时多。然当父母强健，则往往而喜；当父母疾病，则往往而惧。故一则以喜，一则以惧，常往来于胸中，所谓喜惧交并也。更有在无形之中，人子不可不知者。大抵父母年龄之修短，系于心境之郁舒。心境而愉快也，则年龄自然久长；心境而抑郁也，则年龄自然迫促。故父母之寿与不寿，视乎人子之孝与不孝。由是思之，其为喜乎？其为惧乎？当兢兢业业，求所以永父母之天年矣。故曰'不可不知也'。"（《劝孝编》）

☷ 《蛊》之初六[一]："干父之蛊，有子，考无咎。厉终吉。"[二]《象》[三]曰："'干父之蛊'，意承考也[四]。"（《周易·上经》）

[一]六为阴爻。初谓六爻中最下之一爻。蛊（gǔ）音古。[二]干如木之干，枝叶之所附而立者也。蛊者，前人已坏之绪。父殁称考。子干父蛊之道，能堪其事，则为有子，而其考得无咎；不然，则为父之累。故必惕厉，则得终吉也。[三]《蛊》卦初六爻象之辞。[四]前人以失而致蛊，未必无悔过之心。干父之蛊，乃承考之意，而置之无过之地也。

高亨先生曰："干父之蛊，谓子干其父之事。有子而贤，能干父之事，则父自无咎，虽危亦终吉矣。"（《周易古经今注》）

俾按：唐虞时，鲧以治水无功而被殛，大禹继之，卒平水患。此干父之蛊之实例也。

九二[一]："干母之蛊，不可贞[二]。"《象》曰："干母之蛊，得中道也。"（同上）

[一]九为阳爻，二谓自下而上第二爻。[二]不可贞固尽其刚直之道。

马师（通伯）曰："二以刚中干蛊，不可贞，言不可变也。二变成艮，上下皆止，蛊将益甚，全其骨肉之恩，而不成其蛊之事。九二之得中道，如是而已。"（《周易费氏学》）

陟彼岵兮，瞻望父兮[一]。父曰嗟予子，行役夙夜无已。上慎旃哉，犹来无止[二]！

[一]山无草木曰岵（hù），音户。孝子行役，不忘其亲，故登山以望其父之所在。[二]夙，早也。上，犹"尚"也。旃（zhān 瞻），之然反，之也。孝子想象其父念己之音曰："嗟乎！我之子，行役早夜不已；然勿息，则终有来时。"是勉以义也。

陟彼屺[一]兮，瞻望母兮。母曰嗟予季[二]，行役夙夜无寐[三]。上慎旃哉，犹来无弃[四]！

[一]山有草木曰屺（qǐ），音起。[二]少子。[三]不能甘寝。[四]弃家不还。

陟彼冈[一]兮，瞻望兄兮。兄曰嗟予弟，行役夙夜必偕[二]。上慎旃哉，犹来无死！

[一]山脊曰冈。[二]必偕，言与其同役者偕，无独行也。

《陟岵》三章，章六句。（《诗经·魏风》）

元刘氏玉汝曰："孝子行役，不忘其亲，登山而望其亲之所在，因想象其亲念己、祝己之辞。在外而常存此心，则必能谨其身矣；即此以观其人，则在家而能事亲、事兄也必矣。"（《诗缵绪》）

蓼蓼者莪，匪莪伊蒿[一]，哀哀父母，生我劬劳[二]。

[一]蓼蓼，长大貌。莪（é 鹅），五河反，美菜也。匪，与"非"同。蒿（hāo），呼毛反，贱草也。蓼（lù）音六。[二]哀哀，怀报德也。劬（qú 渠）劳，病苦也。

宋朱子曰："人民劳苦，孝子不得终养而作是诗。言昔谓之莪，而今非莪也，特蒿而已。以比父母生我，以为美材，可赖以终其身；而今乃不得其养以死，于是乃言父母生我之劬劳，而重自哀伤也。"（《诗经集传》）

蓼蓼者莪，匪莪伊蔚[一]。哀哀父母，生我劳瘁[二]。

[一]蔚（wèi）音尉，牡菣（qìn沁）也。三月始生，七月始华，如胡麻华而紫赤；八月为角，似小豆角，锐而长。一名马薪蒿。[二]瘁（cuì翠），似醉反，病也。劬劳而至于瘁，劳苦见于貌矣。

缾之罄矣，维罍之耻[一]。鲜民[二]之生，不如死之久矣。无父何怙[三]？无母何恃？出则衔恤，入则靡至[四]。

[一]缾小罍大，皆酒器也。罄（qìng），苦定反，尽也。言己不得终竟子道，亦在上者之耻也。缾（píng瓶），蒲丁反；罍（léi）音雷。[二]鲜（xiǎn），息浅反，寡也，有少福之意，故无怙恃者曰"鲜民"。[三]怙（hù）音户，赖也。[四]恤，忧也；靡，无也。出门则中心衔忧，入门则堂宇空旷，不复睹见；如行田野，无有所至，所以悲恨也。

父兮生我，母兮鞠[一]我。拊我畜我，长我育我[二]，顾我复我，出入腹我[三]。欲报之德，昊天罔极[四]！

[一]鞠（jū居）音菊，养也。[二]拊（fǔ）音抚，拊循也；畜，起也；育，覆育也。言拊循兴起以悦其意，长育以充其体也。[三]顾，旋视也；复，反覆也；腹，厚也。言出则还顾之，入则反覆之，皆厚我也。或曰：腹，怀抱也。[四]罔，无也；极，穷也。

唐蔚芝先生曰："此九'我'字，唤醒人子之良心，如晨钟暮鼓。至于生、鞠、拊、畜、长、育、顾、复、腹九字，盖亲心无时无刻，莫不系于其子之身。而顾我、复我、腹我三者，令为人子者读之，不觉潸然泪下矣。所谓'欲报之德，昊天罔极'也。"（《劝孝编》）

南山烈烈，飘风发发。[一]民莫不穀，我独何害！[二]

[一]烈烈，高大貌；发发，疾貌。人民自苦见役，视南山则烈烈然，飘风则发发然寒且疾也。[二]穀，善也。言民皆得养其父母，而我独何为遭此害也哉！

南山律律，飘风弗弗。[一]民莫不穀，我独不卒[二]！

[一]律律，犹"烈烈"；弗弗，犹"发发"。[二]卒，终也，言终养也。

《蓼莪》六章，四章章四句，二章章八句。(《诗经·小雅·谷风之什》)

元刘氏玉汝曰："哀哀痛父母之死，劬劳念父母之存，劳瘁念父母存时生我之劳。以哀痛之情，念劬劳之恩，如之何而不重自哀伤乎？故'哀哀'二字，见创巨痛深而无所措；'劬劳'二字，见恩深德厚而尤可思。词简而情切，理至而哀诚，故后章申言再述而不能已焉。三章言父母既殁，已无怙恃，生不如死，其哀痛迫切之情如此，即前'哀哀父母'之意。四章言父母存时，生鞠顾复之恩如此，即前'生我劳瘁'之意。'昊天罔极'，言恩如天之大，所以极言父母之德，广大无穷，已无以报之也。末二章父母存时，已遭害而不得终养，不言哀痛，而有哀痛无穷之意。故以此二章观前四章，则'哀哀父母'之痛，固不忍言；以前四章观此二章，则'我独不穀（卒）'之痛，愈非言之所能尽矣。此所以能感人之深，三复而不忍读也。"(《诗缵绪》)

明姚氏舜牧曰："为人子者，常存'匪莪伊蒿'之心，则自不敢为匪以辱其亲矣；常存'昊天罔极'之念，则自不敢少偷惰以终其身矣。"(《诗经传说汇纂》)

唐蔚芝先生曰："此诗为千古孝思绝作。首尾各二章，前用比，后用兴；前说父母劬劳，后说人子不幸，遥遥相对。中二章，一写无亲之苦，一写育子之艰，备极沉痛，几于一字一泪。晋王裒以父死非罪，每读诗至'哀哀父母，生我劬劳'，未尝不三复流泪；受业者为废此篇。诗之感人如此。"(《诗经大义》)

卷二 孝

凡为人子之礼，冬温而夏凊[一]，昏定而晨省[二]。（《礼记·曲礼上》）

[一]温以御其寒，凊以致其凉。凊（qìng庆），七性切。[二]安定其衽席，省问其安否。省（xǐng醒），悉井切，

倬按：东汉黄香，博通经典，事父至孝，夏月扇枕席，冬则以身温被。盖父母养育子女，在严寒酷暑之际，体贴尤为周至。此古时所以有冬温夏凊之礼，而黄氏则能实行者也。

父母存，不许友以死[一]，不有私财。（同上）

[一]不为其友报仇。

元陈氏澔曰："亲在而以身许人，是有忘亲之心；亲在而以财专己，是有离亲之志。"（《礼记集说》）

倬按：《史记·刺客列传》：聂政杀人避雠，与母、姊如齐，以屠为事。严仲子事韩哀侯，与韩相侠累有郤，求人可以报侠累者。或言聂政勇敢士也，严仲子至门具酒，奉黄金百镒，为聂政母寿。辟人言"有雠"，聂政曰："臣所以降志辱身，居市井屠者，徒幸以养老母。老母在，政身未敢以许人也。"竟不肯受。久之，聂政母死。既葬，除服，乃至濮阳见严仲子。独行杖剑至韩，刺杀侠累。世徒知聂政为刺客，而不知其事母以礼，实有孝子之行也。

父之雠弗与共戴天[一]，兄弟之雠不反兵[二]，交友之雠不同国。（同上）

[一]誓不与雠俱生，此所以弗共戴天也。[二]反兵，反家取兵器，谓常以杀之之兵器自随也。

宋游氏桂曰："不共戴天，则暴者不敢害人之父母矣；不反兵，则暴者不敢害人之兄弟矣；不同国，则暴者不敢害人之交游矣。圣人之意，以为无故而杀人者，君诛之；君诛之不得，则子报之；子报之不得，则兄弟报之；兄弟报之不得，则交游报之。古者于五典之中而为之朋友，非苟然也。"（《礼记义疏》）

冬，十有一月，庚午，蔡侯[一]以吴子[二]及楚人战于伯莒[三]，楚师败绩。吴何以称子？夷狄也而忧中国。其忧中国奈何？伍子胥父诛乎楚[四]，挟弓而去楚，以干[五]阖庐。阖庐曰："士之甚[六]，勇之甚，将为之兴师，而复仇于楚。"伍子胥复[七]曰："诸侯不为匹夫兴师。且臣闻之，事君犹事父也。亏君之义，复父之仇，臣不为也。"于是止。蔡昭公朝乎楚，有美裘焉，囊瓦[八]求之，昭公不与，为是拘昭公于南郢[九]，数年然后归之。于其归焉，用事乎河[一〇]，曰："天下诸侯，苟有能伐楚者，寡人请为之前列。"楚人闻之，怒，为是兴师，使囊瓦将而伐蔡。蔡请救于吴，伍子胥复曰："蔡非有罪也，楚人为无道，君如有忧中国之心，则若时可矣[一一]。"于是兴师而救蔡。曰：事君犹事父也，此其为可以复仇奈何？曰：父不受诛[一三]，子复仇可也；父受诛，子复仇，推刃[一四]之道也。复仇不除害，朋友相卫而不相迿[一五]，古之道也。(《公羊传·定公四年》)

　　[一]蔡昭公。[二]阖庐。[三]伯莒，楚地。[四]伍子胥之父伍奢，为楚平王所杀。[五]不待礼见曰"干"。[六]言其贤士之甚。[七]复，白也，答也。[八]囊瓦，楚令尹。[九]楚都。[一〇]时北至晋，请伐楚，因祭河。[一一]犹前驱。[一二]犹曰"若是时，可兴师矣"。[一三]罪不当诛。[一四]一往一来，曰推刃。[一五]同师曰朋，同志曰友。相卫，言不使为仇所胜。迿即徇，从死也。

　　子思[一]曰，丧三日而殡[二]，凡附于身者[三]，必诚必信，勿之有悔焉耳矣，三月而葬，凡附于棺者[四]，必诚必信，勿之有悔焉耳矣，丧三年以为极，亡则弗之忘矣[五]，故君子有终身之忧，而无一朝之患，故忌日不乐[六]。(《礼记·檀弓上》)

　　[一]孔子之孙，名伋，子思其字也。[二]殡，敛也。[三]衣衾之具。[四]明器用器之属。[五]事亡如事存，虽已葬而不忘其亲。[六]君子终身念亲，而无一朝灭性之患，故不常毁，然忌日为终身之丧，故忌日不乐。

　　宋陈氏祥道曰："君子于亲，有终制之丧，三年是也，有终身之丧，忌日是也。"(《礼记义疏》)

高子皋[一]之执亲之丧也，泣血[二]三年，未尝见齿[三]，君子以为难。（同上）

[一]孔子弟子，姓高，名柴，子皋其字也。[二]凡人涕泪，必因悲声而出，若血出则不由声，子皋悲无声，其涕亦出，如血之出，故云泣血。[三]言笑之微也。

晋献公之丧，秦穆公使人吊公子重耳[一]，且曰[二]："寡人闻之，亡国恒于斯，得国恒于斯[三]，虽吾子俨然[四]在忧服之中，丧亦不可久也。时亦不可失也。孺子其图之[五]。"以告舅犯[六]。舅犯曰："孺子其辞焉[七]。丧人无宝，仁亲以为宝[八]。父死之谓何？又因以为利，而天下其孰能说之[九]？孺子其辞焉！"公子重耳对客[一〇]曰："君惠吊亡臣重耳，身丧父死，不得与于哭泣之哀，以为君忧[一一]。父死之谓何？或敢有他志[一二]以辱君义。"稽颡[一三]而不拜，哭而起，起而不私[一四]。子显[一五]以致命于穆公。穆公曰："仁夫公子重耳！夫稽颡而不拜，则未为后也，故不成拜[一六]。哭而起，则爱[一七]父也；起而不私，则远利也[一八]。"（《礼记·檀弓下》）

[一]献公薨时，公子重耳避难在狄，故穆公使人往吊之。重耳即晋文公。[二]言"且"者，非特吊耳；曰，使者传穆公之言。[三]恒于斯，言常在此死生交代之际。[四]端静持守之貌。[五]丧，失位也。下文"丧人""身丧"义同。

丧不可久、时不可失者，勉其奔丧反国以谋袭位，故言"孺子其图之"也。[六]重耳之舅狐偃，字子犯。重耳闻使者之言而入告之。[七]子犯言当辞而不受。[八]失位去国之人，无以为宝；惟仁爱思亲，乃其宝也。[九]父死谓是何事，正是凶祸大事，岂可因此凶祸以为反国之利？天下之人，孰能解说我为无罪乎？[一〇]客，穆公之使者。重耳既闻舅犯之言，乃出而答客。[一一]言己出亡在外，不得居丧次，致君之忧虑也。[一二]求位之志。[一三]稽（qǐ）音启，至也；颡（sǎng嗓），桑党反，额（é额）也。稽颡，谓额至地也。[一四]不再与使者私言。[一五]使者公子絷，字子鞢，故读絷为鞢。[一六]丧礼，先稽颡，后拜，谓之成拜。为后者成拜，所以谢吊礼之重。重耳以未为后，故不成拜。[一七]爱父，犹言哀痛其父。[一八]不私与使者言，是无反国之意，是远利也。

魏武子[一]有嬖妾，无子。武子疾，命颗[二]曰："必嫁是。"疾病[三]，则曰："必以为殉[四]。"及卒，颗嫁之，曰："疾病则乱，吾从其治也[五]。"（《左传·宣公十五年》）

[一]魏犨（chōu抽）。[二]武子之子。[三]疾甚也。[四]必以此妾殉葬。殉音徇。[五]言病重则神昏乱，我从其治命也。

纪侯大去其国。大去者何？灭也。孰灭之？齐灭之。曷为不言齐灭之？为襄公讳也。《春秋》为贤者讳。何贤乎襄公？复仇也。何仇尔？远祖也。哀公亨乎周，纪侯谮之[一]。以襄公之为于此焉者，事祖祢[二]之心尽矣。尽者何？襄公将复仇乎纪，卜之曰："师丧分焉。寡人死之，不为不吉也。"[三]远祖者几世乎？九世[四]矣。九世犹可以复仇乎？虽百世可也。家[五]亦可乎？曰：不可。国何以可？国君一体也。先君[六]之耻，犹今君[七]之耻也；今君之耻，犹先君之耻也。国君何以为一体？国君以国为体，诸侯世[八]，故国君为一体也。今纪无罪，此非怒与[九]？曰：非也。古者有明天子，则纪侯必诛，必无纪者。纪侯之不诛，至今有纪者，犹无[一〇]明天子也。古者诸侯必有会聚之事，相朝聘之道，号辞必称先君以相接[一一]，然则齐纪无说焉[一二]，不可以并立乎天下。故将去纪侯者，不得不去纪也[一三]。有明天子，则襄公得为若行乎[一四]？曰：不得也。不得则襄公曷为[一五]为之？上无天子，下无方伯[一六]，缘恩疾者可也[一七]。(《公羊传·庄公四年》)

[一]《史记·齐世家》：哀公时，纪侯谮(zèn)之周，周烹哀公。亨(pēng，同烹)，普庚反，煮而杀之也。[二]祢(mí弥)，乃礼切，父也。生称父，死称考，入庙称祢。[三]"师丧"三句，皆齐襄公命卜之词。言苟得灭纪，虽师丧君死，犹以为吉。分，半也，言师丧亡其半。[四]周烹哀公，而立其弟静，是为胡公。历胡公、献公、武公、厉公、文公、成公、庄公、僖公，至襄公，凡九世。[五]大夫家。[六]哀公。[七]襄公。[八]虽百世，号犹称齐侯。[九]此非

怒其先祖，迁之于子孙与？[一〇]言"由无"也。古者"由""犹"二字通。[一一]号，玉帛之号；辞，宾主之辞。接，交接也。[一二]说，即号辞也。齐之先君，为纪所害，则齐、纪先世，有不共戴天之仇。不忍复称先君，故无辞以相接也。[一三]言若去其君，则不得存其国。[一四]犹曰："得为如此行乎？"[一五]何以。[一六]一方诸侯之长。[一七]疾，痛也。言时无明王贤伯，以诛无道。缘其有恩痛于先祖者，可以许其复仇矣。

卷三 仁

尧舜帅天下以仁而民从之[一]，桀纣[二]帅天下以暴而民从之。其所令反其所好，而民不从[三]。是故君子有诸己而后求诸人，无诸己而后非诸人。所藏乎身不恕，而能喻诸人者，未之有也[四]。(《大学》)

[一]唐尧、虞舜，古之圣君。帅，率也，有领导之意。言尧、舜以仁爱领导天下，人民从之而为仁爱之事。[二]夏桀、商纣，皆亡国之君。[三]"令"谓号令。其所好者是恶，所令者是善，则所令之事反其所好，虽欲以令禁人，人不从也。如君好货，而禁民贪财，不能止也。[四]诸，于也。言君子有善行于己，然后可以责人之善；无恶行于己，然后可以正人之恶。皆推己以及人，所谓恕也。不如是，则所令反其所好，而民不从矣。喻，晓也。

清王氏步青曰："'喻'字最宜着眼。虽有桀纣之君在上，其所布为教条者，亦何尝不要人为善、要人去恶？而神志不相联属，百姓亦非必有心拗他，却只是如不曾懂得，虽三令五申无益也。乃知感应之机，其道在恕，其原仍是一诚。"(《大学章句本义汇参》)

子曰："里仁为美[一]。择不处仁，焉得知[二]?"（《论语·里仁》）

[一]"里"者，民之所居。言居于仁者之里，是为美。[二]择，柬选也。焉，安也。言不于仁者之里选择居处，安得为知。知，与"智"同。

宋黄氏幹曰："居必择乡，居之道也。熏陶染习以成其德，赒恤保爱以全其生，岂细故哉！"（《论语集注大全》）

明李氏颙曰："里有仁风，则人皆知重礼义而尚廉耻，纵有一二顽梗，亦皆束于规矩，不至肆无忌惮；而资质之美者，益熏陶渐染以成其德。居于此者，不惟可以养德保家，亦且可以善后。子孙而贤且智，固足以有成；即昏且愚，亦不至被小人引入匪薮，辱宗败家。故人或未有定居，择里而不居于是者，其为无识不待言；即已有定居，而其乡实无仁风，却贪恋苟安，不能舍互乡而入康庄，亦为驽马恋豆，智不能舍也。故古今推孟母之三迁，其智为千古之独绝与！"（《四书反身录》）

子曰："不仁者，不可以久处约，不可以长处乐[一]。仁者安仁，知者利仁[二]。"（同上）

[一]约，穷困也；乐，富贵也。不仁者，久处穷困之境，必为非作恶；长处富贵之中，亦必骄奢淫佚。[二]仁者安其仁而无适不然，知者利其仁而不易所守，故能久处约而不为贫贱所移，常处乐而不为富贵所淫也。

清陆氏陇其曰:"学者未能安仁,且须利仁。见得天理重,则人欲自轻;天理大,则人欲自小。约乐之境,虽能牵制人,却牵制我不得。若不于此着力,却咎境之累人,是岂境之咎哉?"(《松阳讲义》)

子曰:"唯仁者,能好人,能恶人[一]。"(同上)

[一]"唯"之为言"独"也。好,爱也;恶,憎也。仁者无私心,故爱憎能当于理。

钱穆先生曰:"仁者直心由中,以真情示人,故能自有好恶。不仁者以有自私自利之心,故求悦人,则同流俗、合污世,而不能自有好恶。"(《论语要略》)

子曰:"苟志于仁矣,无恶也。"(同上)

宋朱子曰:"苟,诚也。志者,心之所之也。其心诚在于仁,则必无为恶之事矣。"(《论语集注》)

清俞荫甫先生(樾)曰:"此章与上章文义相承。此'恶'字即上'能恶人'之'恶'。贾子《道术篇》曰:'心兼爱人谓之仁。'然则仁主于爱,古之通论。使其中有恶人之一念,即不得谓之志于仁矣。"(《群经平议》)

子曰:"富与贵,是人之所欲也;不以其道,得之不处也。贫与贱,是人之所恶也;不以其道,得之不

去也[一]。君子去仁，恶乎成名[二]？君子无终食之间违仁，造次必于是，颠沛必于是[三]。"（同上）

[一]富者多财，贵者位高。乏财曰贫，无位曰贱。言富贵是人所共欲，贫贱为人所共恶。君子非不欲处富贵、去贫贱也，惟不以其道，则得富贵而不处，得贫贱而不去耳。[二]言君子所以为君子，以其仁也。若贪富贵而厌贫贱，则自离其仁，岂得成君子之名乎？[三]终食者，一饭之顷。造次，仓卒急遽之时；颠沛，倾覆流离之际。言君子即在一饭之顷，仓卒急遽之时，倾覆流离之际，亦不离乎仁也。造（zào灶），七到反。

清刘氏宝楠曰："终食之间，常境也；造次颠沛，变境也。君子处常境，无须臾之间违仁，故虽值变境，亦能依于仁而行之，所以能审处富贵、安守贫贱也。"（《论语正义》）

倬按：《论语·述而篇》，子曰："饭疏食饮水，曲肱而枕之，乐亦在其中矣。不义而富且贵，于我如浮云。"《孟子·滕文公篇》，孟子曰："非其道，则一箪食不可受于人。"皆此章之意也。

子曰："知者乐水[一]，仁者乐山[二]；知者动，仁者静[三]；知者乐，仁者寿[四]。"（《论语·雍也》）

[一]乐（yào要），五教反，喜好也。知者达于事理，而周流无滞，其性有似于水，故乐水。知，与"智"同。[二]仁者安于义理，而厚重不迁，其性有似于山，故乐山。[三]动静以体言，知者常务前进，故动；仁者心无食欲，故

静。[四]乐寿以效言,知者明辨是非可否之判,熟知成败得失之机,动而自得,故乐;仁者心地光明,无机械变诈之谋、贪功求利之心,静而有常,故寿。乐(luò)音洛。

宰我问曰:"仁者,虽告之曰'井有仁焉',其从之也?"[一]子曰:"何为其然也[二]?君子可逝也,不可陷也[三];可欺也,不可罔也[四]。"(同上)

[一]孔子弟子宰予,字子我。"有仁"之"仁"当作"人"。从,谓随之于井而救之也。也,与"欤"同义,是疑问助词。宰我以仁者必济人于患难,故问仁者设有人来告曰:"井中有人,将自投井而救之欤?"[二]然,如是也。孔子言"何为如是乎"。[三]逝,往也。陷,谓陷于井。言君子可使往视之,不肯自投于井而从之也。[四]欺,谓诳之以理之所有;罔,谓昧之以理之所无。言惟可欺之使往视,不可得诬罔令自投下也。

江希张先生曰:"孔子说:'未知,焉得仁?'并常常仁、智并举。西方的苏格拉底及柏拉图,以仁即是智,为他们的根本学说。仁、智本是一物,仁者见之谓之仁,智者见之谓之智。"(《四书新编》)

子贡曰:"如有博施于民,而能济众,何如?可谓仁乎?"[一]子曰:"何事于仁,必也圣乎!尧舜其犹病诸[二]!夫仁者,己欲立而立人,己欲达而达人。能近

取譬，可谓仁之方也已。"（同上）

［一］博，广也；施，惠也。孔子弟子子贡问：若有广布恩惠于民，又能拯济群众之难，可以谓为仁人否乎？［二］病，心有所不足。言此何止于仁，必也圣人能之乎；虽尧舜之圣，其心犹有所不足于此也。

清曾氏国藩曰："立者，足以自立也；达者，四达不悖，远近信之，人心归之。《诗》云：'自西自东，自南自北，无思不服。'《礼》云：'推而放诸四海而准，达之谓也。'我欲足以自立，则不可使人无以自立；我欲四达不悖，则不可使人一步不行。此立人达人之义也。"（《论语述义》引）

冯友兰先生曰："为仁之方，在于能近取譬，即谓为仁之方法，在于推己及人也。因己之欲，推以知人之欲，即己欲立而立人，己欲达而达人，即所谓忠也；因己之不欲，推以知人之不欲，即己所不欲，勿施于人，即所谓恕也。实行忠恕，即实行仁。"（《中国哲学史》）

子曰："志于道［一］，据于德［二］，依于仁［三］，游于艺［四］。"（《论语·述而》）

［一］志者，心之所之之谓；道则人伦日用之间所当行者是也。［二］"据"者，执守之意；据德，则行道而有得于心者也。［三］"依"者，不违之谓；依仁，则私欲尽去而心德乃全也。［四］"游"者，玩物适情之谓；艺，指礼乐射御书数而言。

宋朱子曰："学莫先于立志。志道则心存于正而不他，据德则道得于心而不失，依仁则德性常用而物欲不行，游艺则小物不遗而动息有养。学者于此不失其先后之序，轻重之伦，则本末兼赅，内外交养，不自知其入于圣贤之域矣。"（《论语集注》）

清刘氏宝楠曰："此夫子诲弟子进德修业之法。"（《论语正义》）

子曰："仁远乎哉[一]？我欲仁，斯仁至矣[二]。"（同上）

[一]仁者，本我心所固有，非在外也。放而不求，故有以为远者。[二]我欲仁，可反而求之，仁即至矣。

子曰："君子笃于亲，则民兴于仁[一]；故旧不遗，则民不偷[二]。"（《论语·泰伯》）

[一]君子，谓在上之人。笃，厚也。亲为亲属。兴，起也。言在上之人能厚待亲属，则人民闻风兴起，自然仁爱矣。[二]故旧，犹"故交"也。遗，弃也；偷，薄也。言不遗弃故交旧人，则民风不至刻薄也。

清简氏朝亮曰："三代而下，东汉民俗，其兴于仁而不偷者乎？非汉君子为之先乎？光武帝初起时，兄伯升为更始所害，光武惧更始，不敢显其悲戚，每独居，辄不御酒肉，枕席有涕泣处，此其笃于亲也。严光少与光武同游学，及光武即位，引光论旧，因共偃卧，此其故旧不遗也。汉君子于

是乎可风,此东汉民俗所由美也。"(《论语集注补正述疏》)

周公[一]谓鲁公[二]曰:"君子不施[三]其亲,不使大臣怨乎不以[四]。故旧无大故,则不弃也[五]。无求备于一人[六]。"(《论语·微子》)

[一]周公姓姬,名旦,周文王之子,武王之弟。[二]周公子伯禽,封于鲁,故曰鲁公。[三]施与弛,古通用,遗弃也。[四]以,用也。言不使大臣怨不见用。[五]故旧即故人旧友。大故,谓大过失。言故人旧友如无大过失,则不可弃也。[六]求,责也;备,尽也。言不可责尽善于一人也。

宋胡氏寅曰:"此伯禽受封之国,周公训戒之辞,鲁人传诵,久而不忘也。其或夫子尝与门弟子言之欤?"(《论语集注》)

清黄氏式三曰:"司马君实曰:'人之材性,各有所能,虽皋、夔、稷、契,止能各守一官,况于众人,安可求备?故孔门以四科论士,汉室以数路得人。'然则无求备之义亦大矣。"(《论语后案》)

曾子[一]曰:"士不可以不弘毅,任重而道远[二]。仁以为己任,不亦重乎[三]?死而后已,不亦远乎[四]?"(同上)

[一]孔子弟子曾参。[二]研究学问之人曰士。弘,大也;毅,强而能断也。言学者不可无大志毅力,因其责任重

而前程远也。[三]仁者，人心之全德，而必欲以身体而力行之，可谓重矣。[四]一息尚存，此志不容少懈，可谓远矣。

章太炎先生曰："《说文》：'弘，弓声也。'后人借强为之，用为强义。此弘即今之强也。《说文》：'毅，有决也。'任重须强，不强则力绌；致远须决，不决则志渝。"(《广论语骈枝》)

钱穆先生曰："弘，恕道也；毅则忠道也。人生之责任，不徒成己而已也，尤贵其成己而成物焉。而物又至不齐也，我有所欲，人亦各有所欲焉；我有所能，人亦各有所能焉。将以我之所欲，我之所能，强天下使齐于我，其害可以贼物，不足以成物也。故仁者必弘、必恕。然而生斯世也，为斯世也善，斯可矣，此又乡原也。故仁者必忠、必毅，惟忠与毅，故在己者，虽丝毫而必尽；惟弘与恕，故在人者，虽分寸而勿犯。"(《论语要略》)

子曰："知者不惑[一]，仁者不忧[二]，勇者不惧[三]。"(《论语·子罕》)

[一]明足以烛理，故不惑。知，与"智"同。[二]理足以胜私，故不忧。[三]气足以配道义，故不惧。

颜渊问仁[一]。子曰："克己复礼为仁[二]。一日克己复礼，天下归仁焉[三]。为仁由己，而由人乎哉[四]？"颜渊曰："请问其目[五]？"子曰："非礼勿[六]视，非礼

勿听，非礼勿言，非礼勿动。"颜渊曰："回虽不敏，请事斯语矣[七]。"(《论语·颜渊》)

[一]孔子弟子颜渊，问孔子为仁之道。[二]克己即约身，犹言"修身"也。复，反也。吾将有所视听言动，而先反乎礼，谓之"复礼"。人能克己复礼，是为仁矣。[三]归，犹"与"也。言一日克己复礼，则天下之人皆与其仁者。极言其效之甚速而至大也。[四]又言为仁由己，而非他人所能预，亦见其机之在我而无难也。[五]目，条件也。颜渊又请求孔子指示克己复礼之条件。[六]勿者，禁止之辞。[七]请事此语，犹言"请从事于此语"，即力行此四者也。

宋程子曰："非礼勿视、听、言、动，四者身之用也。由乎中而应乎外，制于外所以养其中也。"(《论语集注》)

宋谢氏良佐曰："克己，须从性偏难克处克将去。"(同上)

钱穆先生曰："不窥人秘密，不听人私语，不议论人长短，不侵犯人自由，此其义人皆知之。然人徒以此相责难，相怨恨，不能反己自责自任，此不仁之类也。当知人类相处，虽其间息息相关涉，相交通，然必有一彼我所均当遵守，而不可逾越之界限焉，是谓礼节。礼节贵能彼我两方各自遵守，仁者则遵守我一方之界限而不逾越者也。"(《论语要略》)

子曰："回也，其心三月不违仁[一]；其余，则日月至焉而已矣[二]。"(《论语·雍也》)

[一]回是颜回，即颜渊也。三月，言其久也。心不违仁者，言无私欲而全其心之德也。[二]其余，指颜渊以外之诸弟子而言。"日月至焉"者，或一日全不违仁，或一月全不违仁。虽能造其域，而不能如颜渊之久也。

子曰："贤哉回也！一箪食，一瓢饮[一]，在陋巷[二]，人不堪其忧[三]，回也不改其乐[四]。贤哉回也[五]！"（同上）

[一]箪，竹器。食（si）音嗣，饭也。瓢，器名，剖瓠瓜以为之。言颜子家贫，惟有一竹器贮饭，一匏瓢盛饮耳。[二]所居陋狭，故曰陋巷。[三]言他人见之，亦代为忧愁也。[四]乐，欢乐也。不改其乐，言处之泰然，不改其欢乐也。[五]再言"贤哉回也"，所以深叹美之也。

明薛氏瑄曰："虽富累千金，而心为物役，寒冰焦火，犹不乐也。颜子虽箪瓢陋巷，而举天下之物，不足以动其中，俯仰无愧，胸次洒然，乐可知矣。"（《四书明儒大全精义》）

孟子曰："爱人不亲反其仁，治人不治反其智，礼人不答反其敬[一]。行有不得者，皆反求诸己[二]，其身正而天下归之[三]。《诗》[四]云：'永言配命，自求多福[五]。'"（《孟子·离娄上》）

[一]我爱人而人不亲我，当反求诸己，恐我之仁犹未至

也。智、敬仿此。[二]行有不得，谓不得其所欲，如不亲、不治、不答是也，皆反求诸己者，言反其仁、反其智、反其敬也。[三]其身既正，则天下之人皆归向之矣。[四]《诗经·大雅·文王篇》。[五]永，长也；言，我也；配，当也。能长我所当之天命，而自求之，故有多福也。

唐蔚芝先生曰："吾儒学问无穷尽，圣贤度量无津涯。常反其仁，则其仁愈厚；常反其智，则其智愈深；常反其敬，则其敬愈密，无底止也。反求诸己者，本身作则之要。有诸己而后求诸人也，修身之彻始而彻终者也。孔子之告颜子曰：'克己复礼为仁。'能反求诸己，而后能克己。盖兼圣功、王道而言。'一日克己复礼，天下归仁焉。'所谓'身正而天下归之'也。'为仁由己，而由人乎哉？'学问、政治进于此，则圣功邃而王道全矣。"（《孟子新读本》）

钱穆先生曰："《荀子·法行篇》：曾子曰：'同游而不见爱者，吾必不仁也；交而不见敬者，吾必不长也；临财而不见信者，吾必不信也。三者在身，曷怨人？怨人者穷，怨天者无识。失之己而反诸人，岂不亦迂哉？'亦即《孟子》此章之意也。"（《孟子研究》）

仲弓[一]问仁。子曰："出门如见大宾，使民如承大祭[二]。己所不欲，勿施于人[三]。在邦无怨，在家无怨[四]。"仲弓曰："雍虽不敏，请事斯语矣。"（《论语·颜渊》）

[一]孔子弟子冉雍，字仲弓。[二]出门谓出大门。大宾，谓尊贵之宾客。承，奉也。大祭，谓重要之祭祀。出门

如见尊贵之宾客，使民如奉重要之祭祀，此皆所以明敬，言为仁之道，莫尚乎敬也。[三]施，犹"加"也。言自己所不欲者，勿加之于人，以他人亦不欲也。[四]邦，国也。言仁者爱人，而人亦爱之。故在国、在家，皆无怨恨。

钱穆先生曰："此章亦论为仁之方，并及行仁之验。大抵仁者贯通人我，故如见大宾，如承大祭，到处敬畏，不敢稍自恣肆，便是仁者心地。"(《论语要略》)

樊迟[一]问仁，子曰："爱人[二]。"问知[三]，子曰："知人[四]。"樊迟未达[五]，子曰："举直错诸枉，能使枉者直[六]。"樊迟退，见子夏曰："乡也吾见于夫子而问知，子曰：'举直错诸枉，能使枉者直。'何谓也[七]?"子夏曰："富哉言乎[八]！舜有天下，选于众，举皋陶，不仁者远矣[九]；汤有天下，选于众，举伊尹[一〇]，不仁者远矣。"(同上)

[一]樊迟，孔子弟子。[二]孔子告以为仁之道是爱人。[三]樊迟又问求知之道如何。知，与"智"同。[四]孔子告以知人。[五]达，通也。未达，未通达孔子之意。迟盖以爱欲其周，而知有所择，故疑二者之相悖尔。[六]举是选用，错是废置。举正直之人用之，废置邪枉之人，则皆化为直。举直错枉者，知也；使枉者直，则仁矣。如此，则二者不惟不相悖，而反相为用矣。[七]樊迟自孔子处退出后，又往见同学卜子夏，而述孔子之言以问之。乡(xiāng 向)，许亮切，昔也；或作"方才"解，亦通。[八]富，盛也。叹其所

包者广，不止言知。[九]舜为帝时，皋陶为士，执法不阿，不仁者远。言人皆化而为仁，不见有不仁者，若其远去尔，所谓"使枉者直"也。[一○]商汤之相，姓伊名挚，"尹"其字也。

宋尹氏焞曰："学者之问也，不独欲闻其说，又必欲知其方；不独欲知其方，又必欲为其事。如樊迟之问仁、知也，夫子告之尽矣，樊迟未达，故又问焉，而犹未知其何以为之也。及退而问诸子夏，然后有以知之。使其未喻，则必将复问矣。既问于师，又辨诸友，当时学者之务实也如是。"（《论语集注》）

清陆氏陇其曰："观于后世，因举错而纷纷多事者，不可胜数。汉之党锢，宋之元祐，皆由小人不肯俯首屈伏于君子，以至激成祸变。樊迟此语，亦切问也，然不知此要看举错何如耳。举错而稍涉于意气，则不惟不能化人，而或至于生变；举错而一出于大公，则不但不忧其不服，而且可立见其革心。"（《松阳讲义》）

樊迟问仁。子曰："居处恭，执事敬[一]，与人忠[二]。虽之夷狄，不可弃也[三]。"（《论语·子路》）

[一]居处，谓所居之处。执，犹"行"也。言居处与行事，皆当恭敬，不可放肆懈惰也。[二]言与人交接，须尽忠也。[三]之，往也。言上述恭、敬、忠三者，虽至夷狄无礼义之处，犹不可弃而不行。

明李氏颙曰："居处恭，执事敬，与人忠，此操存之要

也。独居一有不恭，遇事一有不敬，与人一有不忠，便是心之不存。不论有事无事，恒端谨无欺，斯心无放逸。"（《四书反身录》）

子曰："刚、毅、木、讷，近仁。"[一]（同上）

[一]刚者无欲；毅者果敢；木者质朴；讷者言语迟钝，不致妄说。四者，质之近乎仁者也。

宋真氏德秀曰："仁者，本心之全德，必致知，必力行，然后能造乎其地，岂刚果、朴钝所能遽得哉？然诚而不伪，质而不华，则其本心未失，于仁为不远矣，故曰'近仁'。"

又云："子曰：'巧言令色，鲜矣仁。'（《学而篇》）与此章之意，实相表里。"（《大学衍义》）

子曰："有德者必有言[一]，有言者不必有德[二]。仁者必有勇[三]，勇者不必有仁[四]。"（《论语·宪问》）

[一]既有德，则言语必中理，故"必有言"。[二]能言者，或便佞口给而已，不必皆有德也。[三]仁者心无私累，见义必为，其勇往直前，皆仁心之所发也。[四]勇者或仅有血气之强而已，不必皆有仁也。

姚师（仲实）曰："此章言德、仁为本，言勇为末。本可该末，不可因末以信本。为修己者发，亦为取人者发。"（《论语述义》）

卷三　仁

子路曰："桓公杀公子纠，召忽死之，管仲不死。"曰："未仁乎[一]？"子曰："桓公九合诸侯，不以兵车[二]，管仲之力也。如其仁！如其仁[三]！"（同上）

[一]《春秋左传》谓齐襄公无道，鲍叔牙奉公子小白奔莒。及无知弑襄公，管夷吾召忽奉公子纠奔鲁。后齐人杀无知，鲁伐齐，纳子纠，未克；而小白自莒先入，是为桓公。使鲁杀子纠而请管、召，召忽死之。管仲请囚，鲍叔牙荐于桓公以为相。子路疑管仲忘旧主而事桓公，不得为仁也。[二]桓公为会，实不止九。诸家泥于数字，徒滋聚讼。《集注》谓"九"与"纠"古字通用，最为直截。不以兵车，言不假威力也。[三]如，犹"乃"也。谓"如其仁"，明专以功业言之；重言之者，所以深许之也。

子贡曰："管仲非仁者与？桓公杀公子纠，不能死，又相之[一]。"子曰："管仲相桓公，霸诸侯，一匡天下[二]，民到于今受其赐[三]。微管仲，吾其被发左衽矣[四]。岂若匹夫匹妇之为谅也，自经于沟渎而莫之知也[五]。"（同上）

[一]子贡之意，以为管仲不死犹可；又相桓公，则已甚矣。与同"欤"。相，辅也。[二]霸，与"伯"同，长也。霸诸侯，言为诸侯之长。匡，正也。桓公北伐山戎，南伐楚，尊王室，攘夷狄，皆所以正天下也。[三]受其赐，谓不被发左衽之惠。[四]微，无也。"吾"者，吾中国也。"被

发"者,编发而被之于体后也。左衽,衣襟向左也。被发左衽,皆夷狄之俗。言无管仲,则中国皆将沦于夷狄也。[五]匹夫匹妇,是无知识之平民。谅,小信也。经,缢也。沟渎,田间水道。"自经于沟渎"者,言自缢于沟渎之旁而死也。莫之知,人不知也。

明顾氏炎武曰:"君臣之分,所关者在一身;华裔之防,所系者在天下;故夫子之于管仲,略其不死子纠之罪,而取其一匡九合之功。盖权衡于大小之间,而以天下为心也。夫以君臣之分,犹不敌华裔之防,而《春秋》之志可知矣。"(《日知录》)

清刘氏宝楠曰:"管仲志在利齐国,(《管子·大匡篇》可以考见。)而其后,功遂济天下,使先王衣冠礼乐之盛,未沦于夷狄。故圣人以'仁'许之,且以其功为贤于召忽之死矣。然有管仲之功,则可不死;若无管仲之功,而背君事雠,贪生失义,又远不如召忽之为谅也。"(《论语正义》)

陈师介石(黻宸)曰:"春秋时,楚居南服,恃江汉之固,与周天子抗命。齐桓公伐之,楚人乞盟而还。是时汉阳诸姬,皆尽于楚,众诸侯畏楚,莫敢问。桓公用管仲,霸诸侯,内睦其民,兵戎大振。孔子曰:'微管仲,吾其被发左衽矣。'呜呼,岂不然哉!"(北京大学中史学讲义)

子曰:"志士[一]仁人[二],无求生以害仁[三],有杀身以成仁[四]。"(《论语·卫灵公》)

[一]有志之士。[二]成德之人。[三]"求生"者,言求之而已可生也,但己生而害于仁,则志士仁人决不求生也。

［四］"杀身"者，杀其身也。杀身而可以成仁，志士仁人有不惜其身之死矣。

宋张氏栻曰："人莫不重于其生也，君子亦何以异于人哉？然以害仁，则不敢以求生；以成仁，则杀身而不避，盖其死有重于生故也。夫仁者，人之所以生者也；苟亏其所以生者，则其生也亦何为哉！"（《南轩论语解》）

唐蔚芝先生曰："理当死而求生，是害其本心之德也；当死而死，心安而德全矣。此圣门气节之学，所以维天地之正气者也。"（《论语新读本》）

钱穆先生曰："小己处大群之中，有舍己为群之义务焉。求生害仁者，贪小己之生命而害大群者也；杀身成仁者，牺牲小己之生命以利大群者也。此章与前两章比看，知仁者有时杀身，而不必定杀身。吾人之死不死，当审其有利于群与否；非谓仁必死，非谓死则仁也。"（《论语要略》）

倬按：《易经·困》之《象》曰："泽无水，困。君子以致命（犹言授命）遂志。"孔子杀身成仁之说，盖本诸此。

子贡问为仁[一]。子曰："工欲善其事，必先利其器[二]。居是邦也，事其大夫之贤者，友其士之仁者[三]。"（同上）

[一]为，犹"行"也。"问为仁"者，问所以行仁之道。[二]工指百工，器即工作之器具。言工人欲制造精巧之物品，必先锐利其工作之器具。此比喻之辞也。[三]是，犹"此"也。邦，国也。谓居此国也，则择其大夫中之贤者而师事之，择其士之仁者而与之友，则能收切磋之益矣。

清刘氏开曰："此章告子贡以为仁之资。子贡生质最美，夫子称为'瑚琏之器'，但好方人而悦不若己者处。恐其自是而轻视当时之人，故告以随所居之邦，必得贤仁之资，以收事友之效，庶几可以成其材德之善。如工之善事利器，不自恃其器之良，而必取利于他物以自利也。"(《论语补注》)

子曰："民之于仁也，甚于水火[一]。水火吾见蹈而死者矣[二]，未见蹈仁而死者也[三]。"（同上）

[一]民即"人"也。人非水火，则不能生活，其于仁也亦然。但水火是外物，而仁则在己。且无水火，不过害人之身；而不仁则失其心，所以仁比水火更为重要。[二]蹈，践也。践水者或溺死，蹈火者或焚毙。[三]刘氏宝楠曰："惠氏栋《周易述》：'仁乃乾之初生之道，故未见蹈仁而死。'极其变，如求仁得仁，杀身成仁，乃全而归之之义，不可言死。"

子曰："当仁不让于师。"（同上）

宋朱子曰："当仁，以仁为己任也，虽师亦无所逊。言当勇往而必为也。"(《论语集注》)

清刘氏宝楠曰："此章是夫子示门人语。盖事师之礼，必请命而后行；独当仁则宜急行，故告以'不让于师'之道，恐以展转误人生死也。"(《论语正义》)

子张问仁于孔子。孔子曰："能行五者于天下，为仁矣[一]。"请问之[二]。曰："恭、宽、信、敏、惠[三]。恭则不侮[四]，宽则得众[五]，信则人任焉[六]，敏则有功[七]，惠则足以使人[八]。"(《论语·阳货》)

[一]言为仁之道有五。[二]子张复请问五者之目。[三]孔子告以所谓五者，即恭、宽、信、敏、惠也。[四]己若恭以待人，人亦恭以待己，则不致受人侮慢矣。[五]能宽宏大量，则为众人所归服。[六]言而有信，则为人所倚任。[七]应事敏疾，则多成功。[八]有恩惠及人，则人忘其劳，而乐为所使矣。

清黄氏式三曰："恭而不肆，仁之慎也；宽而不隘，仁之宏也；信而不伪，仁之诚也；敏而不缓，仁之勤也；惠而不刻，仁之厚也。论仁者或谓以恭为本，或谓以惠为实。式三谓欲行仁道，必以五者旋相为宫，不得偏主一端也。"(《论语后案》)

子夏曰："博学而笃志[一]，切问而近思[二]，仁在其中矣[三]。"(《论语·子张》)

[一]博，广也；笃，厚也；志，识也。言广学而厚识之，使不忘也。[二]"切问"者，切实问于己所未悟之事；"近思"者，实心体认，以类而推也。[三]四者皆学问思辨之事耳，未及乎力行而为仁也；然从事于此，则心不外驰，而所存自熟，故曰"仁在其中"矣。

宋苏氏轼曰："博学而志不笃，则大而无当；泛问远思，

则劳而无功。"(《论语集注》)

宋朱子曰:"此是寻出求仁之门路,告人从此用力,则自有效。"(《朱子语类》)

梁惠王曰:"晋国,天下莫强焉[一],叟之所知也。及寡人之身,东败于齐,长子死焉;西丧地于秦七百里;南辱于楚[二]。寡人耻之,愿比死者一洒之[三],如之何则可?"孟子对曰:"地方百里而可以王[四]。王如施仁政于民,省刑罚,薄税敛[五],深耕易耨[六],壮者以暇日修其孝悌忠信[七],入以事其父兄,出以事其长上,可使制梃以挞秦楚之坚甲利兵矣[八]。彼[九]夺其民时,使不得耕耨以养其父母,父母冻饿,兄弟妻子离散。彼陷溺其民,王往而征之,夫谁与王敌[一〇]?故曰:'仁者无敌。'王请勿疑[一一]。"(《孟子·梁惠王》)

[一]魏本晋大夫,至魏斯,与韩氏、赵氏共分晋地,号曰"三晋",故惠王犹自谓"晋国"。晋自文公以后,称霸中原甚久。"莫强"者,言当时各国无强于晋者也。[二]惠王三十年,齐破魏军,虏太子申;十七年,秦取魏少梁,后魏又数献地于秦;又与楚将昭阳战败,亡其七邑。[三]比,犹"为"也。洒,与"洗"同,言欲为死者雪耻也。[四]百里,小国也,然能行仁政,则天下之民归之矣。[五]省刑罚,薄税敛,此二者,仁政之大目也。省(shěng),所梗反,减也,少也。[六]易耨,芸苗去其野草,令简易也。耨,奴豆反。[七]尽己之谓忠,以实之谓信。[八]制,读为"掣"

(chè 彻)。梃（tìng），杖也；挞，击也。谓可使提挈木杖，以击秦、楚大国之坚甲利兵也。[九]敌国。[一〇]陷，陷于阱；溺，溺于水。暴虐之意。征，正也。言以彼暴虐其民，而率吾尊君亲上之民往正其罪，彼民方怨其上而乐归于我，则谁与我为敌哉？[一一]仁者无敌，盖古语也。百里可王，以此而已，恐王疑其迂阔，故勉使勿疑也。

清王氏步青曰："省刑薄敛，及孝弟忠信，皆战国诸侯王之所谓'迂远而阔于事情'者也；而岂知自强之道，莫大于此。"（《孟子集注本义汇参》）

孟子曰："尊贤使能，俊杰在位[一]，则天下之士，皆悦而愿立于其朝[二]矣；市，廛而不征，法而不廛[三]，则天下之商，皆悦而愿藏于其市矣；关，讥而不征[四]，则天下之旅[五]，皆悦而愿出于其路矣；耕者助而不税[六]，则天下之农，皆悦而愿耕于其野矣；廛，无夫里之布[七]，则天下之民，皆悦而愿为之氓[八]矣。信能行此五者，则邻国之民仰之若父母矣。率其子弟，攻其父母，自生民以来，未有能济者也。如此，则无敌于天下。无敌于天下者，天吏[九]也；然而不王者，未之有也。"（《孟子·公孙丑上》）

[一]贤是有道德者，能是有才干者。俊杰，才德异于众者。在位，在上位也。[二]朝音潮，朝廷也。[三]廛，市宅也。征是征税。古者无征，衰世征之。《礼记·王制》曰："市廛而不税。"《周礼·载师》曰："国宅无征。""法而不

廛"者,当以什一之法征其地耳,不当征其廛宅也。[四]关,境界上之门也。讥,伺察也。但讥禁异言,察异服,而不征税。[五]行旅之人。[六]耕者助而不税,即井田之制,但使出力以助耕公田,而不税其私田也。[七]布,钱也。《周礼》:"宅不毛者有里布,……民无职事者,出夫家之征。"郑氏谓:"宅不种桑麻者,罚之使出一里二十五家之布;民无常业者,罚之使出一夫百亩之税,一家力役之征也。"战国时一切取之,市宅之民,已赋其廛,又令出此夫里之布,非先王之法也。[八]氓(méng 萌)音盲,民也。[九]天吏,言奉行天命者。

康蔚芝先生曰:"此章自首节外,要以轻赋税为主。盖税轻则民悦,税重则民怨,怨气日积,而国于是乎乱。先王取于民少,而不虞其不足者。盖自来生财之道,在乎开利源;而理财之方,则在乎崇节俭。然惟能先用天下之才,乃可以力行俭德,而理天下之财。故孟子尤以'尊贤使能,俊杰在位',为先务之急也。"(《孟子新读本》)

齐宣王[一]问曰:"齐桓、晋文[二]之事,可得闻乎?"孟子对曰:"仲尼之徒,无道桓、文之事者[三],是以后世无传焉,臣未之闻也。无以,则王乎[四]?"曰:"德何如则可以王矣?"[五]曰:"保民而王,莫之能御也。"[六]曰:"若寡人者,可以保民乎哉?"[七]曰:"可。"[八]曰:"何由知吾可也?"[九]曰:"臣闻之胡龁[一〇]曰:王坐于堂上,有牵牛而过堂下者,王见之,曰:'牛何之[一一]?'对曰:'将以衅钟[一二]。'王曰:'舍之,吾不忍其觳觫若[一三]，无罪而就死地。'对曰：'然则废衅钟与[一四]？'曰：'何可废也？以羊易之。'不识有诸[一五]？"曰："有之。"[一六]曰："是心足以王矣[一七]。百姓皆以王为爱[一八]也，臣固知王之不忍也。"王曰："然。诚有百姓者[一九]。齐国虽褊小[二〇]，吾何爱一牛？即不忍其觳觫若，无罪而就死地，故以羊易之也。"曰："王无异于百姓之以王为爱也。以小易大，彼恶知之？王若隐其无罪而就死地，则牛羊何择焉？"[二一]王笑曰："是诚何心哉？我非爱其财而易之以羊也。宜乎百姓之谓我爱也。"[二二]曰："无伤也，是乃仁术也[二三]，见牛未见羊也。君子之于禽兽也，见其生不忍见其死，闻其声不忍食其肉。是以君子远庖厨也[二四]。"

王说[二五]曰："《诗》云：'他人有心，予忖度之。'[二六]夫子[二七]之谓也。夫[二八]我乃行之，反而求之，不得吾心。夫子言之，于我心有戚戚[二九]焉。此心之所以合于王者何也？"曰[三〇]："有复[三一]于王者曰：吾力足以举百钧，而不足以举一羽[三二]；明足以察秋毫之末，而不见舆薪[三三]，则王许[三四]之乎？"曰："否。"[三五]"今恩足以及禽兽，而功不至于百姓者，独何与？然则一羽之不举，为不用力焉；舆薪之不见，为不用明焉；百姓之不见保，为不用恩焉。故王之不王，不为也，非不能也。"[三六]曰："不为者与不能者之形何以异？"[三七]曰："挟太山以超北海，语人曰'我不能'，是诚不能也[三八]；为长者折枝，语人曰'我不能',是不为也,非不能也[三九]。故王之不王,非挟太山以超北海之类也;王之不王,是折枝之类也。老吾老,以及人之老;幼吾幼,以及人之幼,天下可运于掌[四〇]。《诗》云:'刑于寡妻,至于兄弟,以御于家邦。'言举斯心加诸彼而已[四一]。故推恩足以保四海,不推恩无以保妻子。古之人所以大过人者,无他焉,善推其所为而已矣。今恩足以及禽兽,而功不至于百姓者,独何与?权然后知轻重,度然后知长短。物皆然,心为甚。王请度之[四二]!抑王兴甲兵,危士臣,构怨于诸侯,然后快于心与[四三]?"

王曰:"否。吾何快于是?将以求吾所大欲[四四]也。"曰:"王之所大欲,可得闻与?"[四五]王笑而不言。曰:"为肥甘不足于口与?轻暖不足于体与?抑为采色不足视于目与?声音不足听于耳与?便嬖不足使令于前与?王之诸臣皆足以供之,而王岂为是哉?"[四六]曰:"否。吾不为是也。"[四七]曰:"然则王之所大欲可知已[四八]。欲辟土地[四九],朝秦楚[五〇],莅[五一]中国而抚四夷也。以若所为,求若所欲,犹缘木而求鱼也[五二]。"王曰:"若是其甚与?"曰[五三]:"殆有[五四]甚焉。缘木求鱼,虽不得鱼,无后灾。以若所为,求若所欲,尽心力而为之,后必有灾。"曰:"可得闻与?"[五五]曰:"邹人与楚人战,则王以为孰胜?"[五六]曰:"楚人胜。"[五七]曰:"然则小固[五八]不可以敌大,寡固不可以敌众,弱固不可以敌强。海内之地,方千里者九,齐集[五九]有其一。以一服八，何以异于邹敌楚哉？盖[六〇]亦反其本矣。今王发政施仁，使天下仕者皆欲立于王之朝[六一]，耕者皆欲耕于王之野，商贾[六二]皆欲藏于王之市，行旅皆欲出于王之涂[六三]，天下之欲疾其君者，皆欲赴愬于王[六四]。其若是，孰能御之[六五]？"

王曰："吾惛[六六]，不能进于是矣。愿夫子辅吾志，明以教我。我虽不敏，请尝试之。"曰[六七]："无恒产而有恒心者，惟士为能[六八]。若民，则无恒产，因无恒心。苟无恒心，放辟邪侈[六九]，无不为已。及陷于罪，然后从而刑之，是罔民[七〇]也。焉有仁人在位，罔民而可为也？是故明君制[七一]民之产，必使仰足以事父母，俯足以畜妻子，乐岁[七二]终身饱，凶年免于死亡。然后驱而之善，故民之从之也轻[七三]。今也制民之产，仰不足以事父母，俯不足以畜妻子；乐岁终身苦，凶年不免于死亡。此惟救死而恐不赡[七四]，奚[七五]暇治礼义哉？王欲行之，则盍[七六]反其本矣！五亩之宅，树之以桑，五十者可以衣帛矣[七七]。鸡豚狗彘之畜，无失其时，七十者可以食肉矣[七八]。百亩之田，勿夺其时[七九]，八口之家可以无饥矣。谨庠序之教，申之以孝弟之义，颁白者不负戴于道路矣[八〇]。老者衣帛食肉，黎民[八一]不饥不寒，然而不王者，未之有也。"（《孟子·梁惠王上》）

[一]齐国之君，姓田，名辟强，谥曰"宣"，诸侯僭称王也。[二]齐桓公、晋文公为春秋五霸中之最负盛名者。

[三]"仲尼"为孔子之字。道，言也。董子曰："仲尼之门，五尺童子，羞称五霸，为其先诈力而后仁义也。"亦此意也。[四]以同"已"。无已，必欲言之而不止也。王，谓王天下之道。[五]齐宣王问辞。[六]孟子因宣王之问，而说明王道在乎保民。保，安也，爱护也。[七]宣王问辞。[八]孟子答辞。[九]宣王问辞。[一〇]胡龁，齐宣王之近臣。龁（hé）音核。[一一]之，往也。[一二]新钟铸成，杀牲取血，以涂其衅隙也。[一三]姚师仲实曰："'若'字句绝。觳觫若，犹《诗》之'抑若'。"舍，今作捨。觳觫（húsù)，音斛速，恐惧貌。若，犹"然"也。[一四]与。今作"欤"，下同。[一五]孟子述胡龁之言（自"王坐于堂上"，至"以羊易之"）而问宣王，不知果有此事否也？[一六]宣王答以确有其事。[一七]是心，即爱牛之心。王见牛之觳觫而不忍杀，即所谓"恻隐之心，仁之端也。扩而充之，可以保四海"。故孟子指而言之，欲王察识于此而扩充之也。[一八]爱，犹"吝惜"也。[一九]言以羊易牛，其迹似吝，诚有如百姓所讥者。[二〇]褊（biǎn 匾），狭也。褊小，犹言狭小。齐本大国，此系宣王自谦之言。[二一]此孟子之言。异，怪也。无异，言不必怪异。以小易大，指以羊易牛。彼，指百姓。恶（wū）音乌，何也。隐，痛也，不忍也。择，犹"分"也。言牛羊皆无罪而死，何所分别而以羊易牛乎？[二二]宣王闻"牛羊何择"之言，不能自释其当时之以羊易牛是何居心，故不觉失笑曰："是诚何心哉？我非吝惜一牛之值，而易以较小之羊。宜乎百姓之说我吝惜乎？"[二三]无伤，言虽有百姓之言不为害。仁术，行仁之法术。[二四]宰杀之所曰庖，烹饪之所曰厨。自"无伤"至"远庖厨也"，皆孟子之言。[二五]说，同"悦"。[二六]《诗经·小雅·巧言

篇》。忖度，犹"思量"也。言他人之心，我能思量之也。[二七]宣王对孟子之尊称。[二八]夫（fú）音扶。或谓属上句读，亦通。[二九]戚戚，心动貌。[三○]孟子问宣王之辞。[三一]复，白也，告也。[三二]三十斤为钧；百钧，三千斤，至重难举。羽，鸟羽也；一羽，至轻易举。[三三]毛至秋而末更小，难见者也。舆（yú）音余，车也；薪（xīn）音新，柴也。舆薪，谓一车之柴，大而易见。自"吾力"至"舆薪"，是有复于王者之言。[三四]许，信也。[三五]宣王答辞。[三六]"今恩"至"非不能也"，又是孟子之言。"故王"之"王"，孟子称宣王；"不王"之"王"，是王天下，即统一天下之意。[三七]宣王问孟子之言。形，状也。[三八]挟，以腋持物也。超，跳跃而过也。挟太山以超北海，非人力所能为也。[三九]以长者之命，折草木之枝，是轻而易举也。[四○]以养老之礼敬老曰"老"，吾老，谓我之父兄；人之老，谓人之父兄。以怀幼之道待幼曰"幼"，吾幼，谓我之子弟；人之幼，谓人之子弟。运，转也。运于掌，言易也。[四一]《诗经·大雅·思齐篇》。刑，正也。寡妻，嫡妻也。古者诸侯一娶九女，一为嫡妻，八为妾。以女兄弟从媵，故可曰"兄弟"。或曰：寡妻，寡德之妻，谦辞也。御，进也。刑，今作"型"。此言国君能修身以为嫡妻之典型，至于兄弟，进而推及于国家，即《大学》"由齐家而治国"之意。彼谓家人、国人，言但举己心加于人耳。[四二]权是秤锤。度（dù）音渡，丈尺也。度之，谓称量之也。[四三]抑，发语辞。兴，动也。危者，危害之也。士臣，战士。构怨，犹云"结怨"。快于心，言快乐其心也。自"挟泰山"至"快于心与"，是孟子之言。[四四]大欲是极大之欲望。[四五]孟子问宣王之言。[四六]孟子因宣王笑而不言，又故意问之。肥甘是肥美之肉食，轻暖是轻暖之衣裘，便嬖是近习嬖幸之人。〔四七〕宣王答辞。〔四八〕"已"为语助辞。〔四九〕辟，与"闢"同，开广也。辟土地，即开疆拓土。〔五〇〕朝（cháo）音潮，致其来朝也。齐、楚，皆大国。朝秦、楚，使秦、楚来朝。〔五一〕莅（lì）音利，临也。〔五二〕若，如此也。所为，指兴兵结怨之事。缘木求鱼，犹缘树木而求水中之鱼，必不可得也。自"然则王之所大欲"至"求鱼也"，是孟子之言。〔五三〕孟子之言。〔五四〕"殆"为发语辞，有同"又"。〔五五〕宣王问孟子之言。〔五六〕孟子反问宣王。邹，小国；楚，大国。孰，谁也。〔五七〕宣王答辞。〔五八〕固者，必然之辞。〔五九〕集，取也。〔六〇〕"盖"为发语辞。〔六一〕朝音潮，朝廷也。〔六二〕行货曰商，居货曰贾。贾（gǔ）音古。〔六三〕涂同"途"。〔六四〕疾，恨也，仇也。赴，趋也。愬，与"诉"同，言告诉于王也。〔六五〕御，止也。谓反本道、行仁政如此，则天下之民皆归之，谁能止之哉？自"然则小固不可以敌大"至"孰能御之"，皆孟子之言。〔六六〕惛，与"昏"同，不明也。〔六七〕自此以下皆孟子之言。〔六八〕恒，常也；产，生业也。恒产，可常生之业也。恒心，人所常有之善心也。士尝学问，知义理，故虽无常产而有常心。〔六九〕放是放荡；辟与"僻"同，乖僻也；邪，不正也；侈，奢也。〔七〇〕罔犹"罗网"，谓张罗网以陷民也。〔七一〕成法曰制，此动词也。〔七二〕丰乐之岁。乐（luò）音洛。〔七三〕轻，易也。言民易于从善也。〔七四〕赡（shàn 善），足也。〔七五〕奚（xī 西），何也。〔七六〕盍（hé 何），何不也。〔七七〕五亩之宅，是一夫所受，二亩半在田，二亩半在邑，田中不得有木，恐妨五谷，故于墙下植桑，以供蚕事。

人至五十岁始衰弱,非帛不暖;五十衣帛,有养老之意。[七八]不失其生产之时。人至七十岁,非肉不能滋补;七十食肉,亦所以养老也。[七九]古时一夫常规定种田百亩。勿夺其时,言不夺其农作之时。[八〇]庠序是古代学校之名称,殷曰序,周曰庠。申,反覆说明也。弟与"悌"通。善事父母曰孝,善事兄长曰悌。孝悌是仁之根本。颁(bān)同斑;颁白,头发半白也。负,任在背;戴,任在首。既富而教以孝悌,则人知爱亲敬长而代其劳,不使之负戴于道路矣。[八一]黎,黑也。黎民,黑发之人,犹言"少壮之民"也。

宋真氏德秀曰:"世以为王道甚高而难行,孟子断之以一言曰'保民而王'。'保'云者,爱护育养之意。王道不外乎保民,而保民又不外乎此心。即宣王爱牛不忍杀之心,知其可以保民无难也。或者见宣王以羊易牛,谓其出于贪吝,而孟子独曰'是心足以王矣',所以警觉宣王,使知只此一心,便足以王天下。其所指示,亦精切矣。而宣王犹不悟本心之所以然也,于是孟子复曰:'无伤也,是乃仁术也。'是又警觉宣王,使知前日以羊易牛,是乃行仁之术。宣王闻此,乃始悦孟子之知其心,而亦未知王道之不外乎是也。孟子复为一羽、舆薪之譬,以明爱物之难而仁民之易。老老幼幼而下,则告宣王以行仁之序;发政施仁而下,则告宣王以保民之实。所谓王道者盖如此,岂有甚高难行者哉?惜乎宣王终不悟也。"(《大学衍义》)

钱穆先生曰:"此孟子教齐宣王以为政重在经济民生,而归其本于推广其一己仁民爱物之心也。"(《孟子研究》)

倬按:孟子曰:"民非水火不生活,昏暮叩人之门户求水火，无弗与者，至足矣。圣人治天下，使有菽粟如水火；菽粟如水火，而民焉有不仁者乎？"（《孟子·尽心上》）是言民有为善之资，皆乐于行仁，亦是注重民生。

齐宣王问曰："交邻国有道乎？"[一]孟子对曰："有[二]。惟仁者为能以大事小[三]，是故汤事葛[四]，文王事昆夷[五]。惟智者为能以小事大[六]，故大王事獯鬻[七]，句践事吴[八]。以大事小者，乐天者也[九]；以小事大者，畏天者也[一〇]。乐天者保天下，畏天者保其国。《诗》[一一]云：'畏天之威，于时[一二]保之。'"（《孟子·梁惠王下》）

[一]齐宣王问孟子：与邻国交接有道乎？[二]孟子答曰"有之。[三]仁人宽洪恻怛，而无较计大小强弱之私，故小国虽或不恭，而所以抚字之心自不能已。[四]汤是商朝第一世之王，葛是当时之小国。汤居亳，与葛为邻，葛伯放而不祀，汤遗之牛羊，又使亳众往为之耕。[五]昆夷是一种夷狄，周文王受命四年，昆夷伐周，一日三至周之东门。文王闭门修德，而不与战，且遣使聘问，而不弃交邻之礼。[六]智者明义理，识时势，故遇大国侵陵，仍不废所以事之之礼。[七]大王，即古公亶父，周文王之祖也。修后稷、公刘之业，西北、戎狄、獯鬻攻之，欲得财物，予之。獯（xūn）音熏，鬻（yù）音育。[八]越王勾践为吴王夫差所击败，退保会稽，身自臣吴。句（gōu）音钩。[九]自然合理，故曰"乐天"。乐音洛。[一〇]不敢违理，故曰"畏天"。[一一]《诗经·周颂·我将篇》。[一二]时，是也。

江希张先生曰："保其国，是以小事大的原则，所以惟智者为能。倘若不能保其国而事大，如六国之事秦，南宋之事金，则直是误国卖国，何保国之有！"（《四书新编》）

倬按：以大事小，乃世界最进步之国际道德。而实行此道德者，成汤、文王外；若"兴灭国，继绝世"，亦屡见于吾国之史册。吾中国民族性之敦厚，与固有道德之伟大，此可为确切之证明。彼好侵略者读之，当自愧不仁；即主张国家平等者，或亦感雅量之不及欤？

邹与鲁閧[一]。穆公[二]问曰："吾有司[三]死者三十三人，而民莫之死也。诛之，则不可胜诛[四]；不诛，则疾视其长上之死而不救[五]。如之何则可也？"孟子对曰："凶年饥岁，君之民，老弱转乎沟壑[六]，壮者散而之四方者，几千人矣；而君之仓廪实，府库充[七]，有司莫以告，是上慢而残下也[八]。曾子曰：'戒之戒之！出乎尔者，反乎尔者也[九]。'夫民今而后得反之也。君无尤焉[一〇]！君行仁政，斯民亲其上，死其长矣。"（同上）

[一]閧（hòng 哄），胡弄反，斗也。言邹国与鲁国战斗也。[二]邹国之君。[三]邹之官吏。下文"长上"，即此"有司"。[四]人多不可尽诛。[五]不诛其民，则我恶疾视其长上之死而不救之。[六]转，饥饿辗转而死也。或曰：转，弃也；谓死而弃其尸于沟壑也。[七]仓廪，存粮米之处；府库，存财货之处。充，满也。[八]上慢，犹言"慢上"。有司不告于君，是慢上也。残，伤害也；残下，谓伤害人民

也。[九]言自己所作,必自食其报。[一〇]尤,过也,言君无过责之也。

宋张氏栻曰:"天下未有出而无反者,人特不察耳。是以君子敬其所出也,曰'夫民今而后得反之也',可谓深切矣。然而曾子'戒之戒之'之语,非特为人上者不可须臾忘也,检身者亦当深体之耳。"(《南轩孟子说》)

唐蔚芝先生曰:"仓廪实,府库充,有司莫以告,非必尽有司之无良也;君之意旨在聚敛,不敢以告也。不敢以告,而吾民辗转沟壑之状,君不得而闻,是谓蒙蔽。蒙蔽者,其罪出乎尔者也。反乎尔者,所谓'反动力'是也。反动力之在天地间,如空气然,无隙不入。庸人昧焉,知有我而不知有人,于是乎人心不平,而争夺相杀,遂不绝于世。夫民今而后得反之也。压制之极,民不敢动,而乃假手于敌国之人。所谓天道好还,非意料所能及者也。"(《孟子新读本》)

孟子曰:"以力假仁者霸[一],霸必有大国;以德行仁者王[二],王不待大。汤以七十里,文王以百里。以力服人者,非心服也,力不赡[三]也;以德服人者,中心悦而诚服也,如七十子之服孔子也。《诗》[四]云:'自西自东,自南自北,无思不服。'[五]此之谓也。"(《孟子·公孙丑上》)

[一]力,谓土地之大,甲兵之盛。假仁者,本无是心,而借其事以为功者也。霸,若齐桓、晋文是也。[二]以己之德,行仁政于民,则可以致王。[三]赡,足也。[四]《诗经

·大雅·文王有声篇》。[五]言从四方来者，其心思无有不服武王之德者，亦心服之谓也。

宋真氏德秀曰："霸者以力，故必大国乃能为之；王者以德不以力，何待于大乎？以力服人者，有意于服人，而人不敢不服；以德服人者，无意于服人，而人不能不服。此天理、人欲之分，而王、霸之所以异也。"（《大学衍义》）

孟子曰："仁则荣[一]，不仁则辱[二]。今恶辱而居不仁，是犹恶湿而居下也[三]。"（同上）

[一]行仁政，则国昌民安，得其荣乐。[二]行不仁，则国破民残，蒙其耻辱。[三]恶（wù 务），厌也。下是卑下近水泉之地。

孟子曰："人皆有不忍人之心[一]。先王有不忍人之心，斯有不忍人之政[二]矣。以不忍人之心，行不忍人之政，治天下可运之掌上[三]。所以谓人皆有不忍人之心者，今人乍[四]见孺子[五]将入于井，皆有怵惕恻隐之心[六]，非所以内交[七]于孺子之父母也，非所以要誉[八]于乡党朋友也，非恶其声[九]而然也。由是观之，无恻隐之心，非人也；无羞恶之心，非人也；无辞让之心，非人也；无是非之心，非人也。[一〇]恻隐之心，仁之端也；羞恶之心，义之端也；辞让之心，礼之端也；是非之心，智之端也。[一一]人之有是四端也，犹其有四体[一二]也。有是四端而自谓不能者，自贼者也[一三]；谓其君不能者，贼其君者也[一四]。凡有四端于我者，知皆扩而充之[一五]矣，若火之始然[一六]，泉之始达[一七]。苟能充之，足以保四海；苟不充之，不足以事父母[一八]。"（同上）

[一]仁心。[二]仁政。[三]言以是治天下，易于转丸于掌上。[四]乍，猝也，有"忽然"之意。[五]孺子，始能行而未有知识之小子。[六]怵惕，恐惧也；恻隐，皆痛也。怵惕恻隐之心，即所谓"不忍人之心"也。怵（chù）音黜。[七]内同"纳"；内交，结交也。[八]要，求也；要誉，求好名誉也。[九]恶有不仁之声名。[一〇]羞，耻己之不善；恶，憎人之不善。辞，解使去己也；让，推以与人也。是，知其善而以为是；非，知其恶而以为非。恻隐、羞恶、辞让、是非之心，人皆有之。无此四者，惟禽兽耳，非人也。[一一]恻隐、羞恶、辞让、是非，情也；仁、义、礼、智，性也。心，统性、情者也。端，首也。言发见之初，始露其首也。因其情之发，而性之本然可得而见，犹有物在中而端见于外也。[一二]四肢。[一三]贼，害也。自谓不能为善，是自贼害其性，使不为善。[一四]谓君不能为善，害其君使陷于恶也。[一五]扩（kuò）音廓；充，大也。言推广其范围也。[一六]然，"燃"之本字，烧也。[一七]达，流出也；或作"通"字解。[一八]四端在我，随处发见，知皆即此扩充，四海虽远，亦吾度内，无难保者；不能充之，则虽事之至近而亦不能矣。

钱穆先生曰："恻隐、羞恶、辞让、是非之心，人类心理高尚之表现也。孟子即指人类高尚之心的表现，以明示人人有超入高尚之可能。此即暂推久，以证明性善之说也。故孟子论性善，在于举一人以推之于人人，指一时以推之于时时。实为吾人立一最高之标的，而鼓励吾人尽力以趋赴之者也。"（《孟子研究》）

孟子曰："矢人岂不仁于函人哉？矢人惟恐不伤人[一]，函人惟恐伤人[二]。巫匠亦然[三]。故术不可不慎也[四]。孔子曰：'里仁为美。择不处仁，焉得智？'夫仁，天之尊爵[五]也，人之安宅[六]也。莫之御[七]而不仁，是不智也。不仁不智，无礼无义，人役[八]也。人役而耻为役，由弓人而耻为弓，矢人而耻为矢也。如耻之，莫如为仁。仁者如射，射者正己而后发；发而不中，不怨胜己者，反求诸己而已矣[九]。"（同上）

[一]矢，箭也。矢人，作箭之人。矢人惟恐所作之箭，不能伤害被射之人。[二]函（hán）音含，甲也。函人，作甲之人。函人惟恐所作之甲，被箭射破，至伤披甲之人。[三]巫为人祈祝，利人之生；匠者作棺椁，欲其早售，利人之死。[四]选习技术，不可不慎。[五]仁义礼智，皆天与人之良贵；而仁又兼统四者，故曰"天之尊爵"。[六]仁有天理自然之安，无人欲陷溺之危，故曰"人之安宅"。[七]御，止也。莫之御，无止之者也。[八]言为人所役使者。[九]以射喻人为仁，不得其报，当反责己仁恩之未至。

唐蔚芝先生曰："孔子曰：'少成若天性，习惯成自然。'术者，为人善恶之分途，讵可不慎乎哉！与恶人处而欲其善,譬犹操楚语者,不能复求其齐语也。曾子曰:'与恶人游,如入鲍鱼之肆,久而不闻,则与之化矣。'择术可不慎乎!"(《孟子新读本》)

孟子曰:"桀纣之失天下也,失其民也。失其民者,失其心也。得天下有道:得其民,斯得天下矣。得其民有道:得其心,斯得民矣。得其心有道:所欲与之聚之[一],所恶勿施尔也[二]。民之归仁也,犹水之就下,兽之走圹[三]也。故为渊驱鱼者,獭也[四];为丛驱爵者,鹯也[五];为汤武驱民者,桀与纣也。今天下之君有好仁者,则诸侯皆为之驱矣。虽欲无王,不可得已。今之欲王者,犹七年之病[六],求三年之艾[七]也;苟为不畜,终身不得[八]。苟不志于仁,终身忧辱,以陷于死亡。《诗》[九]云:'其何能淑,载胥及溺。'[一〇]此之谓也。"(《孟子·离娄上》)

[一]与,犹"为"也。民之所欲,皆为致之,如聚敛然。[二]尔,语助辞。言民之所恶则勿施也。[三]圹,古与"旷"通,广野也。[四]渊,深水也。驱,与"驱"同。獭(tǎ塔)音闼,形如小狗,水居食鱼。鱼为獭所驱,则入于渊矣。[五]丛,茂林也。爵,与"雀"同;鹯(zhān詹),诸延反,食雀之猛鸟。雀为鹯所驱,则匿于林矣。[六]谓其病可支七年。[七]艾,草名,可以灸人病,干久益善。三年之艾,谓艾至三年乃可用。[八]畜,藏也。言假使不藏艾草,则三年之艾终身不得矣。[九]《诗经·大雅·桑柔篇》。

[一〇]淑，善也；载，则也；胥，相也；溺，陷也。言今之君臣，其何能为善乎，则相与陷于乱亡而已，

倬按：《礼记·檀弓下》："孔子过泰山侧，有妇人哭于墓者而哀。夫子式而听之。使子路问之，曰：'子之哭也，壹似重有忧者。'而曰：'然。昔者吾舅（夫之父曰舅）死于虎，吾夫又死焉，今吾子又死焉。'夫子曰：'何为不去也？'曰：'无苛政。'夫子曰：'小子识之，苛政猛于虎也！'"宋方氏悫申其义曰："虎之害人也，人能逃之；政之害人也，无可逃之地。此所以宁遭虎之累伤，而不忍舍其政之无苛也。"（《礼记义疏》）民之归仁，此亦一明证也。

孟子曰："自暴者[一]，不可与有言也；自弃者，不可与有为也。言非礼义，谓之自暴也；吾身不能居仁由义，谓之自弃也。仁，人之安宅也；义，人之正路也。旷[二]安宅而弗居，舍正路而不由[三]，哀哉！"（同上）

[一]暴，犹"害"也。自暴者，犹言自害其身之人也。[二]旷，空也。[三]舍同捨。由，行也。

孟子曰："人之所不学而能者，其良能也；所不虑而知者，其良知也[一]。孩提[二]之童，无不知爱其亲者；及其长也，无不知敬其兄也。亲亲[三]，仁也；敬长，义也；无他，达之天下也[四]。"（《孟子·尽心上》）

[一]良者，本然之善；能是能力，知是知识。[二]二三岁之间，知孩笑，可提抱者也。[三]亲其亲。[四]达，通也。但通此亲亲、敬长之心，推之天下人而已。

孟子曰："君子之于物也，爱之而弗仁[一]；于民也，仁之而弗亲[二]。亲亲而仁民，仁民而爱物。"（同上）

[一]物谓禽兽草木。爱而弗仁，谓当爱育之，而不如人相与之仁也。[二]于民当仁爱之而弗亲，以爱有差等也。

宋真氏德秀曰："天下之理一，而分则殊。凡生于天壤之间者，莫非天地之子，而吾之同气者也，是之谓理一。然亲者吾之同体，民者吾之同类，而物则异类矣，是之谓分殊。以其理一，故仁爱之心无不遍；以其分殊，故仁爱之施则有差。若以亲亲之道施于民，则亲疏无以异矣，是乃薄其亲；以仁民之道施于物，则贵贱无以异矣，是乃薄其民。故于亲则亲之，于民则仁之，而于物则爱之。合而言之则皆仁，分而言之则有序。此二帝、三王之道，所以异于杨、墨也。"（《大学衍义》）

孟子曰："伯夷辟纣[一]，居北海之滨，闻文王作，兴[二]曰：'盍归乎来[三]？吾闻西伯[四]善养老者。'太公[五]辟纣，居东海之滨，闻文王作，兴曰：'盍归乎来？吾闻西伯善养老者。'天下有善养老，则仁人以为已归[六]矣。五亩之宅，树墙下以桑，匹妇蚕之，则老者足以衣帛矣。五母鸡，二母彘[七]，无失其时，老者足以无失肉矣。百亩之田，匹夫耕之，八口之家，可以无饥矣。所谓'西伯善养老'者，制其田里[八]，教之树畜[九]，导其妻子，使养其老，五十非帛不煖，七十非肉不饱。不煖不饱，谓之冻馁。文王之民无冻馁之老者，此之谓也。"（同上）

[一]伯夷，孤竹君之子。辟，与"避"同。纣是商代末世之王。[二]作、兴，皆起也。作属文王，兴属伯夷。[三]盍，"何不"也；"来"为语末助词。[四]西伯即文王，纣命为西方诸侯之长，得专征伐，故称"西伯"。[五]太公即吕尚。[六]己之所归。[七]彘（zhì）音滞，豕（shǐ 史；猪）也。[八]田谓百亩之田，里谓五亩之宅。[九]树谓耕桑，畜即鸡彘。

汉赵氏岐曰："善养老者，教导之，使可以养其老者耳，非家赐而人益之也。"（《孟子注》）

唐蔚芝先生曰："举一事而数善备焉者，其惟养老乎？孝弟之行所以深入人心者，惟在于此矣。昔殷纣咈耇长而亡国，周厉王废老成典型而流于彘，秦穆公违中寿而军败、询黄发而霸成，然则养老之礼，其可废乎？洎乎后世，沿古时戎狄之俗，贵少贱老，而国事日益棼。是故枋政者，不欲治天下则已，欲治天下，必自敬礼老成始矣。"（《礼记大义》）

倬按：养老之制，《礼记·王制》《内则》《文王世子》诸篇均详言之，孟子亦屡言之。古代之敬礼老成人，稍习经史者，固无不知之矣。晚近世风丕变，人事纷纭，老成人多主持重，惮于改进，或不免有迂缓之弊；然阅历深而思虑远，要自有不可轻忽者在。用少壮者之锐气，而尊重老成人之经验，或亦宏济艰难之一道乎？

君子学以聚之，问以辨[一]之，宽以居之，仁以行之。(《周易·乾：文言》)

[一]辨，剖决也。

元吴氏澄曰："学聚之以知其理；仁行之以行其事。问辨之，以审别所当行于学聚之后；宽居之，以存贮所已知于仁行之先。"(《周易折中》)

颜渊、季路[一]侍，子曰："盍各言尔志？"[二]子路曰："愿车马衣轻裘，与朋友共，敝之而无憾。"[三]颜渊曰："愿无伐善[四]，无施劳[五]。"子路曰："愿闻子之志。"[六]子曰："老者安之，朋友信之，少者怀之。"[七](《论语·公冶长》)

[一]刘氏宝楠曰："季路即子路，季者，少长之称。"[二]孔子欲觇二子之志，故问其何不各言之也。[三]古本无"轻"字。裘是皮衣。敝，坏也；憾，恨也。言愿以己之车马、衣裘与朋友共同用之，即破坏而无所恨也。[四]伐，夸也。善谓有能。[五]施亦张大之意，劳谓有功。[六]子路问孔子之志向如何。[七]老者，人年五十以上之通称；少者，指年少之人。言老者养之以安，朋友与之以信，少者怀之以

恩。或曰：安之，安我也；信之，信我也；怀之，怀我也。

宋程子曰："夫子安仁，颜渊不违仁，子路求仁。"（《论语集注》）

宋真氏德秀曰："学者且当从子路学起，必如子路之忘私，然后方可进步。不然，则物我之私横于胸中，如蟊贼，如戈戟，安能有善不伐、有劳不矜如颜子乎？况圣人地位，尤非始学之事，故必先学子路之忘私而后可。"（《论语集注大全》）

唐蔚芝先生曰："车马轻裘，敝之无憾，祛尔我之见，公之至也。无伐善，无施劳，劳而不伐，有功而不德，厚之至也。而孔子之志，则老安、友信、少怀，盖欲使万物各得其所，天地之德也。反覆此章，岂特知圣贤分量之不同，盖修身进德之次第，备于此矣。"（《论语新读本》）

子食于有丧者之侧，未尝饱也。[一]（《论语·述而》）

[一]孔子临丧则哀，食之不甘，故未尝饱也。

倬按：《礼记·檀弓下》："吊于人，是日不乐。……行吊之日，不饮酒食肉焉。"（皆为馀哀未忘）与此节意义相近。

子于是日哭，则不歌。[一]（同上）

[一]哭谓吊哭。一日之内，馀哀未忘，故不歌也。

倬按：《礼记·曲礼上》："临丧不笑。……望柩不歌。

……邻有丧，舂不相；（以音声相劝。相，盖舂人歌以助舂也。）里有殡，不巷歌。（歌于巷。）适墓不歌，……执绋（绋音弗，引棺索。）不笑。"与此节意义略同。

子钓而不纲[一]，弋不射宿[二]。（同上）

[一]钓者，一竿属一钩而取鱼也。纲者，以大绳属细纲，绝流而渔者也。言孔子取鱼，止用钓而不用网。[二]弋（yì 义），以生丝系矢而射也。宿，谓栖宿之鸟。

子见齐衰[一]者，冕衣裳[二]者，与瞽[三]者，见之，虽少必作，过之必趋[四]。（《论语·子罕》）

[一]齐衰，周亲之丧服。齐（zī）音咨，衰（cuī）音催。[二]冕（miǎn 免），冠也；衣，上服；裳，下服。冕而衣裳，贵者之盛服。[三]瞽（gǔ）音古，无目者。[四]少谓年少；作，起也；趋，疾行也。言见此三种人，虽是少年，坐则必为之起立，经过其前必疾行也。

江希张先生曰："现在欧洲诸文明国，街上如有发丧出殡的，所有经过的路人，男子皆脱帽示敬，女子则画十祝福；凡国家有任何典礼，众人见国旗、闻国歌，即肃然起立；凡见瞽者、跛者，则乘车让其先登，既上车让其先坐。这种良好的社会习惯，足以表现一国的文化程度。我们对于鳏寡孤独废疾的同类，如何可不表同情？对于代表国体或其典礼的人与物，如何可不表敬意？孔子欲以仁爱恭敬，移风

易俗,如何能不如此?"(《四书新编》)

师冕见[一],及阶,子曰:"阶也。"及席,子曰:"席也。"皆坐,子告之曰:"某在斯,某在斯。"[二]师冕出,子张问曰:"与师言之道与?"[三]子曰:"然,固相师之道也。"[四](《论语·卫灵公》)

[一]师,乐师,瞽者,名冕。见,谓来见孔子也。[二]再言"某在斯",历告以坐中人之姓名及所在处。[三]道,谓"礼"也。师冕既出,子张问孔子曰:"此是与乐师言之礼欤?"[四]相,助也。孔子答子张曰:"然,此固助导乐师之礼也。"

倬按:孔子之学,以仁为主,故言仁最精,而指示门弟子求仁之方亦最切。其在人而以"仁"称之者,惟微子、箕子、比干、伯夷、叔齐、管仲、颜回数人;以令尹子文、陈文子之贤,均谓为"未知,焉得仁";子路、冉求、公西赤诸高弟,则曰"不知其仁"。观《论语》所载,可考而知也。即上述数事,虽一鳞一爪,而圣人之仁民爱物,亦足以略见其端矣。

子曰:"君子成人之美,不成人之恶[一]。小人反是[二]。"(《论语·颜渊》)

[一]"成"者,诱掖奖劝以成其事也。君子见人行善,则助其成功,而不助人作恶也。[二]小人嫉贤乐祸,而成人

之恶，不成人之美，故曰"反是"。

钱穆先生曰："君子成人之美者，仁也；不成人之恶者，直也。小人不仁、不直，故不足以成人之美，而反成人之恶焉。"（《论语要略》）

孟子曰："以佚道使民，虽劳不怨[一]。以生道杀民，虽死不怨杀者[二]。"（《孟子·尽心上》）

[一]凡有关国之利害、民之存亡，则率之以战戍劳作，民知所以保己也，虽劳而不怨矣。[二]杀此罪人者，其意欲生民也，故虽伏罪而死，不怨杀者。

积善之家，必有馀庆；积不善之家，必有馀殃。臣弑其君，子弑其父，非一朝一夕之故，其所由来者渐矣，由辩之不早辩也。（《周易·坤·文言》）

宋程子曰："天下之事，未有不由积而成。家之所积者善，则福庆及于子孙；所积不善，则灾殃流于后世。"（《周易程朱传义折衷》）

章太炎先生曰："世济其美，则父慈子孝，兄友弟恭，此所谓'馀庆'；世济其恶，则子有弑父者矣，此所谓'馀殃'。"（《菿汉昌言》）

☷《益》之《象》[一]曰："益，损上益下，民说无

疆^[二]。自上下下，其道大光^[三]。"（《周易·下经》）

　　［一］彖（tuàn），吐乱反，断也。断定一卦之义，所以名为"彖"也。［二］居上者能自损益下，则民必说之无疆矣。说，与"悦"通。［三］自上而降己以下下，宜其道之大光显也。

　　䷷《旅》之《象》曰："山上有火，旅。^[一]君子以明慎用刑而不留狱。"（同上）

　　［一］《旅》卦艮下离上，艮为山，离为火。

　　元张氏清子曰："明则无遁情，慎则无滥刑。明慎既尽，断决随之。圣人取象于旅，正恐其留狱也。"（《周易折中》）

　　倬按：《礼记·月令》，谓仲春之月，"命有司省囹圄，去桎梏，（在手曰梏，在足曰桎，皆木械。）毋肆掠"；（肆，任意也。掠［lüè略］音亮，捶治也。）孟夏之月，"断薄刑，决小罪，出轻系"，皆慎刑不留狱之意。

　　帝^[一]曰："皋陶，惟兹臣庶，罔或干予正^[二]。汝作士，明于五刑，以弼五教^[三]。期^[四]于予治，刑期于无刑，民协于中^[五]，时乃功^[六]，懋^[七]哉。"

　　皋陶曰："帝德罔愆^[八]，临下以简^[九]，御众以宽；罚弗及嗣，赏延于世^[一〇]。宥过无大，刑故无小^[一一]；罪疑惟轻，功疑惟重^[一二]；与其杀不辜，宁失不经^[一三]；好生之德，洽于民心，兹用不犯于有司^[一四]。"

帝曰："俾予从欲以治[一五]，四方风动[一六]，惟乃之休[一七]。"（《书经·大禹谟》）

[一]帝舜。[二]罔，无也；干，犯也；正，政也。[三]士，理官；弼，辅也。圣人之治，以德为化民之本，而刑特以辅其所不及而已。[四]期，当也。[五]言其始虽不免于用刑，而实所以期至于无刑之地，故民亦皆能协于中道。[六]是汝之功。[七]懋（mào 冒），勉也。[八]愆（qiān 千），过也。[九]简者，不烦之谓。[一〇]嗣、世皆谓子孙，然嗣亲而世疏。延，远及也。父子罪不相及，而赏则远延于世。[一一]过者，不识而误犯也；故者，知之而故犯也。过误所犯，虽大必宥；不忌故犯，虽小必刑。[一二]罪已定矣，而于法之中，有疑其可重可轻者，则从轻以罚之；功已定矣，而于法之中，有疑其可轻可重者，则从重以赏之。[一三]辜（gū）音孤，罪也；经，常也。谓法可以杀，可以不杀，杀之则恐陷于非罪，不杀又恐失于轻纵，二者皆非圣人至公至平之意；而杀不辜者，尤圣人之所不忍。故与其杀之而害彼之生，宁姑全之而自受失刑之责。[一四]好生之德，入于民心，天下之人，无不爱慕感悦，兴起于善，而自不犯于有司也。[一五]使我从心所欲以治。[一六]教化四达，如风鼓动。[一七]休，美也；言是汝之美也。

宋林氏之奇曰："圣人制刑，非期于刑杀人，凡以辅吾教之不逮而已。出教则入刑，出刑则入教，使民趋教，而刑为无用，是圣人之本心也。皋陶能体此意，使人知契与伯夷之教，而不知有皋陶之刑。此舜之盛德，惟皋陶能推明其意，而见于治功者然也。"（《书经传说汇纂》）

俾按：《书经·康诰》："王（武王）曰：'呜呼封（康叔

之名)！敬明乃罚。人有小罪，非眚（非以过差为之），乃惟终（乃欲终身行之）自作不典（法），式尔（常然）；有厥罪小，乃不可不杀。乃有大罪，非终，乃惟眚哉，适尔（偶然），既道极厥辜（道直也已直窮其罪矣谓推问得实也），时（是）乃不可杀。'足为"宥过无大，刑故无小"二句注脚。

王[一]曰："吁![二]来，有邦有土，告尔祥刑[三]。在今尔安百姓，何择非人[四]？何敬非刑[五]？何度非及[六]？两造具备，师听五辞[七]。五辞简孚，正于五刑[八]。五刑不简，正于五罚[九]。五罚不服，正于五过[一〇]。五过之疵[一一]，惟官、惟反、惟内、惟货、惟来[一二]。其罪惟均，其审克[一三]之！

"五刑之疑有赦[一四]，五罚之疑有赦[一五]，其审克之！简孚有众，惟貌有稽[一六]。无简不听[一七]，具严天威[一八]。墨辟疑赦[一九]，其罚百锾[二〇]，阅实[二一]其罪。劓[二二]辟疑赦，其罚惟倍[二三]，阅实其罪。剕[二四]辟疑赦，其罚倍差[二五]，阅实其罪。宫[二六]辟疑赦，其罚六百锾，阅实其罪。大辟[二七]疑赦，其罚千锾，阅实其罪。墨罚之属[二八]千，劓罚之属千，剕罚之属五百，宫罚之属三百，大辟之罚，其属三百。五刑之属三千[二九]。

"上下比罪[三〇]，无僭乱辞[三一]，勿用不行[三二]，惟察惟法，其审克之[三三]！上刑适轻下服[三四]，下刑适重上服[三五]。轻重诸罚有权[三六]。刑罚世轻世重[三七]，惟齐非齐[三八]，有伦有要[三九]。罚惩非死，人极于病[四〇]。非佞折狱，惟良折狱[四一]，罔非在中[四二]。察辞于差[四三]，非从惟从。哀敬[四四]折狱，明启刑书胥占[四五]，咸庶[四六]中正。其刑其罚，其审克之[四七]。狱成而孚，输而孚[四八]。其刑上备[四九]，有并两刑[五〇]。"

王曰："呜呼！敬之哉！官伯族姓[五一]，朕言多惧。朕敬于刑，有德惟刑[五二]。今天相民，作配在下。明清于单辞[五三]，民之乱[五四]，罔不中听狱之两辞，无或私家[五五]于狱之两辞。狱货非宝，惟府辜功[五六]，报以庶尤[五七]。永畏惟罚[五八]，非天不中，惟人在命[五九]。天罚不极，庶民罔有令政在于天下[六〇]。"（《书经·吕刑》，周穆王告诸侯及大官、大族之言）

[一]周穆王。[二]吁，叹也。[三]有国土诸侯，告汝以善用刑之道。[四]言当择人。[五]敬，矜也。言当矜刑。[六]吴师北江曰："及，宜也，言当度其宜。"[七]两造者，两争者皆至也。《周官》以两造听民讼。"具备"者，词证皆在也。师，斯也。五辞，入于五刑之辞。造（zào 灶），七报反。[八]简，核也；孚，验也；正，要也。五辞简核，信有罪验，则要于五刑也。[九]不简者，辞与刑参差不应，刑之疑者也。罚，赎也。疑于刑，则要于罚也。[一〇]不服者，辞与罚又不相应，罚之疑者也。过，误也；谓听狱者有五等失误。则下文所述之"官反内货来"也。[一一]疵，才斯反，病也。[一二]吴师曰："惟，有也。官读为'逭'，谓出人罪也。反，谓幡异也。内，周内也，谓入人罪也。货，卖也。来本作'求'，求读为'赇'，以财物枉法相谢也。卖

谓听狱者，谢谓讼者。"[一三]吴师曰："克、核同字。"[一四]刑疑有赦，正于五罚也。[一五]罚疑有赦，正于五过也。[一六]貌，讯也。言核验或多，惟讯鞫有以稽合之。[一七]言狱不核验，不论以为罪也。[一八]上帝临汝，不敢有毫发之不尽。[一九]墨，刻颡而涅之，即黥也。辟，婢亦反，刑也。疑赦，言疑则赦从罚也。[二〇]六两曰锾，胡官反。[二一]即"简孚"。简孚、阅实、审克，文异而义同。[二二]劓，鱼器反，割鼻也。[二三]倍，二百锾。[二四]剕，扶沸反，刖足也。[二五]倍而又差，五百锾也。[二六]宫，淫刑也，男子割势，妇女幽闭。[二七]大辟是死刑。[二八]属，类也。[二九]总计之也。[三〇]比，例也。罪无正例，则以上下为比例。[三一]吴师曰："鞫劾之辞，必傅爰书，不得变乱。"[三二]不行者，已废之法，戒勿用之。[三三]吴师曰："察，别也；法，合也。宜别宜合，当审核也。"[三四]事在上刑，而情适轻，则服下刑。[三五]事在下刑，而情适重，则服上刑。[三六]刑有轻重，以诸罚权之。"权"者，进退推移，以求其轻重之宜也。[三七]随世而为轻重，所谓"刑新国，用轻典；刑乱国，用重典；刑平国，用中典"也。[三八]吴师曰："惟，是也；齐，一也。上下有等，是齐也；轻重随宜，非齐也。"[三九]伦，条理也；要，总会也。[四〇]极，忌也。罚锾之惩，虽不至死，然人亦忌畏于病苦也。[四一]佞，利口也。非利口辩给之人可以折狱，惟温良长者能折狱也。[四二]中，平也。折狱之道，无不在于平也。[四三]差谓其差错交互之处。[四四]吴师曰："从，耸也。非有耸惧，若耸惧然，所谓哀矜也。敬即'矜'字。"[四五]启，别也；胥，皆也。明别刑书条例，皆占度之。[四六]庶，冀也。[四七]刑之罚之，又当审克之。〔四八〕成谓定狱。输，更也，谓平反也。孚，信也。〔四九〕上备，即上服也。或曰：言上其断狱之书，当备情节也。〔五〇〕一人而犯两罪，断狱以重条，而轻者并入之。或曰：言罪虽重，亦并两刑而上之也。〔五一〕此呼大官、大族而告之。〔五二〕用刑正所以明德。〔五三〕明清者，明察也。清、靖同字，审也。单辞，无证之辞。〔五四〕乱，治也。〔五五〕私家，私据之也。〔五六〕府，取也；功，事也。狱货非可宝也，但取为辜榷事而已。〔五七〕尤、訧同字，罪也。〔五八〕畏，威也；威之以罚也。〔五九〕中，均也；在，终也。非天之不均，乃人自终其命。〔六〇〕若使天罚不极，则众人无有为善政于天下者矣。

宋吕氏祖谦曰："穆王作书于既耄，阅世故而察物情者亦熟矣。故古今犴狱，言之略尽。用刑者所宜尽心焉。"（《书经传说汇纂》）

吴师北江曰："蔡氏极论赎刑之非义，（《书经集传》）然金作赎刑，自虞舜已然。且观《吕刑》本指，五辞简核，信有罪验，则正之五刑；不应五刑者，则正之于五罚，使出金赎罪；又不应五罚者，则正之于五过，从而赦免之。是其情、罪当者，固无可议；罪当而情有可原者，始议赎罪之罚；情、罪皆可原，则径免之。而五过之疵，又付审核；刑罚之疑，亦付审核。核验或多，以讯为稽，无简不听，则亦慎之至矣。虽意主宽厚，固未尝枉法以贷刑也。"

又曰："'罚惩非死，人极于病'二语，辨释赎刑之旨，可谓明快之至。盖罚锾赎罪，自古至今所不能废；今世新律，以罚锾抵罪者尤多。斯固制刑者之精意也。其刑上备者，盖轻重同犯，以轻罪并入重刑，不复科其轻者；有并两刑者，两罪同等，则但科以一罪，不复责其馀，皆取宽厚之意也。"

又曰："'今天相民，作配在下'，言天赋人权，本不当以刑罪苛虐之也。然既主张赎刑矣，又恐治狱者贪于货财，以故入人罪也，故又明狱货之非宝，以豫防之。'报以庶尤，永畏惟罚'者，犹云此特惩之使畏而已，非天之不爱民也，乃民之不自爱者也。若天罚不极，则庶民罔有令政在于天下者矣。此刑之所以不得已，而必以谓'有德惟刑'者欤？今法学家谓至治之极，当并刑罚而废免之，其义亦同此矣。"（《尚书大义》）

俾按：刑者，天下之惨事也。死者不可复生，断者不可复续，仁人之所痛心者也。然上古盛世，仍不免于刑者，盖有不得已之苦衷在焉。《易经·系辞》曰："小人不耻不仁，不畏不义，不见利不劝，不威不惩。小惩而大诫，此小人之福也。"又曰："小人以小善为无益而弗为也，以小恶为无伤而弗去也，故恶积而不可掩，罪大而不可解。"世不能无小人，即不能无刑罚。《大禹谟》曰："刑期于无刑。"期无刑而先之以刑者，期无刑，仁心也；刑则仁术也。

彼茁者葭[一]，壹发五豝[二]，于嗟乎驺虞[三]！

[一]茁（zhuó）音拙，生出壮盛之貌。葭（jiā）音加，芦也，亦名苇。[二]发，发矢；豝（bā）音巴，牝豕（母猪）也。一发五豝，言一发矢而射五豝兽。五豝惟一发，不忍尽杀也。[三]驺虞（zōuyú邹余），兽名，白虎黑文，不食生物。于（xū）音吁。此记蒐田之时。

彼茁者蓬[一]，一发五豵[二]，于嗟乎驺虞！

[一]蓬，草名。[二]一岁曰豵（zōng），音宗，小豕也。

《驺虞》二章，章三句。（《诗经·召南》）

元刘氏玉汝曰："此诗专咏诸侯之仁。葭貑见其及物，驺虞见其本心。本心之仁，推行有序。亲亲而仁民，仁民而爱物者，序也。由本心之仁推行，已及于物，则其亲亲、仁民，不言可知矣。状仁之全，莫善于此诗。"（《诗缵绪》）

是月[一]也，命乐正入学习舞[二]。乃修祭典，命祀山林川泽，牺牲毋用牝[三]。禁止伐木。毋覆巢，毋杀孩虫、胎、夭、飞鸟[四]，毋麛毋卵[五]。毋聚大众，毋置城郭[六]。掩骼埋胔[七]。（《礼记·月令》）

[一]孟春之月。[二]乐正，乐官之长。入学习舞，教学者以习舞之事。[三]不欲伤其生育。牝（pìn 聘），频忍反。[四]孩虫，虫之稚者；胎，谓在腹中未生者；夭，方生者；飞鸟，初学飞之鸟。[五]麛（mí）音迷，兽子之通称。麛卵皆不得伤残，所以蕃庶物。[六]为妨农事之始也。[七]骨枯曰骼（gé），音格；肉腐曰胔（zì 自），才赐反。

冬，晋荐饥[一]，使乞籴[二]于秦。秦伯[三]谓子桑[四]:"与诸乎?"对曰:"重施而报,君将何求?重施而不报,其民必携[五];携而讨焉,无众必败。"谓百里[六]:"与诸乎?"对曰:"天灾流行,国家代有。救灾恤邻,道也。行道有福。"

丕郑之子豹在秦,请伐晋[七]。秦伯曰:"其君是恶,其民何罪?"秦于是乎输粟于晋,自雍[八]及绛[九]相继,命之曰"泛舟之役"。(《左传·僖公十三年》)

[一]麦禾皆不熟。[二]籴(dí)音狄,买谷也。[三]秦穆公。[四]即公孙枝。[五]携,离也。[六]百里奚。[七]丕郑,晋大夫,为晋所杀。豹请伐晋,欲为父报怨也。[八]雍是秦国都城。[九]绛是晋国都城。

邾文公卜迁于绎[一],史[二]曰:"利于民而不利于君。"邾子曰:"苟利于民,孤[三]之利也。天生民而树[四]之君,以利之也;民既利矣,孤必与焉。"左右曰:"命可长也,君何弗为[五]?"邾子曰:"命在养民[六],死之短长,时也。民苟利矣,迁也,吉莫如之!"遂迁于绎。五月,邾文公卒,君子曰:"知命[七]。"(《左传·文公十三年》)

[一]绎(yì)音亦,邾邑也。[二]邾太史掌龟卜者。[三]礼:凡自称,小国之君曰孤。[四]树,立也。[五]左右之意,谓"不迁,命可长",劝君勿迁。[六]君之命,在于养民。[七]君子谓邾文公知天命之在民,不以死生惑其心,所谓"知命"也。

宋公子鲍[一]礼于国人[二]，宋饥，竭其粟而贷之。年自七十以上，无不馈诒也，时加羞[三]珍异。无日不数[四]于六卿之门，国之材人[五]，无不事也；亲自桓[六]以下，无不恤也。(《左传·文公十六年》)

[一]宋昭公之庶弟。[二]总言接待之也。[三]羞，进也。[四]数(shuò)音朔，不疏也。[五]材人，有贤材者。[六]桓指宋桓公，鲍之曾祖。

郑子展卒，子皮即位。[一]于是郑饥而未及麦，民病[二]。子皮以子展之命[三]，饩国人粟，户一钟[四]，是以得郑国之民。故罕氏常掌国政，以为上卿。宋司城子罕闻之，曰："邻于善，民之望也。"[五]宋亦饥，请于平公[六]，出公粟以贷，使大夫皆贷。司城氏贷而不书[七]，为大夫之无者贷。宋无饥人。叔向闻之，曰："郑之罕[八]，宋之乐[九]，其后亡者也！二者其皆得国[一〇]乎？民之归也。施而不德，乐氏加焉，其以宋升降乎[一一]？"(《左传·襄公二十九年》)

[一]子皮即罕虎，代父为上卿。[二]民病于乏食。[三]在丧，故以父命。[四]饩(xì细)，许气反，犹馈也。六斛四斗曰钟。[五]言邻于善人，民亦望君为善。[六]平公是宋国之君。[七]贷而不书于策。[八]指郑子皮。[九]指宋子罕。[一〇]得掌国政。[一一]随宋盛衰。

君子之恶恶也疾始[一]，善善也乐终[二]。(《公羊传·僖公十七年》)

[一]上"恶"(wù 物)，乌路反，憎也。谓绝其始，则不终于恶。防微止渐之义。[二]谓始有善事，则终身善之。

君子之善善也长，恶恶也短；恶恶止其身[一]，善善及子孙。(《公羊传·昭公二十年》)

[一]不迁怒。

晋士匄帅师侵齐，至穀[一]，闻齐侯[二]卒，乃还。还者何？善辞也。何善尔？大其不伐丧也。此受命乎君而伐齐，则何大乎其不伐丧？大夫以君命出，进退在大夫也。(《公羊传·襄公十九年》)

[一]穀是齐地。[二]齐灵公。

汉何氏休曰："士匄闻齐侯卒，引师而去，恩动孝子之心，服诸侯之君，是后兵寝数年，故善之也。"

卷四 爱

子曰:"道千乘之国[一],敬事而信[二],节用而爱人[三],使民以时[四]。"(《论语·学而》)

[一]道,治也。千乘,诸侯之国,其地可出兵车千乘者也。[二]敬其事而信于民。[三]用指国用;节用者,不奢侈也。人谓人民;爱人者,爱护人民也。[四]使者,令也;时谓农隙之时。言令民服役,当在农隙之时。盖我国是农业国家,不妨害农务,实政府所宜注意者也。

宋杨氏时曰:"上不敬则下慢,不信则下疑。下慢而疑,事不立矣。侈用则伤财,伤财必至于害民。故爱人必先节用。然使之不以其时,则力本者不获自尽,虽有爱人之心,而人不被其泽矣。"(《论语集注》)

万章问曰:"象[一]日以杀舜为事。立为天子,则放之,何也[二]?"孟子曰:"封之也,或曰放焉。"[三]万章曰:"舜流共工于幽州,放驩兜于崇山,杀三苗于三危,殛鲧于羽山,四罪而天下咸服[四],诛不仁也。象至不仁，封之有庳，有庳之人奚罪焉？仁人固如是乎？在他人则诛之，在弟则封之？"曰[五]："仁人之于弟也，不藏怒[六]焉，不宿怨[七]焉，亲爱之而已矣。亲之欲其贵也，爱之欲其富也。封之有庳，富贵之也。身为天子，弟为匹夫，可谓亲爱之乎？""敢问'或曰放'者，何谓也？"[八]曰[九]："象不得有为于其国，天子使吏治其国，而纳其贡税焉，故谓之放。[一〇]岂得暴彼民[一一]哉？虽然，欲常常而见之，故源源而来[一二]，'不及贡，以政接于有庳'[一三]，此之谓也。"(《孟子·万章上》)

[一]象，瞽叟后妻所生之子，舜之异母弟也。[二]万章疑舜放象而不诛。或曰：放，流也。[三]孟子言舜实封之，而或者误以为放也。[四]此五句，《书经·尧典》之文。[五]孟子之言。[六]藏匿其怒。[七]留蓄其怨。[八]万章问"放"之意。[九]孟子答辞。[一〇]象不得自施政教，舜使人代为之治，而纳其所收之贡税于象，有似于放，故或者以为放也。[一一]有庳（bì 必）之民。[一二]来朝觐。[一三]此二句盖古书之辞，谓不待及诸侯朝贡之期，而以政事接见有庳之君。孟子引以证"源源而来"之意，见其亲爱之无已如此也。

宋真氏德秀曰："圣人不以公义废私恩，故不以象之恶，而不与之以富贵；亦不以私恩废公义，故使之不得有为于其国，以暴其民。舜之于象，仁之至、义之尽也。"(《大学衍义》)

唐蔚芝先生曰："父子一体之所分，兄弟亦一体之所分，故休戚相共，不藏怒，不宿怨。仁人对于常人，无不如此。

惟常人则可疏之远之，而兄弟则惟有亲爱之而已矣。亲爱者，至性之所发也。夫兄之对于弟如此，则天下万世之为人弟者，亲爱其兄当何如乎？"（《孟子新读本》）

贤者狎而敬之，畏而爱之[一]。爱而知其恶，憎而知其善。[二]积而能散[三]，安安而能迁[四]。（《礼记·曲礼上》）

[一]言贤者于其所狎能敬之，于其所畏能爱之。狎，习也，近也。[二]于其所爱，能知其恶；于其所憎，能知其善。[三]虽积财而能散施。[四]上安指心，下安指处。言虽安其所安，而能徙义也。

子曰："立爱自亲始[一]，教民睦也[二]；立敬自长始[三]，教民顺也[四]。教以慈睦，而民贵有亲[五]；教以敬长，而民贵用命[六]。孝以事亲，顺以听命，错诸天下，无所不行[七]。"（《礼记·祭义》）

[一]《孔疏》："人君欲立爱于天下，从亲为始，言先爱亲也。"[二]己爱亲则人亦爱亲，是教民睦。[三]欲立敬于天下，从长为始，言先自敬长。[四]己能敬长，民亦敬长，是教民顺。[五]睦则恩慈，故云慈睦；民既慈睦，则贵所有之亲。[六]敬长，则民心和顺，不有悖逆，故贵用在上之教命。[七]言皆行也。

元陈氏澔曰："此言爱、敬二道，为齐家治国平天下之

本。"(《礼记集说》)

古之为政，爱人为大。不能爱人，不能有其身；不能有其身，不能安土；不能安土，不能乐天；不能乐天，不能成其身。(《礼记·哀公问》，孔子告哀公之言)

元吴氏澄曰："爱人者，天下之人与我同一气，故均爱之。有其身，谓吾身所受于天者，能全所付而有之也。能全所付，则随其所处之地而能安，故曰'安土'。能安土，则此身常在天理中，无入而不自得，故曰'乐天'。夫如是尽性践形，全体大用，于身无一亏缺，故曰'成身'。"(《礼记义疏》)

唐蔚芝先生曰："乾坤之所以不息者，爱情相团结，敬心相操持而已。《孝经》曰：'爱亲者，不敢恶于人；敬亲者，不敢慢于人。'孟子曰：'仁者爱人，有礼者敬人。'又曰：'爱人不亲反其仁，……礼人不答反其敬。……其身正而天下归之。'可见为政必本于修身，而修身必始于爱敬。爱与敬为政本。此《大学》忠恕之义，即一贯之道也。治民者其能外于是哉！"(《礼记大义》)

子曰："夫民，教之以德，齐[一]之以礼，则民有格[二]心；教之以政，齐之以刑，则民有遁[三]心。故君民者，子以爱之[四]，则民亲之；信以结之，则民不倍[五]；恭以莅[六]之，则民有孙[七]心。《甫刑》[八]曰：'苗民匪用命，制以刑，惟作五虐之刑曰法。'是以民

有恶德，而遂绝其世也[九]。"（《礼记·缁衣》）

[一]整齐。[二]格，正也。[三]逃遁苟免。[四]谓慈以爱之。[五]倍（bèi 背）音佩，背也。[六]莅音利，临也。[七]孙（xùn）音逊，顺也。[八]《书经·吕刑》。[九]高辛氏之末，诸侯有三苗者作乱，其治民不用政令，专制御之以严刑，乃作五虐蚩尤之刑，以是为法，于是民皆为恶，起倍畔也。三苗由此见灭无后。匪，非也；命，谓政令也。

凡生天地之间者，有血气之属必有知，有知之属莫不知爱其类。今时大鸟兽，则[一]失丧其群匹[二]，越月踰时焉，则必反巡，过其故乡，翔回焉，鸣号焉，蹢躅[三]焉，踟蹰[四]焉，然后乃能去之；小者至于燕雀，犹有啁噍[五]之顷焉，然后乃能去之。故有血气之属者，莫知[六]于人，故人于其亲也，至死不穷。（《礼记·三年问》）

[一]"则"字与"若"字义同。[二]匹，偶也。[三]不行也，蹢（zhí 直），直亦反；躅（zhú 竹），治六反。[四]行不进也。踟（chí）音驰，蹰（chú）音厨。[五]鸟声。啁（zhōu）音周，噍（jiào 叫）音啾。[六]知音智。

倬按：自世风丕变，道德沦亡，至权利冲突时，竟有父子相夷而宣告脱离者；至夫妇、兄弟、朋友间之乖戾悖谬，更不可究诘。今斥任何人为鸟兽，无不艴然而怒；而孰知鸟兽之能爱其类也，呜呼！

卷四 爱

臣闻爱子，教之以义方^[一]，弗纳于邪^[二]。骄奢淫佚^[三]，所自邪也。四者之来，宠禄过也。(《左传·隐公三年》，石碏谏卫庄公语)

[一]义者，事之宜也。义方，谓义之矩度。[二]义不当为而为，谓之邪。[三]骄谓恃己陵物；奢谓夸矜僭上；奢谓嗜欲过度；佚(yi)音逸，谓放恣无艺。

幼子常视毋诳^[一]，童子不衣裘裳^[二]。立必正方，不倾听。(《礼记·曲礼上》)

[一]视与"示"同，常示之以不可欺诳，所以习其诚。曾子儿啼，妻云："儿莫啼，吾当与汝杀豕(猪)。"儿闻辄止。妻后向曾子说之，曾子曰："勿教儿欺。"即杀豕食儿。是不诳也。[二]裘太温，非童子所宜；裳之饰，非童子所便。

宋戴氏溪曰："常示毋诳，所以养其心也；不衣裘裳，所以养其体也。盖不开其情伪之端，以育其正性；不伤其阴阳之和，以长其寿命。此古之成人所以多有德也。立必正方，不倾听，则敬以直内，无倾邪之患矣。"(《礼记义疏》)

子皮欲使尹何为邑^[一]。子产曰："少^[二]，未知可否？"子皮曰："愿^[三]，吾爱之，不吾叛也。使夫^[四]往而学焉，夫亦愈知治矣。"子产曰："不可。人之爱人，求利之也。今吾子爱人则以政[五]，犹未能操刀而使割也，其伤实多[六]。子之爱人，伤之而已，其谁敢求爱于子？子于郑国，栋也；栋折榱崩[七]，侨[八]将厌焉[九]，敢不尽言？子有美锦，不使人学制焉。大官、大邑，身之所庇也，而使学者制焉，其为美锦，不亦多乎[一〇]？侨闻学而后入政，未闻以政学者也。若果行此，必有所害。譬如田猎，射御贯[一一]，则能获禽；若未尝登车射御，则败绩厌覆是惧，何暇思获？"子皮曰："善哉！虎[一二]不敏。吾闻君子务知大者、远者，小人务知小者、近者。我，小人也。衣服附在吾身，我知而慎之；大官、大邑，所以庇身也，我远而慢之。微[一三]子之言，吾不知也。"（《左传·襄公三十一年》）

[一]为邑大夫。[二]尹何年少。[三]愿，谨善也。[四]夫音扶，犹"彼"也。此谓尹何。[五]以政与之。[六]多自伤。[七]榱（cuī 崔），所追反，椽也。栋所以架榱，栋毁折则椽崩坏矣。[八]侨是子产之名。[九]厌（yā 压），于甲反。屋坏则人将覆压，故云。[一〇]言官邑之重，多于美锦。[一一]贯，古患反，习也。[一二]虎是子皮之名。[一三]微，无也。

俾按：《史记·循吏列传》称子产"治郑二十六年而死，丁壮号哭，老人儿啼，曰：'子产去我死乎！民将安归？'"人民之爱戴如此，盖能洞悉治本，爱人以德也。

孔子曰："君子有三戒[一]：少之时，血气未定，戒

之在色[二]；及其壮也，血气方刚，戒之在斗[三]；及其老也，血气既衰，戒之在得[四]。"（《论语·季氏》）

[一]君子之人，自少及老，有三种戒慎之事。[二]血与气，乃人之形体所赖以生存者也。少年血气未定，正是知好色、慕少艾之时，偶一不慎，则陷入情网而不能自拔矣，故戒之在色。此一戒也。[三]《礼记·曲礼》云："三十曰壮。"凡人在三十岁至四十岁时，血气最旺，好胜心亦最盛，故戒之在斗。斗，犹争也，不仅指手搏、械斗而言；意气之争，亦是斗也。此二戒也。[四]得，贪得也。年老之时，血气已衰，常思为子孙谋福利，往往贪财好利，故戒之在得。此三戒也。

宋范氏祖禹曰："圣人同于人者，血气也；异于人者，志气也。血气有时而衰，志气则无时而衰也。少未定，壮而刚，老而衰者，血气也；戒于色，戒于斗，戒于得者，志气也。君子养其志气，故不为血气所动，是以年弥高而德弥卲也。"（《论语集注》）

孔子曰："君子有九思[一]：视思明[二]，听思聪[三]，色思温[四]，貌思恭[五]，言思忠[六]，事思敬[七]，疑思问[八]，忿思难[九]，见得思义[一〇]。"（同上）

[一]君子严于所思，而约之有此九端。[二]明，清明也。视无所蔽，则明无不见。[三]聪，明也，通也。听无所壅，则聪无不闻。[四]色，即面上之颜色。言而色要温和也。[五]貌即容貌。言待人接物，容貌不忘恭敬也。[六]言

是言语；忠者，诚实之谓。谓发言须诚实也。[七]敬，恭也。言行事要恭敬，不可轻忽也。[八]言有疑惑时，常想向有识者问明白也。[九]忿（fèn 愤），怒也。言当忿怒时，想及因忿怒而发生之患难，不肯逞一朝之忿，忘其身以及其亲也。[一〇]言遇可得之利益，则思其得之是否能合于义，而不欲苟得也。

唐蔚芝先生曰："视、听、色、貌、言、事六者，皆当尽其天则。疑问，所以尽其好学之诚；思难、思义，则遏欲之功也。"（《论语新读本》）

倬按：三戒、九思，皆君子自爱、爱人之道也。

孟子曰："舜发于畎亩之中[一]，傅说举于版筑之间[二]，胶鬲举于鱼盐之中[三]，管夷吾举于士[四]，孙叔敖举于海[五]，百里奚举于市[六]。故天将降大任[七]于是人也，必先苦其心志，劳其筋骨，饿其体肤，空乏[八]其身，行拂[九]乱其所为，所以动心忍性，曾益其所不能[一〇]。人恒过[一一]，然后能改。困于心，衡于虑[一二]，而后作[一三]。征于色，发于声[一四]，而后喻[一五]。入则无法家拂士，出则无敌国外患者，国恒亡[一六]。然后知生于忧患而死于安乐也[一七]。"（《孟子·告子下》）

[一]舜即虞舜。一亩之间，广尺、深尺曰"畎"，音甽，今读犬。舜初为农人，耕于历山也。[二]傅说筑傅岩，商王武丁举以为相。版筑者，以两板相夹，而置土其中，以杵击

之。说盖曾为泥水匠也。[三]胶鬲，商之贤人，遭纣之乱，贩卖鱼盐，周文王遇而举之。[四]管夷吾即管仲，为春秋时之大政治家。初助公子纠，与齐桓公争国，失败后，被囚于狱，后桓公举以为相国。士，即狱官也。[五]孙叔敖耕于海滨，楚庄王举之，以为令尹。[六]百里奚知虞将亡，去而适秦，秦穆公举以为相。而战国时，则有百里奚自鬻于秦，为人养牛之传说。孟子虽深斥之，然此曰"举于市"；庄子亦言"百里奚饭牛而牛肥"，则养牛自是实事也。[七]大任，使之任大事也。[八]空，穷也。行而无资曰乏。[九]拂，逆也。[一〇]唐蔚芝先生曰："能动能忍，而后能增益其所不能；否则，不能者终于不能而已。"动，惊也；忍，耐也。曾，与"增"同。[一一]恒，常也。言常自觉其过失也。[一二]二句悔自内出。衡，与"横"同，犹塞也。[一三]作，奋起也。[一四]二句罪自外至。征，验也。言声色俱厉也。[一五]喻，与"谕"同，晓也。[一六]入，谓国内也。法家，法度大臣。拂同"弼"，拂士，辅弼之士。出，谓国外也。言内无正直之臣辅佐，外无敌国可忧，则凡庸之君，骄慢荒怠，国常以此亡也。[一七]明王氏樵《四书绍闻编》云："今人多以忧患为逆境，安乐为顺境。不知生人乃在忧患，死人乃在安乐。盖忧患逆其情欲，而存其戒慎之心，此所以生也；安乐顺其情欲，而滋其怠肆之意，此所以死也。"倬按：忧患而不乾乾惕厉，则其虑不远，未必能生；安乐而不懈怠放肆，则其志不荒，仍可不死。惟稍有志气者，忧患多知自奋；非识量远大者，安乐鲜不怠肆。孟子之言，洵警世之良箴也。

清罗氏泽南曰："凡人当富贵时，其欲易遂，人亦皆顺其意。所以于世事之艰难险阻，多有不知。惟当困苦时，行事皆不如意，险阻艰难，尝之殆尽，是以于人情世故，无不备悉其曲折。大凡人之真情，晏安之时易汩，急迫之时常发。心有所不忍为之事，境遇迫之以必为，则恻隐之心，不禁油然以生；心有所不能受之事，境遇驱之以必受，则羞恶之心，不禁愧然以动。耳目口体之欲，亦气禀之性所不能无者，命实不犹，只得忍耐。他如躁暴难制，到几经顿挫，气自能平。由是而动心，则本然之良日充；由是而忍性，则物欲之私日窒。前日之所不能，今则增益其所不能，可以当大任而不难矣。'贫贱忧戚，玉汝于成'，岂虚语哉！"（《孟子新读本》引）

唐蔚芝先生曰："此章教训国民，最为有益。吾国国民精神，所以因循而不能振作者，皆由于依赖之劣性。依赖则不能自立；不能自立，则欺诈诳骗，靡所不为。故人道以自立为最要。天降大任，特孟子之借词，在人之自任耳。苦其心志、劳其筋骨等，乃人生必须经验之事。若人而不能苦，不能劳，不能饿，直废物耳。故坚苦卓绝，为人道中第一格。"（《人格》）

倬按：孟子所引六人，当其微时，舜为农夫，傅说为工匠，胶鬲为商人，管夷吾为囚犯，孙叔敖为海滨之民，而百里奚有为奴之说。囚与奴无论矣，即农、工、商与海滨之民，亦流俗之所轻视者也，及其受大任、成大业，卒流芳百世。可见有志气者，决不为恶劣环境所屈伏，而能奋发以自造环境。此即圣贤豪杰之所以超越常人也。至"劳其筋骨，饿其体肤"二句，实与西哲所云"伟大之事业，寓于健全之身体"暗合。谁谓古昔圣贤不注意体育哉！

孟子曰："养心莫善于寡欲[一]。其为人也寡欲，虽有不存焉者寡矣；其为人也多欲，虽有存焉者寡矣[二]。"（《孟子·尽心下》）

[一]欲，如口、鼻、耳、目、四支之欲，与"慾"同，谓嗜欲也。[二]不存与存，均指本心而言。嗜欲寡，则外物不能诱之，故本心存而不放；嗜欲多，则心为外物所诱，故本心存者少矣。

宋王氏应麟曰："'养心莫善于寡欲'，注（赵注）云：'欲，利也。'虽非本指，'廉者招福，浊者速祸'，亦名言也。道家者流，谓'丹经万卷，不如守一'；愚谓不如孟子之七字。不养其心，而言养生，所谓'舍尔灵龟，观我朵颐'也。"（《困学纪闻》）

唐蔚芝先生曰："养心，积极之事也；寡欲，消极之事也。未有不寡欲而能养心者也。存者何？存理义之心也。圣贤亦不能无欲，惟于念虑未发之先，庄敬以清明之；念虑已发之后，察识以辨别之。合于理者存之，不合于理者去之，则夫理义之心，虽有不存焉者寡矣。人之嗜欲，以声色货利为大端，而货利之为害尤烈。专利而不厌，计较日益精，机变日益巧，于是其心刻；久之，而其心邪；又久之，而其本心愈斲愈丧，虽有存焉者寡矣。"（《孟子新读本》）

倬按：《庄子·大宗师篇》云："其耆欲深者，其天机浅。"《宋史·皇甫坦传》：召问以长生久视之术，坦曰："先禁诸欲，勿令放逸。"足征道家之修养术，亦以寡欲为先务也。

☲ 《益》之《象》曰:"风雷益[一]。君子以见善则迁,有过则改。"(《周易·下经》)

[一]《益》卦震下巽上,巽为风,震为雷。

元胡氏炳文曰:"雷与风自有相益之势。速于迁善,则过当益寡;决于改过,则善当益纯。是迁善、改过,又自有相益之功也。"(《周易折中》)

蔽芾甘棠[一],勿翦勿伐[二],召伯[三]所茇[四]。

[一]蔽芾,小貌;或曰:盛貌。甘棠,杜梨也。芾(fèi)音废。[二]翦,翦其枝叶;伐,伐其条榦。[三]召(shào绍)伯姓姬,名奭,食采于召,后封于燕。[四]茇(bá巴),蒲曷反,草舍也。

蔽芾甘棠,勿翦勿败[一],召伯所憩[二]。

[一]败,折也。[二]憩(qì)音器,息也。

蔽芾甘棠,勿翦勿拜[一],召伯所说[二]。

[一]拜(bá)之言"拔"也;或曰:拜,屈也。[二]说音税,舍也。

《甘棠》三章，章三句。(《诗经·召南》

宋朱子曰："召伯循行南国，以布文王之政，或舍甘棠之下。其后人思其德，故爱其树而不忍伤也。"(《诗经集传》)

元刘氏玉汝曰："甘棠所以蔽芾者，以人爱之故也。屡称'蔽芾'，数戒以'勿'，辞意愈至。则不特爱之于今日者愈深，而爱之于后来者，尤未见其已也，讽咏之自可见。"(《诗缵绪》)

是月[一]也，日长至[二]，阴阳争[三]，死生分[四]。君子齐戒[五]，处必掩身，毋躁，止声色，毋或进，薄滋味，毋致和，节耆[六]欲，定心气。(《礼记·月令》)

[一]仲夏之月。[二]至，犹极也。夏至日长之极。[三]阴气始起于下，盛阳强盖其上，故争。[四]物之感阳气而方长者生，感阴气而已成者死，此死生分判之际也。[五]湛然纯一之谓齐，肃然警惕之谓戒。齐(zhāi)音斋。[六]耆(shì)音嗜。

元陈氏澔曰："斋戒以定其心，掩蔽以防其身；毋或轻躁于举动，毋或御进于声色；薄其调和之滋味，节其诸事之爱欲：凡以定心气而备阴疾也。"(《礼记集说》)

晋公子重耳之及于难也，晋人伐诸蒲城[一]。蒲城人欲战，重耳不可，曰："保君父之命而享其生禄[二]，于是乎得人。有人而校[三]，罪莫大焉。吾其奔也[四]。"遂奔狄[五]。从者狐偃、赵衰、颠颉、魏武子、司空季子[六]。

狄人伐廧咎如[七]，获其二女叔隗、季隗，纳诸公子。公子取季隗，生伯儵、叔刘[八]；以叔隗妻赵衰，生盾。将适[九]齐，谓季隗曰："待我二十五年不来而后嫁。"对曰："我二十五年矣，又如是而嫁，则就木[一〇]焉。请待子。"处狄十二年而行[一一]。

过卫，卫文公[一二]不礼焉。出于五鹿[一三]，乞食于野人，野人与之块[一四]。公子怒，欲鞭之。子犯曰："天赐也。"稽首受而载之[一五]。

及齐[一六]，齐桓公妻之，有马二十乘[一七]。公子安之，从者以为不可。将行，谋于桑下。蚕妾在其上[一八]，以告姜氏。姜氏杀之[一九]，而谓公子曰："子有四方之志，其闻之者，吾杀之矣。"公子曰："无之。"姜曰："行也。怀与安，实败名[二〇]。"公子不可。姜与子犯谋，醉而遣之。醒，以戈逐子犯[二一]。

及曹，曹共公[二二]闻其骈胁[二三]，欲观其裸[二四]。浴，薄而观之[二五]。僖负羁[二六]之妻曰："吾观晋公子之从者，皆足以相国。若以相，夫子[二七]必反其国；反其国，必得志于诸侯。得志于诸侯，而诛无礼，曹其首也[二八]。子盍蚤自贰焉[二九]？"乃馈盘飧，寘璧焉[三〇]。公子受飧反璧。

及宋，宋襄公[三一]赠之以马二十乘。

及郑，郑文公[三二]亦不礼焉。叔詹[三三]谏曰："臣闻天之所启，人弗及也。晋公子有三焉，天其或者将建诸[三四]，君其礼焉。男女同姓，其生不蕃。晋公子，姬出也，而至于今[三五]，一也。离外之患，而天不靖晋国，殆将启之[三六]，二也。有三士[三七]，足以上人，而从之，三也。晋、郑同侪[三八]，其过[三九]子弟，固将礼焉，况天之所启乎？"弗听。

及楚，楚子飨之[四〇]，曰："公子若反晋国，则何以报不穀？"[四一]对曰："子女玉帛，则君有之；羽毛齿革，则君地生焉。其波及晋国者，君之馀也。其何以报君？"曰："虽然，何以报我？"对曰："若以君之灵[四二]，得反晋国，晋、楚治兵，遇于中原，其辟君三舍[四三]。若不获命[四四]，其左执鞭弭，右属櫜鞬，以与君周旋[四五]。"子玉请杀之[四六]，楚子曰："晋公子广而俭，文而有礼[四七]。其从者肃而宽，忠而能力[四八]。晋侯无亲，外内恶之[四九]。吾闻姬姓，唐叔之后，其后衰者也。其将由晋公子乎[五〇]？天将兴之，谁能废之？违天必有大咎。"乃送诸秦[五一]。

秦伯[五二]纳女五人，怀嬴[五三]与焉。奉匜沃盥[五四]，既而挥之。怒曰："秦、晋匹也，何以卑我[五五]！"公子惧，降服而囚[五六]。

他日，公享之，子犯曰："吾不如衰之文也，请使衰从。"公子赋《河水》[五七]，公赋《六月》[五八]，赵衰曰："重耳拜赐。"公子降拜稽首，公降一级而辞[五九]

焉。衰曰："君称所以佐天子者命重耳，重耳敢不拜。"[六〇]

二十四年春王正月[六一]，秦伯纳之，不书，不告入也[六二]。及河[六三]，子犯以璧授公子，曰："臣负羁绁从君巡于天下，臣之罪甚多矣。臣犹知之，而况君乎？请由此亡。"公子曰："所不与舅氏同心者，有如白水。"投其璧于河[六四]。济河，围令狐[六五]，入桑泉[六六]，取白衰[六七]。二月甲午，晋师军于庐柳[六八]。秦伯使公子絷如晋师[六九]，师退，军于郇[七〇]。辛丑，狐偃及秦、晋之大夫盟于郇。壬寅，公子入于晋师[七一]。丙午，入于曲沃[七二]；丁未，朝于武宫[七三]。戊申，使杀怀公于高梁[七四]。不书，亦不告也。（《左传·僖公二十三年、二十四年》）

[一]晋公子重耳，即晋文公。其父献公以宠妾骊姬之潛，杀太子申生，重耳奔蒲，献公使寺人披伐之。事在僖公五年。[二]保，犹"恃"也；享，受也。生禄，养生之禄邑。[三]校谓"计较"，引申为争取胜负之义。[四]重耳踰垣而走，寺人披斩其袪。[五]狄，中国古代种族名，多散处北方。倬按《史记·十二诸侯年表》，晋献公二十二年，重耳奔狄；二十五年，伐狄，以重耳故。足征献公惑于骊姬，欲得重耳而甘心焉。重耳不奔中原各国，而独奔狄，盖知晋国强大，惧引渡也。[六]五人皆晋臣，而从重耳而奔者。狐偃字子犯，重耳之舅也。重耳归国称霸，偃之谋为多。赵衰字子馀。魏武子，即魏犨，"武子"，其谥也，与颠颉并以材武称。司空季子，即胥臣白季，因官司空，故有此称。衰

（cuī）音崔，颉（xié）音叶。[七]廧咎如，狄之别种，姓隗。廧（qiáng）音墙，咎（gāo）音高。[八]季隗生二子，长曰伯，次曰叔刘。隗（wěi 韦），五罪反；儵（chóu）音筹。[九]适，往也。[一〇]就木，谓入棺死也。[一一]重耳于鲁僖公五年奔狄，至是晋惠公欲使狄人杀之，故行。时僖公十六年也。[一二]卫文公，姓姬名燬，性俭约，《左传》称其"大布之衣，大帛之冠"，为卫国中兴之主。[一三]五鹿，卫地名。[一四]块，土块也。[一五]晋杜氏预注："得土为有国之祥，故以为天赐。"稽首，叩头也。重耳稽首谢天，受土块而载于车。倬按：子犯，真政治家也。"天赐"一语，妙用无穷；其尤显著者：坚重耳之志，一也；固从者之心，二也；（《国语·晋语》：子犯曰："天赐也。民以土服，又何求焉？天事必象，十有二年，必获此土。二三子志之！"）解野人之困，三也。夫以久处北狄之人，甫入中原，即受重大之侮辱，固人情之所难堪也。在忧愤交煎之际，忽得斯言，困难立解，子犯可谓智矣。而重耳一闻此语，即见风转舵，稽首受而载之，其机警亦不可及哉！[一六]金松岑先生曰："《史记·十二诸侯年表》：'重耳闻管仲死，去翟之齐。'则重耳之不早至齐，盖亦以管仲为一世之雄，恐不能容己故也。"[一七]四马为乘；二十乘，八十匹。[一八]蚕妾，养蚕之婢妾，适采桑于其上。[一九]姜氏为重耳之妻。时齐桓公已卒，姜氏恐孝公怒其去，故杀妾以灭口。[二〇]怀，眷恋也。谓恋其所爱，安其所居，实足以败坏功名。[二一]杜注："无去志，故怒。"[二二]曹共公，姓姬名襄。共音恭。[二三]骈胁，腋下肋骨相连如一骨也。[二四]裸，赤体也。以非裸不可见其骈胁也。[二五]薄（bó 博）音卜，迫也。曹共公伺重耳裸体而浴，乃迫近而观之。或曰：薄，帘也。［二六］僖负羁，曹大夫。羁（jī）音基。［二七］夫子，指重耳。［二八］言曹将先受讨伐。僖公二十八年，晋果伐曹。［二九］自贰，自别异于曹也。谓僖负羁何不及早自别异于曹。蚤与"早"通。［三〇］人臣无境外之交，故置璧飧中，不欲令人见也。熟食曰飧（sūn），音孙。［三一］宋襄公，姓子、名慈父，春秋五霸之一。［三二］郑文公，姓姬、名捷。［三三］叔詹，郑大夫，与堵叔、师叔同执郑政，有贤声。［三四］言重耳有三种特点，天意或欲建立之也。［三五］重耳为大戎狐姬所生。大戎乃周武王之子、唐叔之子孙，别居于狄者。周为姬姓，故曰"姬出"。其父母同姓结婚，宜不蕃盛矣，而重耳得生存于今日。［三六］启，开也。谓重耳遭骊姬之难，出奔在外，而天不安靖晋国，使多祸乱，是欲开导重耳、使之复国也。［三七］三士，指狐偃、赵衰、贾佗。《正义》引《晋语》："宋公孙固言于襄公曰：'晋公子好善不厌，父事狐偃，师事赵衰，而长事贾佗。此三人者，实左右之。公子居则下之，动则咨焉。'"［三八］杜注："侪，等也。"松岑先生曰："周之东迁，晋、郑焉依，故云。"［三九］过，谓经过也。［四〇］楚子指楚成王。大饮宾曰飨（xiǎng），音享。［四一］穀，善也。不穀谓不善，古时诸侯自称之谦辞。倬按：楚子此问，盖欲以探重耳之志也。［四二］灵，威灵也。［四三］辟同"避"。三十里为一舍；三舍，九十里也。言晋兵当退九十里而避楚兵，所以报君之德也。［四四］若退避三舍之后，而楚犹不止兵，是不得命也。［四五］杜注："弭，弓末无缘者。"属，著也。周旋，相追逐也。弭（mǐ）音敉，属（zhú）音烛。櫜（gāo）音高，藏箭之器；鞬（jiān兼）音健，藏弓之器。倬按：重耳答辞，磊落之极。大丈夫宁为玉碎，不为瓦全，在稠人广众之中，决无向人屈伏之理。况楚为野心国家，若稍懦怯，即为挟制矣，安能于得国之后，与之争雄长乎？重耳迭遭颠沛，卒成霸业，其气概自有过人之处也。［四六］子玉，楚臣。畏重耳志大，故请杀之。［四七］晋公子，指重耳。广大者易至于僭侈，而公子能修之以俭；文华者易至于傲慢，而公子能约之以礼。［四八］能敬者多失于严急，而晋公子之从者则肃敬而能宽容；忠实者未必有能力，而晋公子之从者则忠实而有能力。［四九］晋侯，指晋惠公，重耳之弟。其国外之诸侯，国内之臣民，皆厌恶之。［五〇］唐叔名虞，周武王之子。其兄，成王封之于唐，是晋之祖先。言吾闻姬姓之中，唐叔之后裔衰败在他国之后，其将由重耳而中兴乎？［五一］倬按：楚子送重耳至秦，盖恐子玉杀之，而违天获咎也。［五二］秦伯即秦穆公，姓嬴、名任好，娶重耳之姊，为春秋五霸之一。［五三］怀嬴是晋怀公在秦时所娶之妇。［五四］奉同"捧"。匜（yí）音移，盛水器也。沃，浇水也；盥（guàn）音灌，洗手也。言怀嬴捧匜盛水，为重耳浇水洗手也。［五五］挥与"麾"通。言重耳洗手后，麾之使去。怀嬴怒其卑视，故有"秦晋匹也，何以卑我"之言。［五六］杜注："去上服，自拘囚以谢之。"倬按：重耳欲依秦国，不得不尔也。［五七］《河水》，逸诗。义取河水朝宗于海，海喻秦。［五八］《六月》，见《诗经·小雅》，道尹吉甫佐周宣王征伐，喻公子还晋，必能匡王国。［五九］辞，答谢也，下阶一级而答谢。［六〇］《六月》之诗，首章言匡王国，次章言佐天子，故赵衰言：秦伯以此望重耳，重耳敢不拜谢秦伯之厚赐乎？［六一］王正月，周襄王之正月。孔子因鲁史作《春秋》，故以鲁纪年；而仍书"王正月"，示周之正朔犹行于天下也。［六二］谓《春秋》不书秦纳重耳于晋，因秦、晋未来告。来告，告鲁国也。此为左氏释《春秋》书法之辞。[六三]将欲渡河。[六四]羁，马络头也；绁，马缰也。负羁绁从君巡于天下，言从君奔走天下也。指河水为誓，犹《诗》言"谓予不信，有如皦日"之意。松岑先生曰："狡兔死，走狗烹；高鸟尽，良弓藏，史事不数见，况晋文之雄主乎？子犯乃先发制人，白水一誓，胜于丹书铁券之赐也。"倬按：重耳虽有雄才大志，然公子气仍未去也，观其安于齐而不欲行，其怀与安亦可睹矣。子犯以甥舅之亲，深知其性情，目击其行为，预防得国之后，安富尊荣，或竟无所作为，遂不惜于渡河之前，要其设誓，俾重耳之功业得以成就，己之才猷亦获展布，用心亦良苦矣。昔贤诋其奸诈，殊非笃论；谓为自全之计，或亦浅之乎视子犯矣！[六五]令狐，晋地，在今山西猗氏县。[六六]桑泉，在今山西解县西。[六七]臼衰，在解县东南。[六八]晋师，晋怀公之军队。军于庐柳，欲以拒重耳也。庐柳在今猗氏县境。[六九]公子絷，秦大夫。如，往也。言秦穆公使公子絷往晋怀公之军队中也。[七〇]郇，今解县西北之郇城。郇（xún）音荀。[七一]倬按：盟音萌，誓约也。子犯与秦、晋之大夫相誓约，而重耳乃得安然入晋师矣。[七二]曲沃，今山西闻喜县。[七三]武宫，重耳祖晋武公之庙。[七四]怀公，惠公之子，继惠公为晋君。高梁，今山西临汾县高子□□*。

唐蔚芝先生曰："读此文，应玩其困心横虑、征色发声之处；且征建大事业者，必出于忧患之中，可增志气十倍。"（《国文经纬贯通大义》）

---

* 此处原著漫漶不清，具体待考。

卷四 爱

倬按：重耳之成功，主要之原因有三：自爱，一也；爱人，二也；为人所爱，三也。在流亡之时，虽备尝艰险，仍不失英雄之志，是自爱也。以叔隗妻赵衰，投璧誓水以留狐偃，是爱人也。至于为人所爱，从亡之人无论矣；季隗愿待，姜氏请行，是其妻爱之也；离晋甚久，归国极顺，是国人爱之也；齐桓公、宋襄公、楚子、秦伯均加优遇，是异国之君爱之也；僖负羁馈飧置璧，叔詹谏郑文公礼之，是异国之臣爱之也。惟能自爱、爱人，故能受人爱戴。功侔齐桓，非偶然也！又按常人之情，得志则趾高气扬而骄人，失意则垂头丧气而自卑。不知处顺境时，附我者固众，忌我者亦多，必不可骄人以贾将来之祸；在逆境时，人既不敬我爱我，必自尊自爱，乃能维持现在之地位。试思重耳乞食之时，其困苦何如？其自尊自爱又何如？愿风尘中之志士，善则效之。

卷五　信

子贡问政[一]。子曰："足食足兵，民信之矣。"[二]子贡曰："必不得已而去，于斯三者何先？"[三]曰："去兵。"[四]子贡曰："必不得已而去，于斯二者何先？"[五]曰："去食。自古皆有死，民无信不立。"[六]（《论语·颜渊》）

[一]端木赐字子贡，问为政之道。[二]孔子答以足食、足兵、民信之矣，三者为政治之纲要。食即粮食；兵兼指士卒、军器言之；民信之者，使人民信仰政府也。[三]又问至必不得已时，三者之中，须去其一，则宜以何者为先。[四]孔子答以去兵。[五]再问至必不得已时，二者之中，仍须去一，则宜以何者为先。[六]孔子答以去食，又告之以自古皆有死，民无信不立。民无食必死，然死者人之所必不免；无信，则虽生而无以自立，不若死之为安。故宁死而不失信于民，使民亦宁死而不失信于我也。

明李氏颙曰："兵、食固为政先图，而固结人心，尤经济要务。盖民心乃国脉所系，国所恃以立者也。必平日深得民心，上下相信，斯有事民咸急公，不忍离贰，未乱可保不乱，既乱可保复治。否则人心一失，馀何足恃？隋洛口仓，唐琼林库，财货充盈，米积如山，而且战将林立，甲骑云屯，不免国亡家破者，人心不属故也。善为政者，尚念之哉！"（《四书反身录》）

唐蔚芝先生曰："天下所以难治者，在于民不知有信。'自古皆有死，民无信不立'，圣人之言，和易以缓，未有若斯之斩截者也。于字义'人言为信'，无信而无以为言，无信而无以为人也。民无信不立，无信而不能立国，无信而不能立于天地之间也。"（《论语新读本》）

江希张先生曰："世界之大，民族之多，无论何时何地，人类如欲相处相安，全恃忠信。西谚曰：'忠信是最好的方针。'西哲康德曾举例以明之，他说：'今有人欲苟免急难，而漫作伪诺，果有利乎？盖目前之急，未必可以伪诺免；而一旦失信于人，其所遗之后患，当更甚于今日之所求免者。'然则何若守道以行事，养成不伪习惯之为愈耶？且试问我今所行之伪，若普遍应用，我能甘心否？盖此而普遍，则世间当不复有可信赖之事，行见他人以我之道，还诸我之身耳，夫必自败无疑也。孔子说'民无信不立'，因为无信则不能相安，不相安则自相疑忌残杀，而天下乱矣。"（《四书新编》）

子夏曰："君子信而后劳其民；未信，则以为厉己也[一]；信而后谏；未信，则以为谤己也[二]。"（《论语·子张》）

[一] 君子，谓在位之人；信，谓诚意恻怛而人信之也；厉，犹"病"也。言在上位者，当先示信于民，然后劳役其

民，则民忘其苦；若民未信己，而遽劳役之，则民以为病己而奉其私矣。[二]对于国君，必先使其信己，而后可以谏君之失；若未信己，而遽称其过失以谏诤之，则君必以为毁谤，而反招祸患矣。

明鹿氏善继曰："劳与谏本不可少，然两事在民与君却难受，故不可骤用。信就平日言，除劳外，尚有应先布之恩泽；除谏外，尚有应先尽之职业，此是用力处；到得既信，而劳不为厉，谏不为谤，是得力处。"（《论语述义》引）

子曰："君子进德修业。忠信，所以进德也；修辞立其诚，所以居业也。"（《周易·乾文言》）

清钱氏澄之曰："一念不肯自欺，则用力真实，是进德之事。一言不肯自欺，则言行合一，是居业之事。"（《周易费氏学》引）

马一浮先生曰："诚者，真实无妄之理。业即是行；居者，止其所而不迁之谓。言君子修治其言辞，与实理相应。此理确立，然后日用之间，不更走作也。"（《复性书院讲录》）

《大有》之六五[一]："厥孚交如[二]，威如吉[三]。"《象》曰："'厥孚交如'，信以发志也[四]。'威如之吉'，易而无备也[五]。"（《周易·上经》）

[一]六为阴爻，五谓自下而上第五爻。[二]厥，其也；

孚，信也。居尊以柔，处大以中，无私于物，上下应之，故其孚交如也。[三]居上之道，太柔则废，当以威济之则吉。[四]一人之信，足以发上下之志也。[五]太柔则人将易之，而无畏备之心。

明蔡氏清曰："上下交孚，推厥本原，则由上发其孚。"（《周易费氏学》引）

清丁氏寿昌曰："六五为《大有》之主。上下五阳应之，不独九二也。故《象传》曰：'柔得尊位大中，而上下应之'，即指此爻。"（《读易会通》）

《习坎》[一]之《象》曰："习坎，重险也[二]。水流而不盈，行险而不失其信[三]。'维心亨'，乃以刚中也。'行有尚'，往有功也[四]。天险不可升也，地险山川丘陵也。王公设险以守其国。险之时用大矣哉[五]！"（同上）

[一]坎是险陷之名。习者，便习之义。险难之事，非经便习，不可以行；须便习于坎，事乃得用，故云"习坎"。[二]上下皆坎，两险相重也。[三]坎水，流水也。昼夜常流，流则不盈，故曰"水流而不盈"。水之流迂回曲折，不知更历几险，而终至于海，"行险而不失其信"者也。[四]以刚中之道而行，则可以济险难而亨通；以刚中之才而往，则有功，故可嘉尚。[五]用险之时，其用甚大，故赞其"大矣哉"。

清彭氏申甫曰："险难之际，心不亨则先自乱；非往有尚，则坐困而已。孚而心亨，内卦之阳象也，制心之学也；往有尚，外卦之阳象也，制事之用也。心为处事之本，有孚又为心亨之本。"（《周易费氏学》引）

倬按：履常处顺而有言必信，中人亦能为之，然实践者已不多见；行险而不失其信，非有心亨之德者不能也，其可贵为何如哉！

☳《丰》之六二："丰其蔀，日中见斗[一]。往得疑疾[二]，有孚发若，吉[三]。"《象》曰："有孚发若，信以发志也[四]。"（《周易·下经》）

[一]丰，大也。蔀（bù）音部，障蔽也。斗，星之明者，昏时乃见。大其障蔽，故日中而见斗。[二]二虽至明中正之才，所遇乃柔暗之主，既不能下己以求，若往求之，则反得疑猜忌疾。[三]惟积其诚意以感发之，则吉。[四]以己之孚信，感发主之心志。

☱《兑》之九二："孚兑，吉，悔亡[一]。"《象》曰："孚兑之吉，信志也。"（同上）

[一]二承比阴柔。阴柔，小人也，说之则当有悔。但二有刚中之德，孚信内充，虽比小人，自守不失，故吉而悔亡。

马师（通伯）曰："孚积于中，刚阳不变，则人信其志，而失位之悔亡。说之大，能顺天应人，必以孚为本。孟子曰：'反身而诚，乐莫大焉。'孚之谓也。民不信其志，而能忘劳忘死，(《兑》之《象》曰："说以先民，民忘其劳；说以犯难，民忘其死。")未之有也。是故二之'孚兑'，兑之本也。"(《周易费氏学》)

☴《中孚》之《象》曰："中孚，柔在内而刚得中[一]，说而巽，孚乃化邦也[二]。'豚鱼吉'，信及豚鱼也[三]。'利涉大川'，乘木舟虚也[四]。中孚以利贞，乃应乎天也[五]。"(同上)

[一]二柔在内，中虚为诚之象；二刚得中，中实为孚之象。[二]上巽下说，为上至诚以顺巽于下，下有孚以说从其上。如是，其孚乃能化于邦国也。说(yuè)音悦。[三]信能及于豚与鱼，信道至矣，所以吉也。[四]用中孚以涉难，若乘木舟虚也。舟虚则无沉覆之患矣。[五]诚者，天道也；诚之者，人道也。中孚所谓诚之者，尽人以合天，故曰"乃应乎天"。

子言之："归乎[一]！君子隐而显[二]，不矜[三]而庄，不厉[四]而威，不言而信[五]。"(《礼记·表记》)

[一]孔子身在他国，不被任用，故称"归乎"。[二]君子身虽幽隐，而道德潜通，声名显著，故曰"隐而显"。[三]矜，自尊大也。[四]厉谓颜色严厉。[五]不须出言，而人体信。

子曰："君子不失足于人，不失色于人，不失口于人。是故君子貌足畏也，色足惮也，言足信也[一]。《甫刑》[二]曰：'敬忌而罔有择言在躬[三]。'"（同上）

[一]君子谨独，不待矜而庄，故不失足于人而貌足畏；不待厉而威，故不失色于人而色足惮；不待言而信，故不失口于人而言足信。[二]《甫刑》，即《吕刑》，《书经》篇名。[三]忌之言"戒"也。言已外敬而心戒慎，无有可择之言加于身也。

子曰："口惠而实不至，怨菑[一]及其身，是故君子与其有诺责也，宁有已怨[二]。《国风》[三]曰：'言笑晏晏，信誓旦旦。不思其反，反是不思，亦已焉哉[四]！'"（同上）

[一]菑（zāi）音灾。[二]已（yǐ）音以，谓不许也。言诺而不与，其怨大于不许。[三]《诗经·卫风·氓篇》。[四]晏晏，和柔也；旦旦，明也。始焉不思其反覆，今之反覆，是始者不思之过也，今则无如之何矣，故曰"亦已焉哉"。

宋吕氏大临曰："有求而不许，始虽咈人之意，而终不害乎信，故其怨小。诺人而不践，始虽不咈人意，而终害乎信，故其责大。"（《礼记集说》）

子曰："君子不以色亲人。情疏而貌亲，在小人则穿窬之盗[一]也与？"

子曰："情欲信[二]，辞欲巧[三]。"（同上）

[一]穿垣墉而为之盗也。穿音川；窬（yú余），羊朱反。[二]即《大学》"意诚"之谓。[三]巧当作"考"，即《曲礼》"则古昔，称先王"之谓。

吕氏大临曰："穿窬之盗，欺人之不见以为不义而已。'色亲人'者，巧言令色足恭，无诚心以将之，情疏貌亲，主于为利，亦欺人之不见也。"（《礼记集说》）

子曰："言从而行之，则言不可饰也[一]；行从而言之，则行不可饰也[二]。故君子寡言而行，以成其信[三]，则民不得大其美而小其恶[四]。"（《礼记·缁衣》）

[一]从，顺也，谓顺于理也。言顺于理而行之，则言为可用，而非文饰之言。[二]行顺于理而言之，则行为可称，而非文饰之行。[三]寡言而行，即"讷于言而敏于行"之意。以成其信，谓言行皆不妄也。[四]大其美者，所以要誉；小其恶者，所以饰非。君子寡言以示教，故民不得如此。

冬，晋侯[一]围原，命三日之粮。原不降，命去之。谍[二]出，曰："原将降矣。"军吏曰："请待之。"公[三]曰："信，国之宝也，民之所庇也，得原失信，何以庇

之？所亡滋多[四]。"退一舍[五]而原降。(《左传·僖公二十五年》)

[一]晋文公。[二]谍（dié）音牒，间也，即今之侦探。[三]公即文公。[四]民无信不立，故以信庇其身。我命三日降原，复少待之，是得一原而失信于我师。无信何以庇民？得原所得少，失信所失多。[五]三十里为一舍。

"唯器[一]与名[二]，不可以假人，君之所司[三]也。名以出信[四]，信以守器[五]，器以藏礼[六]，礼以行义[七]，义以生利[八]，利以平[九]民，政之大节也。若以假人，与人政也。政亡，则国家从之，弗可止[一〇]也已。"(《左传·成公二年》，仲尼语)

[一]器是车服。[二]名是爵号。[三]司，主也。[四]名位不愆，为民所信。[五]动不失信，则车服可保。[六]车服所以表尊卑。[七]尊卑有礼，各得其宜。[八]得其宜则利生。[九]平，成也。[一〇]救止。

武[一]将信以为本，循而行之。譬如农夫，是穮[二]是蔉[三]，虽有饥馑，必有丰年[四]。(《左传·昭公元年》，晋赵文子语)

[一]赵武。[二]穮（biāo 标），彼骄反，耘也。[三]蔉（gǔn 衮），古本反，壅苗为蔉。[四]言耕鉏（chú 锄）不以水旱息，必获丰年之收；以喻守信者，有所屈必有所伸。

卷五 信

君子之言，信而有征，故怨远于其身。(《左传·昭公八年》，晋叔向语)

冬，公[一]会齐侯[二]，盟于柯[三]。何以不日[四]？易也[五]。其易奈何？桓[六]之盟不日，其会不致，信之也。其不日何以始乎此？庄公将会乎桓，曹子[七]进曰："君之意何如？"庄公曰："寡人之生，则不若死矣。"曹子曰："然则君请当其君，臣请当其臣。"庄公曰："诺。"于是会乎桓。庄公升坛[八]，曹子手剑而从之。管子[九]进曰："君[一〇]何求乎？"曹子曰："城坏压竟[一一]，君不图[一二]与？"管子曰："然则君将何求？"曹子曰："愿请汶阳之田。"管子顾曰："君许诺。"[一三]桓公曰："诺。"曹子请盟，桓公下[一四]，与之盟。已盟，曹子摽[一五]剑而去之。要盟可犯[一六]，而桓公不欺；曹子可仇，而桓公不怨。桓公之信著乎天下，自柯之盟始焉。(《公羊传·庄公十三年》)

[一]鲁庄公。[二]齐桓公。[三]柯为齐地。[四]不书盟日。[五]易，和悦也。相亲信、无后患之辞。[六]齐桓公。[七]曹刿。《史记》作曹沫。[八]土基三尺，土阶三等，曰坛。会必有坛者，为升降揖让。称先君以相接，所以长其敬。[九]管仲。[一〇]君谓庄公。[一一]谓齐数侵鲁，致令城坏，抑压鲁境。[一二]君谓桓公。图，计也。[一三]管子

告桓公许曹子之请。[一四]下坛。[一五]摽（biāo 标）音飘，辟也。[一六]强见要胁而盟尔，故云"可犯"。

《春秋》之义，信以传信，疑以传疑。（《穀梁传·桓公五年》）

人之所以为人者，言也；人而不能言，何以为人？言之所以为言者，信也[一]；言而不信，何以为言？信之所以为信者，道也；信而不道，何以为信？道之贵者时，其行势也[二]。（《穀梁传·僖公二十二年》）

[一]信，从人言，《说文》以为会意字。[二]道有时，事有势。何贵于道？贵合于时；何贵于时？贵顺于势。

诚者，自成也[一]，而道自道也[二]。诚者，物之终始，不诚无物[三]。是故君子诚之为贵。诚者，非自成己而已也，所以成物也。成己，仁也[四]；成物，知也[五]。性之德也[六]，合外内之道也[七]，故时措之宜也[八]。（《中庸》）

[一]诚者，自己完成人格之要件，故曰"自成"。[二]道者，自己当行之道路，故曰"自道"。"道也"之"道"音导。[三]诚能贯澈物之终始。一有不诚，则物为之虚。如耳、目，物也；若心逐于妄，则视不见、听不闻，与无耳目

同，故曰"不诚无物"。[四]以诚成己，则仁道立。[五]以诚成物，物亦助我，是知也。知，与"智"同。[六]言诚者，是人仁、义、礼、智、信五性之德。[七]己，内也；物，外也。成己、成物，无内外之殊。[八]措，用也。时措之宜，谓当乎义、协乎礼，用以成己、成物皆宜也。

张新吾先生曰："人而有诚，靡不成就；人而无诚，则毕生无成绩可言。如居家而有诚，则家以齐；处世而有诚，则受人欢迎；为事业家而有诚，则事业隆盛；为学而有诚，则学业成就；为教育家而有诚，则人才辈出；为将帅而有诚，则兵强而无敌；为政治家而有诚，则国治而身荣。旨哉！'诚者物之终始'之谓乎？反之，居家而不诚，则家无以齐；处世而不诚，则无以与人交游；为事业家而不诚，则无以成其事业；为学而不诚，则无以成其学业；为教育家而不诚，则无以作育人才；为将帅而不诚，则兵将不戢而自焚；为政治家而不诚，则国乱而无以治。甚矣！'不诚无物'之谓乎？"（《学庸新义》）

子曰："由，诲女！知之乎[一]？知之为知之，不知为不知，是知也[二]。"（《论语·为政》）

[一]由是子路之名。孔子欲诲子路，故先呼其名也。诲，教也。言我教女之言，女知之否耶？[二]所知者则以为知，所不知者则以为不知；如此，则虽或不能尽知，而无自欺之蔽，亦不害其为知矣。女音汝。是知也之"知"，音智。

子曰:"片言可以折狱者,其由也与[一]?"(《论语·颜渊》)

[一]《集注》:"片言,半言。折,断也。"子路忠信明决,故言出而人信服之,不待其辞之毕也。姚师仲实曰:"片言,犹'一言'也。片言折狱,如今人所谓'一讯而服'耳。"

子路无宿诺[一]。(同上)

[一]宿,留也。急于践言,不留其诺也。

卷六　义

生财有大道，生之者众，食之者寡，为之者疾，用之者舒，则财恒足矣[一]。仁者以财发身，不仁者以身发财[二]。未有上好仁而下不好义者也，未有好义其事不终者也，未有府库财非其财者也[三]。孟献子[四]曰："畜马乘，不察于鸡豚；伐冰之家，不畜牛羊[五]；百乘之家，不畜聚敛之臣。与其有聚敛之臣，宁有盗臣[六]。"此谓国不以利为利，以义为利也。长国家而务财用者，必自小人矣[七]。彼为善之[八]，小人之使为国家，菑害并至[九]。虽有善者，亦无如之何矣[一〇]。此谓国不以利为利，以义为利也。(《大学》)

[一]吕氏大临曰："国无游民，则生者众；朝无幸位，则食者寡。不夺农时，则为之疾；量入为出，则用之舒。生产之人多，坐食之人少，产物迅速，消耗缓慢，则财常充足矣。"[二]发，起也。仁者散财以得民，使身安国泰，是"以财发身"也。不仁者，敛财以结怨，致身遭祸殃，是"以身发财"也。[三]上好仁以爱其下，则下好义以忠其上，所以事必有终，而府库之财无不正当消耗之患也。[四]鲁之

贤大夫，仲孙氏，名蔑。[五]畜马乘，士初试为大夫者；伐冰之家，卿大夫以上丧祭用冰者；鸡豚牛羊，民之畜养以为财利者也。不察不畜，以己食禄，不与民争利也。[六]百乘之家，有采地者也。聚敛之臣，指善于搜刮百姓者；盗臣，指盗窃公家财物者。国家利义不利财，盗臣损财而已，聚敛之臣乃损义。故宁有盗臣，而不畜聚敛之臣。[七]长国家，言为人君长于国家者，即一国之领袖也。自，由也；言由小人导之也。[八]彼，指用小人者。善之，谓利为有益，善其说而行之也。[九]小人之使为国家，犹云"为国家而惟小人是用"。菑（zāi灾）害，谓天菑人害。[一〇]言虽有贤人君子，亦无以善其后也。

孟子见梁惠王[一]，王曰："叟[二]不远千里而来，亦将有以利吾国乎[三]？"孟子对曰："王何必曰利？亦有仁义而已矣[四]。王曰：'何以利吾国？'大夫曰：'何以利吾家？'士庶人曰：'何以利吾身？'上下交征[五]利，而国危矣。万乘之国，弑其君者，必千乘之家[六]；千乘之国，弑其君者，必百乘之家[七]。万取千焉，千取百焉，不为不多矣[八]。苟为后义而先利，不夺不餍[九]。未有仁而遗其亲者也[一〇]，未有义而后其君者也[一一]。王亦曰：仁义而已矣，何必曰利。"（《孟子·梁惠王上》）

[一]孟子，姓孟名轲，邹人。受业子思之门人，后世称为"亚圣"，谓亚于孔子也。梁惠王，即魏侯䓨，都大梁，僭称王，谥曰"惠"。《史记·魏世家》：惠王三十五年，卑

礼厚币，以招贤者，而孟轲至梁。［二］叟，老人之尊称。［三］王所谓利，盖富国强兵之术。［四］仁者，心之德，爱之理；义者，心之制，事之宜也。此二句乃一章之大指。［五］征，取也。上取乎下，下取乎上，故曰"交征"。［六］乘，兵车也。万乘之国者，天子畿内地方千里，出车万乘；千乘之家者，天子之公卿采地方百里，出车千乘也。弑（shì）音试，下杀上也。［七］千乘之国，诸侯之国；百乘之家，诸侯之大夫也。［八］言臣之于君，每十分而取其一分，亦已多矣。［九］餍（yàn）音厌，足也。若以义为后而以利为先，则不弑其君而尽夺之，其心未肯以为足也。［一〇］遗，犹"弃"也。仁者必爱其亲，决无遗弃之事。［一一］后，不急也。义者必急其君，即无篡弑之事。

宋王氏应麟曰："楚瓦（楚令尹囊瓦）好贿郢城危，晋盈（当作晋寅，谓晋之荀寅也）求货霸业衰，秦赂谗牧（李牧）迁（赵王迁）为虏，汉金间增（范增）垓败羽（项羽），利之覆邦，可畏哉！《大学》之末，七篇（《孟子》）之始，所以正人心、塞乱原也。"（《困学纪闻》）

明吕氏留良曰："惟义乃利，天下更莫有利于义者。然如此说，则讲义仍是讲利，好义原为好利，其为人心之害反深矣。然义之为利，理本如是，又不可不明。故圣贤必先说利之害义，与怀义之必当去利；然后转出义本自利，更不须讲利，其理乃圆满无弊。如孟子之仁义不遗亲、后君，与此传之以义为利收结是也。"（《四书讲义》）

江叔海先生曰："《易·文言》曰：'利者，义之和也。'利与元、亨、贞并称四德。《周语》言义必及利，是皆以义为利，非以利为利也。《史记·孟子荀卿列传》，太史公曰：

'余读《孟子》书，至梁惠王问何以利吾国，未尝不废书而叹也，曰：嗟乎！利诚乱之始也。孔子罕言利者，常防其原也。故曰放于利而行多怨，自天子至于庶人，好利之弊，何以异哉！'王节信《潜夫论》亦曰：'自古于今，上以天子，下至庶人，蔑有好利而不亡、好义而不彰者。'其儆戒后世，可谓深切著明矣。奈何孳孳为利、罔知廉耻者，终不绝迹于天下也？"（《孔学发微》）

唐蔚芝先生曰："《大学》一书，以辨义利终；《孟子》一书，以辨义利始。《大学》曰：'未有上好仁而下不好义者也，未有好义其事不终者也。'孟子曰：'未有仁而遗其亲者也，未有义而后其君者也。'遥遥相印证。盖学说如此，师法如此也。"（《大学新读本》）

倬按：自权利之说沸腾于国中，狡谲之徒，更有所藉口，以自便私图。于是权利之争夺，层出不穷，而世事愈乱矣。不知西人虽力争应得之权利，然不忘其应尽之义务，故仍能维持其富强之局势。若徒知争权利，而不肯尽义务，其祸患将有不忍言者。斯不特昌言以义为利之先哲所痛心，抑亦为主张权利、义务相当之西人所齿冷矣。

子曰："非其鬼而祭之，谄也[一]。见义不为，无勇也[二]。"（《论语·为政》）

[一]人死称鬼。非其鬼而祭之，言非其所当祭之鬼而祭之也。谄，求媚也。[二]言见所当为而不为，是无勇气也。

宜懋庸先生曰："非鬼而祭，意在邀福，卒之福不得邀，徒形于谄。未见义而不为，无足怪也；见而不为，一由于畏难，一由于避祸。畏难不过庸碌者流，避祸则贤者不免。夫遇祸而在所当避，避之可也；如不当避而避之，则畏葸退缩，是无勇矣。岂知邀福者未必得福，避祸者未必免祸，小人枉为小人哉！"（《论语稽》）

曹元弼先生曰："君子之于义，欲之有甚于生；其于不义，恶之有甚于死。志之所至，气必至焉。见危授命，临大节而不可夺，孔父、仇牧，义形于色，勇之至也。若明见义之当为，而隐忍苟活，蒙耻求全，所谓'不成丈夫'，无勇甚矣。"（《圣学挽狂录》）

子曰："君子之于天下也[一]，无适也[二]，无莫也[三]，义之与比[四]。"（《论语·里仁》）

[一]谓君子于天下之人与天下之事也。[二]适（dí 嫡），丁历反，专主也。[三]莫，不肯也。[四]比（bǐ）音畀，从也。义之与比，犹云"惟义是从"耳。

宋谢氏良佐曰："适，可也；莫，不可也。无可无不可，苟无道以主之，不几于猖狂自恣乎？圣人之学不然，于无可无不可之间，有义存焉。"（《论语集注》）

章太炎先生曰："《诗·卫风》'谁适为容'，《传》：'适，主也。'《小雅》'圣人莫之'，《传》：'莫，谋也。'君子治天下，不建己，故无主；不用智，故无谋。动静不离于理，是曰'义之与比'。其后慎到闻其说，曹参施诸政。"（《广论语骈枝》）

子曰："君子喻于义[一]，小人喻于利[二]。"（同上）

[一]经传言"君子"有二义：一谓有才德者，一指有地位者。此谓有才德者也。喻犹"晓"也。义者，天理之所宜。[二]经传言"小人"亦有二义：一谓微贱之人，一谓无德之人。此谓无德之人也。利者，人情之所欲。

宋陆氏九渊曰："学者于此，当辨其志。人之所喻，由其所习，所习由其所志。志乎义，则所习者必在于义；所习在义，斯喻于义矣。志乎利，则所习者必在于利；所习在利，斯喻于利矣。故学者之志，不可不辨也。"（《陆象山先生全集》）

冯友兰先生曰："论者多谓孔子论治国之道，既庶矣，富之；既富矣，教之。（《论语·子路》）孟子所说王政，亦注重人民生活之经济方面。故儒家非不言利。不知儒家不言利，乃谓各事只问其当否，不必问其结果，非不言有利于民生日用之事。此乃儒家之非功利主义，与墨家之功利主义相反对。"（《中国哲学史》）

子曰："德之不修[一]，学之不讲[二]，闻义不能徙[三]，不善不能改[四]，是吾忧也[五]。"（《论语·述而》）

[一]德是道德。修，治也。言道德不修治也。[二]讲，习也。言学问不讲习也。[三]黄氏式三曰："闻义不徙，拒所闻而自是，惮于徙而苟安也。"徙，迁也。[四]黄氏曰："不改不善，意有所畏忌，有所牵恋也。"[五]孔子自谓常以此四者为忧。

宋尹氏焞曰："德必修而后成，学必讲而后明，见善能徙，改过不吝。此四者，日新之要也。"（《论语集注》）

子路问成人[一]。子曰："若臧武仲之知，公绰之不欲，卞庄子之勇，冉求之艺，文之以礼乐，亦可以为成人矣。"[二]曰[三]："今之成人者何必然[四]？见利思义，见危授命，久要不忘平生之言，亦可以为成人矣[五]。"（《论语·宪问》）

[一]成人犹言"全人"。子路问孔子：有何种德行，乃可谓之全人也。[二]臧武仲，即鲁大夫臧孙纥。知同智。公绰，即鲁大夫孟公绰。不欲，不贪也。卞庄子，鲁卞邑大夫，力能刺虎。冉求，为孔子弟子。艺，才艺也。言兼此四子之长，则知足以穷理，廉足以养心，勇足以力行，艺足以泛应；而又节之以礼，和之以乐，使德成于内，而文见乎外，则材全德备，而其为人也亦成矣。[三]复加"曰"字，孔子既答子路之问而复言也。或谓是子路之言。[四]言今之成人，不必能完备如此。[五]见利思义者，言义然后取，临财不苟得也；见危授命者，言危难之际，不惜其生命也。久要，旧约也。平生，犹言"平时"。久要不忘平生之言，谓平时约言，久而不忘也。有是三者，亦可以为成人之次矣。

章太炎先生曰："以今日通行之语言之，所谓'成人'，即人格完善之意。"（《国学商兑》）

子曰："君子义以为质[一]，礼以行之[二]，孙以出

之[三]，信以成之[四]。君子哉[五]！"（《论语·卫灵公》）

[一]义者，制事之本，故以为质榦。[二]言依礼而行之也。[三]礼尚辞让、去争夺，故孙以出之。孙通作"逊"，谦逊也。[四]成之必在诚实。[五]能此四者，可谓君子哉。

子路曰："君子尚勇[一]乎？"子曰："君子义以为上[二]。君子有勇而无义为乱，小人有勇而无义为盗[三]。"（《论语·阳货》）

[一]勇猛。[二]君子以义勇为上。[三]君子谓在上者，小人指平民而言。在上之人，有权有势，故有勇而无义，则为乱逆；平民无权无势，故有勇而无义，则为盗贼。

君子之仕也，行其义也。道之不行，已知之矣。（《论语·微子》）

宋朱子曰："子路述夫子之意如此。"（《论语集注》）
冯友兰先生曰："'道之不行，已知之矣'，而犹席不暇暖，以求行道。所以石门晨门谓孔子为'知其不可而为之者'也。（《论语·宪问》）董仲舒谓'正其谊不谋其利，明其道不计其功'。'君子之仕也，行其义也'，即正其谊、明其道也。至于道之果行与否，则结果也，利也功也，不必谋不必计矣。"（《中国哲学史》）

孟子曰:"鱼我所欲也,熊掌亦我所欲也;二者不可得兼,舍鱼而取熊掌者也[一]。生亦我所欲也,义亦我所欲也;二者不可得兼,舍生而取义者也。生亦我所欲,所欲有甚于生者,故不为苟得也[二];死亦我所恶,所恶有甚于死者,故患有所不辟也[三]。如使人之所欲莫甚于生,则凡可以得生者,何不用也?使人之所恶莫甚于死者,则凡可以辟患者,何不为也[四]?由是则生而有不用也,由是则可以辟患而有不为也[五],是故所欲有甚于生者,所恶有甚于死者。非独贤者有是心也,人皆有之,贤者能勿丧耳[六]。一箪食[七],一豆[八]羹,得之则生,弗得则死,嘑尔而与之,行道之人弗受[九];蹴尔而与之,乞人不屑也[一〇]。万钟则不辨礼义而受之,万钟于我何加焉[一一]?为宫室之美、妻妾之奉[一二]、所识穷乏者得我与[一三]?乡[一四]为身死而不受,今为宫室之美为之;乡为身死而不受,今为妻妾之奉为之;乡为身死而不受,今为所识穷乏者得我而为之,是亦不可以已乎?此之谓失其本心[一五]。"
(《孟子·告子上》)

[一]熊掌即熊蹯,珍异之食品。舍同"捨",弃也。鱼与熊掌皆美味,而熊掌尤美。[二]生谓生命。有甚于生者,谓义也。不为苟得,不苟得生也。[三]恶,厌恨也。有甚于死者,谓不义也。辟与"避"同,下同。患有所不避,言虽死亦所不避也。[四]设使人无良心,而但有利害之私情,则凡可以偷生免死者,皆将不顾礼义而为之矣。[五]由其必有之良心,是以能舍生取义,不肯苟生,不求苟免。[六]言人

人皆有此心，不过贤者能勿丧失而已。[七]箪（dān）音丹，是竹器。食（sì）音嗣。[八]豆为木器。[九]嘑尔犹"呼尔"，咄啐之貌。行道之人，路中凡人也。以嘑尔为贱己，故不受。嘑（hū 呼），呼故反。[一〇]蹴（cù），子六反，蹋也，以足蹴之。乞人即乞丐。以蹴尔为不洁，亦不屑受也。[一一]六斗四升为釜，十釜为钟。万钟，厚禄也。辨，别也。加，犹"益"也。言万钟之厚禄，则世人往往不辨礼义而受之，其禄虽厚，于我身无所增益。[一二]奉，养也。[一三]得与"德"通。所识穷乏者，受我之惠，以我为德也。与，今作"欤"。[一四]乡，与"向"通，犹言"前时"，下同。[一五]羞恶之心。

朱子曰："此章言羞恶之心，人所固有，或能决死生于危迫之际，而不免计丰约于宴安之时。是以君子不可顷刻而不省察于斯焉。"（《孟子集注》）

唐蔚芝先生曰："义、利者，天理、人欲之界，亦即人、禽之界也。人之生，其性浑然，四德皆备。泊乎嗜欲锢蔽，于是利心日甚；利心甚而本心日亡矣。而究其所以亡之之繇，则不外乎妄取。有一物焉，可以取，可以无取；取之而世之人以为无伤也，我之心遂亦以为无伤也；久之而不可取者亦将取之，而羞恶之良心于是悉泯矣。尝见世之优于才而富于学者，未尝不矫然自负；一旦利欲熏心，名誉扫地，甚至为乡里所不齿。此其渐皆起于妄取。吁，可痛也！可惧也！"（《孟子新读本》）

孟子曰："欲贵者，人之同心也[一]。人人有贵于己[二]者，弗思耳。人之所贵者，非良贵也[三]。赵孟之所贵，赵孟能贱之[四]。《诗》[五]云：'既醉以酒，既饱[六]以德。'言饱乎仁义也，所以不愿人之膏粱[七]之味也。令闻[八]广誉施于身，所以不愿人之文绣[九]也。"（同上）

[一]人同有欲贵之心。[二]谓天爵。[三]人以爵位加己而后贵，即世俗之贵。良贵，首贵也，犹云"第一最贵"耳。言世俗之贵，不是第一等贵也。[四]赵盾，字孟，为晋卿。其子孙皆称赵孟，为晋国有权势之贵族。其能以爵禄与人而使之贵者，则亦能夺之而使之贱矣。[五]《诗经·大雅·既醉篇》。[六]饱，充足也。[七]膏，肥肉；粱，美谷。[八]令闻，善誉，即美名也。[九]文绣，衣之美者。

孟子谓宋句践[一]曰："子好游[二]乎？吾语子游。人知之亦嚣嚣[三]，人不知亦嚣嚣。"曰："何如斯可以嚣嚣矣？"曰："尊德乐义，则可以嚣嚣矣[四]。故士穷不失义[五]，达不离道[六]。穷不失义，故士得己焉[七]；达不离道，故民不失望焉[八]。古之人得志，泽加于民；不得志，修身见于世[九]。穷则独善其身，达则兼善天下。"（《孟子·尽心上》）

[一]宋姓，句践名。句音钩。[二]游说诸侯。[三]嚣嚣（xiāo 萧），自得无欲之貌。[四]德谓所得之善，尊之，则有以自重，而不慕乎人爵之荣；义谓所守之正，乐之，则有以自安，而不殉乎外物之诱。能尊德乐义，则可以嚣嚣矣。

乐（luò）音洛。[五]士虽贫穷，不为不义而苟得。[六]显达之后，亦不离弃平素遵守之道德。[七]得己，言不失己也，即云"不失自己之身份"也。[八]民不失望，言人民素望其福利国家，今果如所望也。[九]得志，则德泽加于人民；不得志，则自修其身，使名实显著，以自见于世。见音现。

唐蔚芝先生曰："'穷不失义，达不离道'八字，吾人所当遵守。穷与达，与吾性分无关也，吾惟知有道义而已。失义离道，不得谓士。或者曰：'处穷难于处达。'此说不然。达所不离之道，即穷所不失之义也。不失义，其体也；不离道，其用也，无二致也。夫士人处穷困之境，失其所守者固多；然一入仕途，名利引诱之，谗诌面谀之人蒙蔽之，其能不离道者，千百中无一二矣。此百姓之所以憔悴，而世界之所以多乱也。"（《孟子新读本》）

倬按：世人当穷困时，往往多所干求，而不免失其身分，是不认识自己也。至显达之后，往往傲视一切，不免以富贵骄其亲友，是不认识故人也。惟有志之士，能穷不失义，决无不认识自己之时；达不离道，决无不认识故人之事，而其要则在于修养也。

《困》之《彖》曰："'困'，刚揜[一]也。险以说[二]，困而不失其所[三]，亨，其唯君子乎？'贞大人吉'，以刚中也。'有言不信'，尚口乃穷也。"（《周易·下经》）

[一]《困》卦坎下兑上，中爻离、巽。坎阳既陷于阴，

又居巽、离、兑三阴之下，故独为刚揜。揜（yǎn 掩），于检反。[二]说音悦。[三]所，如"艮止其所"之"所"。不愧不怍，泰然不失其常处也。

宋程子曰："卦所以为'困'，以刚为柔所揜蔽，君子之道困窒之时也。下险而上说，为处险而能说，虽在困穷艰险之中，乐天安义，自得其悦乐也。时虽困，处不失义，则其道自亨。能如是者，其唯君子乎？困而能贞，大人所以吉也。盖其以刚中之道也，当困而言，人所不信；欲以口免困，乃所以致穷也。"（《易程传》）

马师（通伯）曰："'不失其所'，而后能亨能贞。困而亨，君子也。若夫贞斡天下，非有位之大人不能。亨、贞分属大人、君子，故曰'困德之辩'也。"（《周易费氏学》）

倬按：《史记·游侠列传》，太史公曰："昔者虞舜窘于井廪，伊尹负于鼎俎，傅说匿于傅险，吕尚困于棘津，夷吾桎梏，百里饭牛，仲尼畏匡，菜色陈蔡，此皆学士所谓有道仁人也，犹然遭此灾，况以中材而涉乱世之末流乎？其遇害何可胜道哉！予每读书至此，未尝不感慨而叹曰：'自古圣贤豪杰，当未遇时，殆未有不遭受困厄者；惟处困而能亨、能贞，所以为圣贤、为豪杰。若穷困失志，或悲伤夭绝，适足以为世所笑耳，乌足道哉！'"

孟子曰："人皆有所不忍，达之于其所忍，仁也[一]；人皆有所不为[二]，达之于其所为，义也。人能充[三]无欲害人之心，而仁不可胜用也；人能充无穿踰[四]之心，而义不可胜用也；人能充无受尔汝之实，无所住而不为义也[五]。士未可以言而言，是以言餂[六]之也；可以言而不言，是以不言餂之也，是皆穿踰之类也[七]。"（《孟子·尽心下》）

[一]人皆有所恻隐而不忍，如能推所不忍于其所忍者，仁人也；以其所爱及其所不爱，仁之为道如是也。[二]即下"穿踰"之类。[三]充，满也，有扩大之意。[四]穿，穿穴；踰，踰墙。皆为盗之事。[五]尔汝，人所轻贱之称。人虽或有所贪昧隐忍而甘受之者，然其中心必有惭忿而不肯受之之实。人能即此而推之，使其充满，无所亏缺，则无往而非义矣。[六]餂（tiǎn）音忝，探取之也。[七]此以言餂、不以言餂，是以儇巧刺取人意，心术隐伏，以窃取人情，与窃人之物无异。

钱穆先生曰："孟子言'为'，又言'充'。充者，即为之方也。孟子明举尧舜，以为人类最高之标准，使吾人有所企向，而尽力以为之。而为之之方，则反而求之于己，又明举恻隐、羞恶之心，人人之所具有者。即本此推广，以为所以达其标准之道。故'为'者，为此人人之所可能；'充'者，充此人人之所固有也。凡欲明孟子性善之真义者，亦在乎有为与能充而已，此外则无他道也。"（《孟子研究》）

君子敬以直内，义以方外，敬义立而德不孤。（《周易·坤·文言》）

宋程子曰："君子主敬以直其内，守义以方其外。敬立而内直，义形而外方。义形于外，非在外也。敬义既立，其

德盛矣，不期大而大矣，德不孤也。"(《周易本义》)

☲《贲》之初九[一]："贲其趾，舍车而徒[二]。"《象》曰："'舍车而徒'，义弗乘也。"(《周易·上经》)

[一]贲(bì 必)，彼伪反，饰也。九为阳爻；初者，六爻中之最下一爻也。[二]刚德明体，自贲于下，为舍非道之车，而安于徒步之象。

魏王氏弼曰："在《贲》之始，以刚处下，居于无位，弃于不义。安夫徒步，以从其志者也。"(《周易注疏》)

宋程子曰："君子守节处义，其行不苟。义或不当，则舍车舆而宁徒行。众人之所羞，而君子以为贲也。"(《易程传》)

倬按：《否》之《象》曰："天地不交，否。君子以俭德辟难，不可荣以禄。"当小人道长之时，君子欲自守其节，必须先有俭德，而后能不为富贵所惑。舍车舆而宁徒步，能徒步也；惟能徒步，故义之所不可者，宁舍车舆而勿乘也。

天地之大德曰生，圣人之大宝曰位。何以守位曰人[一]，何以聚人曰财。理财[二]正辞[三]、禁民为非曰义。(《周易·系辞下传》)

[一]人，字或作"仁"。[二]治理其财。[三]正定号令之辞。

宋苏氏轼曰："人之所同好者生也，所同贵者位也，所同欲者财也。天下之大情,尽于此矣。此三者常相为用:生者人之本也,无财则无以生,无位则无以养生而理财。作《易》者盖知此矣。既言三者,而参之以仁、义,其旨盖有在矣。"(《大学衍义补》引)

倬按:同一言也,言之者地位不同,听之者意趣有异;同一事也,为之者地位不同,施行时顺逆亦殊,此位之所以可宝也。然无人以守之,则未有能永保而不失者,此守位之所以恃人也。衣食住行,为人生之要素,而皆有赖于货财,此聚人之所以需财也。人人有欲富之心,而货财不足以满人之欲,若无义以正之禁之,则争夺之祸将层出不穷,而国家必至于大乱,此所以尤贵有义也。圣人能洞悉政治、人情之本原,故其言深切简要如此。

父慈子孝,兄良弟弟[一],夫义妇听,长惠幼顺,君仁臣忠,十者谓之人义。(《礼记·礼运》)

[一]下"弟"音悌。

宋陈氏祥道曰:"父慈子孝,兄良弟悌,夫义妇听,闺门之义;长惠幼顺,乡党之义;君仁臣忠,朝廷之义。"(《礼记义疏》)

倬按:父慈子孝,言父宜慈其子,子当孝其父,双方兼顾,非有所偏私;但教子之孝,而不言父应慈也。兄良弟弟,长惠幼顺,君仁臣忠,义亦相同。至夫义妇听,似重夫轻妇矣。然细味之,则夫而义,妇自可听之;非不计夫之义不义,而强妇以必听也。吾读此而知先哲立言之公,且能体察人情也。

卷六 义

子云："君子不尽利以遗民[一]。《诗》[二]云：'彼有遗秉，此有不敛穧，伊寡妇之利。'[三]故君子仕则不稼[四]，田则不渔[五]，食时不力珍[六]。大夫不坐羊，士不坐犬[七]。《诗》[八]云：'采葑采菲，无以下体[九]，德音莫违，及尔同死[一〇]。'以此坊[一一]民，民犹忘义而争利以亡其身。"（《礼记·坊记》）

[一]言君子不尽竭其利，当以馀利遗与民也。[二]《诗经·小雅·大田篇》。[三]秉，禾之束为把者；穧，铺而未束者。言彼处有遗馀之秉把，此处有不收敛之铺穧，寡妇不能耕者，即拾取之以为利。穧（jì）音剂。"伊"为语辞。[四]禄足以代耕。[五]有禽兽，不必再取鱼鳖。[六]食时，言食四时之膳。不力珍者，不更用力务求珍羞也。[七]坐羊、坐犬，杀食而坐其皮也。[八]《诗经·邶风·谷风篇》。[九]葑（fēng封），芳容反，蔓青菜也。菲亦菜名。诗之意，与此所引之意不同。此谓采葑菲者，但当采取其叶，不可并采其下体之根茎。[一〇]言盛德之声远播，无有违之者，则人皆知亲其上、死其长矣。[一一]坊，与"防"同。

儒有委之以货财，淹之以乐好[一]，见利不亏[二]其义；劫[三]之以众，沮[四]之以兵，见死不更其守；鸷虫攫搏不程勇者[五]，引重鼎不程其力[六]；往者不悔，来者不豫[七]；过言不再[八]，流言不极[九]；不断其

威[一〇]，不习其谋[一一]，其特立有如此者。(《礼记·儒行》)

[一]淹谓浸渍之。乐（yào 要），五孝反。好（hào 号），呼报反。[二]亏，毁也。[三]劫，胁。[四]沮谓恐怖之。[五]鸷（zhì 至）虫，猛鸟兽也。以脚取谓之攫，以翼击谓之搏。程，犹"量"也；不程勇者，当作"不程其勇"。此言鸷猛之鸟兽，当攫搏之，不程量其勇而后往，以况儒者勇足以犯难而无所顾也。攫（jué 绝），俱缚反。[六]重鼎，大鼎也。引重鼎不程其力，以况儒者材足以任事而有所胜也。[七]往者不悔，非有所吝而不改，为其动则当理，而未尝至于悔也；来者不豫，非有所忽而不防，为其机智足以应变，而不必豫防也。[八]过言出于己之失，知过则改，故"不再"。[九]流言出于人之毁，礼义不替，故"不极"。极，犹"终"也。言不终为所毁。[一〇]断，绝也。言其威容不可得而挫折。[一一]言其谋必可成，不待尝试，而后见于用。

唐孔氏颖达曰："此明特立不群之事，人或以货财委之，以爱乐玩好浸渍之，儒者虽见此利，不亏损己之义事，苟且而爱也；人或胁之以军众，沮之以兵刃，儒者虽见劫见沮以致于死，终不改其所志之志，而苟从之以免死也。"(《礼记注疏》)

唐蔚芝先生曰："不亏其义，不更其守，是持志之事；不程勇，不程力，是养气之道；'过言不再'四句，是定虑之志。有斯三者，故能见利不亏其义，见死不更其守，临财不苟得，临难不苟免。义利、生死二关，俱能透过，故曰'特立'。"(《礼记大义》)

卷六 义

儒有可亲而不可劫也，可近而不可迫也，可杀而不可辱也[一]。其居处不淫[二]，其饮食不溽[三]；其过失可微辨而不可面数[四]也。其刚毅有如此者。(《礼记·儒行》)

[一]儒者立于义理，刚毅而不可夺。故以义交者，虽疏远必亲；非义加之，虽强御不畏。故有可亲、可近、可杀之理，而不可劫、不可迫、不可辱也。[二]淫，侈溢也。[三]溽(rù 入)音辱，浓厚也。[四]数(shǔ 属)，所具反，面责也。

唐蔚芝先生曰："天下祸败，皆自柔佞之人始，所以卑鄙无耻逢迎而牟利者，不过为饮食起居而已。儒者寡欲而壮志，故刚毅严正，焉得而犯之。"(《礼记大义》)

儒有忠信以为甲胄，礼义以为干橹[一]；戴仁而行，抱义而处；虽有暴政，不更其所[二]。其自立有如此者。(同上)

[一]甲，铠也；胄，兜鍪也。干橹，小楯、大楯也。忠信礼义，所以御人之欺侮，犹甲胄、干橹可以捍患也。橹(lǔ)音鲁。[二]行则尊仁，居则守义，所以自信者笃，虽暴政加之，有所不变也。

宋胡氏铨曰："前言忠信以为宝，立义以为土地，(亦见《儒行》)乃平居时。此言忠信以为甲胄，礼义以为干橹，则

行乎患难时。"(《礼记义疏》)

子华使于齐[一],冉子为其母请粟[二]。子曰:"与之釜[三]。"请益[四]。曰:"与之庾[五]。"冉子与之粟五秉[六]。子曰:"赤之适齐也,乘肥马,衣轻裘[七]。吾闻之也:君子周急不继富[八]。"原思为之宰[九],与之粟九百[一〇],辞[一一]。子曰:"毋!以与尔邻里乡党乎。"[一二](《论语·雍也》)

[一]孔子弟子公西赤,字子华,为孔子出使于齐国。[二]冉子即冉有。其母,指子华之母。粟本禾米之名,诸谷亦得称之。子华出使而母在家,故冉子为之向孔子请粟也。[三]釜容六斗四升,孔子命予粟六斗四升。与通"予"。[四]益,加也。冉子嫌少,故请加之。[五]十六斗曰庾,孔子命与十六斗。[六]秉为十六斛。五秉,合为八十斛。冉子仍嫌其少,故自与粟八十斛。[七]适,往也。乘,驾也。孔子非冉子与之太多,言子华往齐时,乘驾肥马,衣着轻裘,则是家道富有,其母不乏粟也。[八]周急,谓周济困急;继富,谓增其富。言君子当周济人之困急,而不增益其富也。[九]原思,孔子弟子原宪,"思"其字也。孔子为鲁司寇时,以原思为家宰。[一〇]孔子与之粟九百斗。[一一]原思不受而辞之。[一二]毋,止其辞让也。五家为邻,五邻为里,万二千五百家为乡,五百家为党。言常禄不当辞,有余可以与邻里乡党也。

唐蔚芝先生曰:"取、与皆当不苟。夫子告冉有,戒其

与之过；其告原思，戒其廉之过，一折衷于义也。"(《论语新读本》)

子曰："三军可夺帅也[一]，匹夫不可夺志也[二]。"(《论语·子罕》)

[一]万二千五百人为军，帅是军队之首领。三军之帅虽甚威武，然以人为卫，故可夺而取之也。[二]匹夫即平民，若能坚守其志，则不可得而夺也。惟此所谓志，是守其道而不渝，非固执私见、任意妄为之谓也。

宋侯氏仲良曰："三军之勇在人，匹夫之志在己。故帅可夺而志不可夺；如可夺，则亦不足谓之志矣。"(《论语集注》)

子曰："岁寒，然后知松柏之后凋[一]也。"(同上)

[一]岁寒是霜雪既降之时，松柏是松树、柏树。凋，残也，零落也。冬季天气寒冷，众木皆枝枯叶落，独松柏旧叶未谢，新枝已继，仍不见凋残零落之态，因其质极坚刚也。

宋谢氏良佐曰："士穷见节义，世乱识忠臣。欲学者，必周于德。"(《论语集注》)

明李氏颙曰："汉、唐、宋、明之末，非无松柏正人，在野则逸遗而不知收用，致其老于穷途；在朝则建白不采，多所摈斥。乃值变故，徒成就了忠臣义士之节。至此虽知某也义，某也忠，亦已晚矣，嗟何及矣！故士而以节义见，臣

而以忠烈显，非有国者之幸也。兴言及此，于焉三叹！"（《四书反身录》）

昔者孔子没，三年之外[一]，门人治任[二]将归，入揖于子贡，相嚮而哭，皆失声[三]，然后归。子贡反，筑室于场，独居三年[四]，然后归。他日，子夏、子张、子游以有若似圣人[五]，欲以所事孔子事之[六]，强曾子[七]。曾子曰："不可。江汉以濯之[八]，秋阳以暴之[九]，皜皜乎不可尚已[一〇]！"（《孟子·滕文公上》，孟子告陈相之言）

[一]古者为师心丧三年，若丧父而无服，故门人三年之外乃归。[二]整治行李。[三]嚮同"向"。失声，放声也。[四]反，子贡送别诸同学而回也。场是孔子冢上之祭祀坛场，子贡于场左右筑室，独居三年。[五]有若似圣人，盖其言行气象有似之者，如《檀弓》所记，子游谓"有若（子）之言似夫子"之类是也。[六]欲以事孔子之礼事有子。[七]勉强曾子同意。曾子名参。[八]江、汉水多，言濯之洁也。濯（zhuó）音浊，洗涤也。[九]周之七、八月，即夏历五、六月，故秋阳即夏日。暴同曝。夏日燥烈，言暴之干也。[一〇]皜皜即颢颢。言孔子盛德，如天之元气颢颢然，以天比孔子也。尚，加也。

倬按：《礼记·檀弓上》："事师无犯无隐，左右就养无方，服勤至死，心丧三年。"古人尊师，其礼亚于君、亲。盖师者，所以传道授业解惑也，尊而敬之，理宜然也。而子贡、曾子之守义，其风尤倜乎远矣！

郑人使子濯孺子[一]侵卫，卫使庾公之斯[二]追之。子濯孺子曰："今日我疾作[三]，不可以执弓，吾死矣夫！"问其仆[四]曰："追我者谁也？"其仆曰："庾公之斯也。"曰："吾生矣。"其仆曰："庾公之斯，卫之善射者也。夫子[五]曰'吾生'，何谓也？"曰："庾公之斯学射于尹公之他[六]，尹公之他学射于我。夫尹公之他，端人也，其取友必端矣[七]。"庾公之斯至，曰："夫子[八]何为不执弓？"曰[九]："今日我疾作，不可以执弓。"曰："小人[一〇]学射于尹公之他，尹公之他学射于夫子。我不忍以夫子之道反害夫子。虽然，今日之事，君事也，我不敢废。"抽矢扣轮，去其金[一一]，发乘矢[一二]，而后反。（《孟子·离娄下》）

[一]郑大夫。濯（zhuó）音浊。[二]卫大夫。[三]病发。[四]仆即御者。[五]夫子，是御者称子濯孺子。[六]亦卫人。[七]端，正也。正人取友必正，故知庾公之斯必不忘本而害己。[八]夫子，是庾公之斯称子濯孺子。[九]子濯孺子答辞。[一〇]小人，是庾公之斯自称。[一一]金，镞也。扣轮去镞，虽中不伤。[一二]四矢。

陈代[一]曰："不见诸侯，宜若小[二]然。今一见之，大则以王，小则以霸。且《志》[三]曰：'枉尺而直寻[四]，宜若可为也。"孟子曰："昔齐景公田，招虞人以旌，不至，将杀之[五]。志士不忘在沟壑，勇士不忘丧其元[六]。孔子奚取焉？取非其招不往也[七]。如不待其招而往，何哉[八]？且夫枉尺而直寻者，以利言也。如以利，则枉寻直尺而利，亦可为与[九]？昔者赵简子使王良与嬖奚乘[一〇]，终日而不获一禽[一一]。嬖奚反命[一二]曰：'天下之贱工也。'或以告王良，良曰：'请复之[一三]。'强而后可[一四]，一朝[一五]而获十禽。嬖奚反命曰：'天下之良工也。'简子曰：'我使掌与女乘[一六]。'谓王良，良不可，曰：'吾为之范我驰驱，终日不获一[一七]；为之诡遇[一八]，一朝而获十。《诗》[一九]云："不失其驰，舍矢如破。"[二〇]我不贯与小人乘[二一]，请辞。'御者且羞与射者比[二二]，比而得禽兽，虽若丘陵[二三]，弗为也。如枉道而从彼，何也？且子过矣[二四]！枉己者，未有能直人者也。"（《孟子·滕文公下》）

[一]孟子弟子。[二]小节。[三]志，记也。[四]枉，屈也；直，伸也。八尺曰寻。枉尺直寻，犹屈己一见诸侯，而可以致王霸，所屈者小，所伸者大也。[五]昭公二十年《左传》云："十二月，齐侯田于沛，招虞人以弓，不进。公使执之，辞曰：'昔我先君之田也，旃以招大夫，弓以招士，皮冠以招虞人。臣不见皮冠，故不敢进。'乃舍之。仲尼曰：'守道不如守官，君子韪之。'"田，猎也。虞人，守苑囿之吏，即管猎场之人也。[六]此二句乃孔子叹美虞人之言。志士固穷，常念死无棺椁，弃沟壑而不恨。此勇士盖兼有义

者。元，首也。以义，则丧失其首而不顾也。[七]言孔子对于虞人何所取？取其非礼招己则不往也。[八]君子而不待其招，直事妄见诸侯者，何为也？[九]与，今作"欤"。[一〇]晋大夫赵鞅，"简"其谥也。王良，善御者；与之乘，为之御。言赵简子使王良为嬖幸之臣名奚者御车出猎也。[一一]禽者，鸟兽之总名，明为人所禽制也。[一二]反命，复命于赵简子。[一三]请再为奚御车出猎。[一四]嬖奚不肯，强之而后许可。[一五]自晨至食时。[一六]掌，主也；主有专之意义。言使王良专主为奚御车之职也。女音汝。[一七]范，法度也。以法度御之，则终日不得一禽。[一八]横而射之曰诡遇。古者射猎，面伤不献，谓当面迎而射之；翦毛不献，谓在旁而横射之。二者皆为逆射也。[一九]《诗经·小雅·车攻篇》。[二〇]言御者不失其驰驱之法，而射者矢一舍出，必中禽顺毛而入、顺毛而出而禽破矣。[二一]贯，习也，与"惯"同。言嬖奚不知正射，而喜人为之诡遇，是小人也。我不惯为此等小人御车。[二二]御者指王良，射者指嬖奚。羞（xiū）音修，耻也；比（bǐ彼），必二反，阿私也。[二三]土高曰丘，大阜曰陵。若丘陵，言所得禽兽之多，堆积如丘陵之高。[二四]谓陈代之言过谬。

唐蔚芝先生曰："此章论出处大节，凛然斩绝。士人当读书学道时，未尝不谆谆自命，见委琐龌龊者流，深讥痛诋。迨一入仕途，或尽失其初节，以视向之深讥痛诋者，鄙且什百倍焉。讵知富贵禄位，不可久长；品谐名誉，早已扫地。是岂本心之无良乎？利诱之也。故名利二字，千古士人为其所陷没，而不能自拔者，不可以恒河沙数计矣。"（《孟子新读本》）

万章[一]问曰："人有言'伊尹以割烹要汤[二]',有诸？"孟子曰："否，不然[三]。伊尹耕于有莘[四]之野，而乐尧舜之道焉。非其义也，非其道也，禄之以天下弗顾也，系马千驷[五]弗视也。非其义也，非其道也，一介不以与人，一介不以取诸人[六]。汤使人以币聘之[七]，嚣嚣[八]然曰：'我何以汤之聘币为哉？我岂若处畎亩之中，由是以乐尧舜之道哉？'汤三使往聘之，既而幡然[九]改曰：'与我处畎亩之中，由是以乐尧舜之道，吾岂若使是君为尧舜之君哉？吾岂若使是民为尧舜之民哉？吾岂若于吾身亲见之哉[一〇]？天之生此民也，使先知觉后知，使先觉觉后觉也。予天民之先觉者也[一一]，予将以斯道觉斯民也，非予觉之而谁也？'思天下之民，匹夫匹妇，有不被尧舜之泽者，若己推而内之沟中[一二]，其自任以天下之重如此，故就汤而说之，以伐夏救民[一三]。吾未闻枉己而正人者也，况辱己以正天下者乎？圣人之行不同[一四]也，或远或近[一五]，或去或不去[一六]，归洁其身而已矣[一七]。吾闻其以尧舜之道要汤，未闻以割烹也。《伊训》[一八]曰：'天诛造攻自牧宫，朕载自亳。'[一九]"（《孟子·万章上》）

[一]孟子弟子。[二]割烹，割肉烹羹，为庖人也。要，求也。《史记·殷本纪》云："伊尹欲干汤而无由，乃为有莘氏之媵臣，负鼎俎以滋味说汤，致于王道。"盖战国时有为此说者。[三]"不"字衍；否然，即不然也。[四]有莘国名。[五]驷，四匹马也。千驷为四千匹。[六]介，与"芥"

同，草也。言其辞受取与，无大无细，一以道义为主也。[七]汤闻其贤，以元纁之币帛往聘之。[八]嚣嚣，无欲自得之貌。嚣（xiāo 消），五高反。[九]幡然犹"翻（翻）然"，改变之貌。[一〇]言我身亲见尧舜之道行于当世，不徒自乐而已。[一一]知，谓识其事之所当然，觉谓悟其理之所以然。觉后知、后觉，如呼寐者而使之寤，我乃天生此民中之先觉者也。[一二]"思天下之民"以下，乃孟子之言。《书经·说命下》："昔先正保衡作我先王，[乃]曰：'予弗克俾厥后为尧舜，其心愧耻，若挞于市。'一夫不获，则曰'时予之辜'。"孟子之言，盖取诸此。匹夫匹妇，男女百姓也。内音纳。[一三]是时夏桀无道，暴虐其民，故欲使汤伐夏以救之。说音税。[一四]不同者其迹。[一五]远谓隐遁，近谓仕而近君。[一六]或去者，如伯夷不屑就；或不去者，如柳下惠之"焉能浼我"也。[一七]其要归在洁其身而已。[一八]《伊训》，《书经》篇名。[一九]今《书》"牧宫"作"鸣条"。天诛者，顺天而诛也。造，作也。牧宫，桀之宫也。言天之诛桀，其造作攻讨，乃自桀而起，故我始自亳讨之。朕，我也，伊尹自谓。古人"朕"字，上下通称。载，始也。亳（bó 搏），汤之都也。

梁任公先生（启超）曰："国家本非有体也，借人民以成体。故欲求国之自尊，必先自国民人人自尊始。伊尹曰：'予天民之先觉者也，予将以斯道觉斯民也，非予觉之而谁也？'颜渊曰：'舜何人也？予何人也？有为者亦若是。'孟子曰：'夫天未欲平治天下也，如欲平治天下，当今之世，舍我其谁也？'若此者，就寻常庸子视之，不以为狂，必以为泰矣。而圣贤之所以为圣贤者，乃在于此。英将乌尔夫之将征加拿大也，于前一夜拔剑击案，阔步室内，自夸其大业必成。宰相鳖特见之，语人曰：'余深庆此行为国家得人。'鳖特语侯爵某曰：'君侯君侯，予确信惟予能救此国。舍予之外，无一人能当其任也。'加里波的曰：'余誓复我意大利，还我古罗马。'加富尔失意躬耕之时，其友赠书吊之，乃戏答曰：'事未可知。天若假公以年，伫看他日加富尔为全意大利之宰相矣。'彼数子者，其所以高自位置，与夫世俗之多大言、少成事者，皮相焉殆无以异；而不知其后此之建丰功、扬伟烈，能留最高之名誉于历史上，皆此不肯自贼自暴自弃之一念驱遣而成就之也。嗟夫！国于天地，必有与立。历览古今中外之历史，其所以能维系国家于不败之地者，何一非由人民之自尊而来？何一非由人民中之尤秀拔者，以自尊之大义，倡率一世而来哉？"

又曰："吾欲明自尊之义，先言自尊之道。凡自尊者必自爱，凡自尊者必自治，凡自尊者必自立，凡自尊者必自牧，凡自尊者必自任。凡不自爱、不自治、不自立、不自牧、不自任者，决非能自尊之人也。五者缺一，而犹施施然自尊者，则自尊主义之罪人也。"（《饮冰室文集》）

唐蔚芝先生曰："人生当世，惧不能担任天下之事而已。吾尝谓：'人者任也，士者事也。必能担任天下之事，始不愧为士，不愧为人。'此章专以'我'字、'予'字、'己'字、'自'字作线索，见古圣人于天下事，有挺然自任之志。而末又赞之曰：'归洁其身而已矣。'见吾身之在天地间，至为贵重。夫吾身曷为而可贵？为能任天下之事也。若萎苶不任事，何足以为贵？且吾身曷为而可贵？为其学道也。若空疏无学，或虽学而无实用，乌足以任事？又乌足以为贵？且吾身曷为而可贵？为其至洁也。若猥琐龌龊，乌足以任事？

更何足以为贵？如是而知圣人洁身之行，必先严义利之辨。伊尹凡事折衷于道义，自一介之细，推而极于天下千驷之重，初无二致。非谓天下千驷之不足重也，以天下千驷犹不如吾身之重也。夫以吾身之重，加乎天下千驷之上，故吾身之洁，虽以天下千驷，而亦有所不屑也。吾闻洁其身而任天下之事者矣，未闻失其身而能任天下之事者也。是故士而有志于当世之事，先自不屑不洁始。"（《孟子新读本》）

倬按：《礼记·射义》："男子生，桑弧蓬矢六，以射天地四方。天地四方者，男子之所有事也。"是男子初生，为父母者已期望其有担当天下事之志。若不能奋发有为，立身行道，即不孝也。人不能离群而独立，其衣食住行，非尽能自织自耕、自筑自辟，必有赖于他人之力也。既有赖于他人之力以生存，而不能有利于他人，是人类之蠹，而国之贼也。才愈大者，责任心必愈重。伊尹以天下为己任，大丈夫不当如是耶？今国家多难，有悲伤太息而惊惶失措者，是无勇气也；般乐怠敖，不知祸之将至者，是无心肝也。竭吾之心力，以从事于救亡图存之事业，斯有志之士所宜努力，而亦责无旁贷者也。

景春[一]曰："公孙衍、张仪[二]，岂不诚大丈夫哉？一怒而诸侯惧[三]，安居而天下熄[四]。"孟子曰："是焉得为大丈夫乎[五]？子未学礼乎？丈夫之冠也，父命之[六]；女子之嫁也，母命之，往送之门[七]，戒之曰：'往之女家[八]，必敬必戒，无违夫子[九]！'以顺为正者，妾妇之道也。居天下之广居[一〇]，立天下之正位[一一]，行天下之大道[一二]；得志与民由之[一三]，不得志独行其道[一四]。富贵不能淫[一五]，贫贱不能移[一六]，威武不能屈[一七]，此之谓大丈夫。"（《孟子·滕文公下》）

[一]与孟子同时之人。[二]二人皆魏人，为连衡之学者，战国时著名之政客。[三]怒则说诸侯使相攻伐，故诸侯惧。[四]安居不用辞说，则天下兵革熄。[五]是指衍、仪等人。焉，安也。言衍、仪等安得为大丈夫乎？[六]古者男子二十而冠，有冠礼。清江氏永曰："父命之者，迎宾冠子，父主其事。《士冠礼》诸祝辞，皆宾祝之，非父命也。"[七]女子出嫁，母主其事。送之门者，庙门以内也。[八]女音汝。女家，夫家也。妇人内夫家，外父母家，故以嫁为"归"。[九]夫子，夫也。[一○]谓天地之间，至广大也。[一一]《易·家人·象传》曰："男正位乎外。"[一二]仁义之道。[一三]与民共由于大道，兼善天下也。[一四]独善其身。[一五]淫，荡其心。[一六]移，变其节。[一七]屈，挫其志。

宋何氏镐曰："战国之时，圣贤道否，天下不复见其德业之盛；但见奸巧之徒，得志横行，气焰可畏，遂以为大丈夫。不知由君子观之，是乃妾妇之道，何足道哉！"（《孟子集注》）

倬按：公孙衍、张仪，皆战国时之辩士，声势烜赫，故当世目为大丈夫。而孟子以"妾妇"比之者，以其所为，大都悦人以取宠也。而真正之大丈夫，决非有深切之修养不可。盖必有谨慎恭俭之德性，然后能处富贵而不淫；必有远大清高之志节，然后能居贫贱而不移；必有刚强弘毅之气概，然后能临威武而不屈。此岂浮夸之士，矜一时之意气，而苟以求名者之所能勉强哉！故欲为大丈夫者，必自努力修养始。

孟子曰："人有不为也，而后可以有为。"（《孟子·离娄下》）

宋程子曰："有不为，知所择也。惟能有不为，是以可以有为。无所不为者，安能有所为耶？"（《孟子集注》）

蒋伯潜先生曰："有所不为者，行己有耻，以廉隅自饬者也。必如此，方可以有为。若寡廉鲜耻，无所不为之人，则败事有馀，成事不足，决不能有所作为。今世往往视有所不为者，为迂执，为消极，以为不足有为；奔走钻营，非但恬不知耻，且群目为干练之才：此国事之所以不可为也。"（《孟子新解》）

孟子曰："人不可以无耻。无耻之耻，无耻矣。"（《孟子·尽心上》）

汉赵氏岐曰："人能耻己之无所耻，是为改行从善之人，终身无复有耻辱之累矣。"（《孟子注》）

孟子曰："耻之于人大矣[一]。为机变之巧者，无所用耻焉[二]。不耻不若人，何若人有[三]？"（《孟子·尽心上》）

[一]耻者，吾所固有羞恶之心也；存之则进于圣贤，失之则入于禽兽，故所系为甚大。[二]言人之心思，惟务机械变诈以取巧，必至于欺诈阴险害人而后已。此种人乃无耻之尤，故无所用其羞耻之心。[三]既不以己之不如人为耻，则终不如人而已矣。

唐蔚芝先生曰："学问之不若人也，材智之不若人也，行谊之不若人也，推而至于文化之不若人也，武力之不若人也，风俗之不若人也，国势之不若人也，皆可耻之尤者也。《中庸》云：'知耻近乎勇。'惟知耻而后能愧奋，愧奋而后能自强。故欲求所以免耻之实，当知卧薪尝胆之道矣。呜呼！不耻不若人，则何有若人之一日乎？"（《孟子新读本》）

临财毋苟得[一]，临难毋苟免[二]。很毋求胜[三]，分毋求多[四]。（《礼记·曲礼上》）

[一]见利思义。[二]死守善道。[三]很，谓争讼也。毋求胜，忿思难也。[四]为伤平也。

唐蔚芝先生曰："临财、临难，戒以苟得、苟免。廉耻明而后礼义立，此气节之天则也。"（《礼记大义》）

礼不妄说[一]人，不辞费[二]。（同上）

[一]说音悦。[二]君子之辞，达意则止，不多言也。

登城不指[一]，城上不呼[二]。（同上）

[一]有所指，则惑见者。[二]有所呼，则骇闻者。

将适舍[一]，求毋固。（同上）

[一]谓主人家。

俾按：今世旅馆林立，诚不难以己之财力，满足欲望；然亦有寄宿亲友之家者。若必固求平日之所欲，则必为主人所厌，仍不可不知此节之义也。

将上堂，声必扬[一]。（同上）

[一]扬其声者，使在内之人知之也。

户外有二屦，言闻则入，言不闻则不入[一]。（同上）

[一]室有两人，故户外有二屦。所言不闻于外，必是密谋，故不入也。屦（jù）音据。

俾按：西人之俗，至人室外，必先以指叩户。其意盖与此二节殊途同归。

将入户，视必下[一]。入户奉扃，视瞻毋回[二]；户

开亦开，户阖亦阖[三]；有后入者，阖而勿遂[四]。（同上）

[一]视下，不举目也。[二]扃，古萤反，门关木也。入户之时，两手当心，如奉扃然。虽视瞻而不为回转，嫌于干人之私也。[三]开阖皆如前，不违主人之意。[四]遂，阖之尽也。嫌于拒后来者，故勿遂。

并坐不横肱[一]。（同上）

[一]横肱则妨并坐者。肱（gōng公），古宏反。

侍坐于君子，君子欠伸[一]，撰[二]杖屦，视日蚤莫[三]，侍坐者请出矣[四]。（同上）

[一]气乏则欠，体疲则伸。[二]撰，犹"持"也。[三]望日之早晚。莫音暮。[四]四者皆厌倦之容，恐妨君子就安，故请退。

毋侧听[一]，毋噭应[二]，毋淫视[三]，毋怠荒[四]。（同上）

[一]嫌探人之私也。[二]噭（jiào）音叫，号呼之声也。应答之声宜和平；高急者，悖戾之所发也。[三]流动邪视。[四]容止纵慢。

游毋倨[一]，立毋跛[二]，坐毋箕[三]，寝毋伏[四]。（同上）

[一]游，行也。倨（jù巨）音据，傲慢也。[二]跛（bǒ簸），彼义切，偏任也。立当两足整齐，不可偏任一足。[三]箕谓两展其足，状如箕舌也。[四]寝，卧也；伏，覆也。

明徐氏师曾曰："行当恭谨，立当整齐，坐必敛足，寝不如尸，皆敬也。"（《礼记义疏》）

入竟而问禁[一]，入国而问俗[二]，入门而问讳[三]。（同上）

[一]竟，与"境"同；禁为政教。[二]虑得罪于众。[三]虑得罪于主人。

儗人必于其伦[一]。（《礼记·曲礼下》）

[一]儗与"拟"同音，犹"比"也；伦，犹"类"也。

凡视，上于面则敖[一]，下于带则忧[二]，倾则奸[三]。（同上）

[一]敖音傲，慢也。[二]下于带者，其神夺，知其有忧。[三]倾，欹侧也。视流则容侧，必有不正之心存乎胸中矣。

齐大饥，黔敖为食于路，以待饿者而食之。有饿者蒙袂辑屦[一]，贸贸[二]然来。黔敖左奉食，右执饮，曰："嗟来食[三]。"扬其目而视之[四]，曰[五]："予唯不食嗟来之食以至于斯也。"从而谢焉[六]，终不食而死[七]。曾子闻之，曰："微与？其嗟也可去，其谢也可食[八]。"(《礼记·檀弓下》)

[一]蒙袂，以袂蒙面，不欲见人也。辑屦，辑敛其足，言困惫而行謇也。[二]贸贸，目不明之貌。[三]叹悯之而使来食也。[四]饿者闻其嗟己，无敬己之心，于是发怒，扬举其目而视黔敖。[五]饿者之言。[六]黔敖从逐饿者之后而道歉。[七]饿者终不肯食而死。[八]微与，犹言"细故末节"。谓嗟来之言虽不敬，然亦非大过，故其嗟虽可去，而谢焉则可食矣。

唐蔚芝先生曰："戴氏记此，悲饿者激烈而轻生，亦责黔敖轻心以将事也。孟子曰：'羞恶之心，人皆有之。'又曰：'嘑尔而与之，行道之人弗受；蹴尔而与之，乞人不屑也。'曰'弗受'，曰'不屑'，皆羞恶之心所发也。然则施济者，可不设身处地，而强恕以行之乎？"(《礼记大义》)

俾按：饿者于黔敖从谢之后，仍不食而死，虽似过当，然不可谓非有志气者。盖富贵之人，常挟其财势以欺众，而不知贫贱有不可侮者也。而黔敖之所为，亦不愧一时之善士也哉！

卷七　和

喜怒哀乐之未发谓之中[一]，发而皆中节谓之和[二]。中也者，天下之大本也[三]；和也者，天下之达道也[四]。致中和，天地位焉，万物育焉[五]。（《中庸》）

[一]喜怒哀乐，缘事而生，未发之时，澹然虚静，心无所虑，而当于理，故谓之中。乐（luò）音洛。[二]发皆中节，无所乖戾，故谓之和。[三]中为大本者，以其含喜怒哀乐，礼之所由生，政教自此出也。[四]五伦为达道，皆以和行。[五]致，推而极之也；位者，安其所也；育者，遂其生也。言能致极中和，则天地于此安其所，万物于此遂其生矣。

倬按：成汤网开三面，武王归马放牛，《中庸》云"万物育"焉，而孟子则昌言"爱物"。吾国圣哲，民胞物与，温和之量，充塞天地。视欧洲之物竞主义，以残杀异类为得计者，其仁暴相隔，岂不远哉！

子路问强[一]。子曰："南方之强与？北方之强与？抑而强与[二]？宽柔以教，不报无道，南方之强也，君子居之[三]。衽金革，死而不厌，北方之强也，而强者居之[四]。故君子和而不流[五]，强哉矫[六]！中立而不倚[七]，强哉矫！国有道，不变塞焉[八]，强哉矫！国无道，至死不变[九]，强哉矫！"（同上）

[一]子路好勇，故问强。[二]与同"钦"。抑，语助辞；而，"汝"也。[三]宽柔以教，谓含容和顺，以诲人之不及；不报无道，谓横逆之来，直受之而不报。南方风气柔和，故以含忍之力胜人为强，君子之道也。[四]衽，犹"席"也。金，戈兵之属；革，甲胄之属。以甲铠为席，寝宿其中，而与人战斗，虽死而不厌恨。北方风气刚劲，故以果敢之力胜人为强，强者之事也。[五]流，犹"移"也。[六]矫，强貌。[七]守中庸之道，而无所偏倚。[八]塞，犹"实"也。国有道，不变以趋时。[九]国无道，不变以避害。

唐蔚芝先生曰："君子者，不囿于方隅者也。处世以和为贵，然和而流，则与众人皆浊矣；惟和而不流，所以为中庸之道也。孟子曰：'中天下而立。'中立不倚，有特立独行之概，不随世俗为俯仰，所以为中庸之道也。'不变塞焉'，至死不变，是笃信乎《中庸》之学，而守死善道者也。如何而能不变，则出处隐见，当审其几焉。《易·乾》之《象传》曰：'天行健，君子以自强不息。'此四者，皆所以自强也。无论南方之强，北方之强，皆当以是陶镕之也。"（《中庸新读本》）

倬按：时至今日，自强权而后有公理，南方之强，已不甚合于时宜。而外侮频仍，似应奖励北方之强，以养成国民刚强之气，而使之有慷慨赴难之勇。至于不流、不倚、不变，纯乎义理，尤学者所宜讲求也。

卷七 和

有子[一]曰:"礼之用,和为贵[二]。先王之道,斯为美[三],小大由之[四]。有所不行知和,而和不以礼节之,亦不可行也[五]。"*(《论语·学而》)

[一]孔子弟子有若。[二]《管子·心术篇》:"登降揖让,贵贱有等,亲疏有体,谓之礼。"用,行也。凡礼之体主于敬,而其用则以和为贵。和者,从容不迫之意也。[三]先王,指古先圣王。斯,此也,指礼而言。美,善也。言古先圣王之道,礼为最善也。[四]由,自也,自与"从"同。大小由之,谓小事、大事无不从之也。[五]承上文而言,如此而复有所不行者,以其徒知和之为贵而一于和,不复以礼节之,则亦非复礼之本然,所以流荡忘反,而亦不可行也。

清黄氏式三曰:"此为放荡者戒,陆稼书说是也。好放荡者,其意以礼为不和耳,视为繁琐拘苦,以旧坊无用而坏之,好脱略简率之为,卒生悖逆欺陵之衅。其人非特不循礼,并不得谓之能和。有子特揭礼中之和以示之,见节文自然,人各甘心行之,所以能范围小大之事,不待矫拂;而外礼者之和,失其和矣。"(《论语后案》)

子曰:"君子和而不同[一],小人同而不和[二]。"(《论语·子路》)

---

* "有所不行知和,而和不以礼节之,亦不可行也",今多句读为:"有所不行,知和而和,不以礼节之,亦不可行也。"

［一］和者，无乖戾之心；同者，有阿比之意。［二］小人嗜好相同，然各争利，故不和。

宋黄氏幹曰："和之与同，公私而已。公则视人犹己，何不和之有？惟理是视，何同之有？利则喜狎昵，所以常同；好忌刻，所以不和。"（《论语集注大全》）

丘也闻有国有家者[一]，不患寡而患不均，不患贫而患不安[二]。盖均无贫，和无寡，安无倾[三]。（《论语·季氏》，孔子告冉有之言）

［一］丘是孔子自称其名。国谓诸侯；家，卿大夫也。［二］《集注》："寡谓民少，贫谓财乏。均谓各得其分，安谓上下相安。言为诸侯卿大夫者，不患民少财乏，而患不均、不安也。"俞荫甫先生《群经平议》谓"寡、贫"二字传写互易，贫以财言，不均亦以财言。财宜乎均，不均则不如无财矣，故不患贫而患不均也。寡以人言，不安亦以人言。人宜乎安，不安则不如无人矣，故不患寡而患不安也。［三］《集注》："均则不患于贫而和，和则不患于寡而安，安则不相疑忌，而无倾覆之患。"

孟子曰："天时不如地利，地利不如人和[一]。三里之城，七里之郭[二]，环而攻之而不胜。夫环而攻之，必有得天时者矣[三]；然而不胜者，是天时不如地利也。城非不高也，池[四]非不深也，兵革非不坚利也[五]，米粟[六]非不多也；委而去之[七]，是地利不如人和也。故曰：域民不以封疆之界[八]，固国不以山溪之险，威天下不以兵革之利。得道者多助，失道者寡助。寡助之至，亲戚畔[九]之；多助之至，天下顺之。以天下之所顺，攻亲戚之所畔，故君子有不战，战必胜矣[一〇]。"
(《孟子·公孙丑下》)

[一]天时者，用兵得其时机；地利者，得地形之胜；人和者，全国民众同心协力也。[二]三里、七里，城郭之小者。郭，外城也。[三]环，围也。言四面围攻，旷日持久，必有得于天时者。[四]池，即城外之护城河。[五]兵，兵器；革，甲也。坚指甲，利指兵器。[六]粟，谷也。[七]委，弃也。言不得民心，民不为守也。[八]域，界限也。战国时之君主，以封疆之界域民，禁往他国；然民实非封疆之界所能域。"不以"二字，含有"不专恃"之意，非尽"不用此"也。下同。[九]畔，同叛。[一〇]言不战则已，战则必胜。

宋张氏栻曰："孟子谓域民不以封疆，固国不以山溪，威天下不以兵革。而先王封疆之制，甚详于《周官》；设险守国，与夫弧矢之利，并著于《易经》，何耶？盖先王吉凶与民同患，其为治也，体用兼备，本末具举。道得于己，固有以一天下之心；而法制详密，又有以周天下之虑。此其治所以长久而安固也。孟子之言，则举其本而明之，有其本而后法制不为虚器也。"(《南轩孟子说》)

唐蔚芝先生曰："或谓孟子迂言也。孝弟忠信，可使制梃以挞秦楚之坚甲利兵。孝弟忠信，无形者也；坚甲利兵，有形者也。以无形当有形，以血肉当锋镝，是残民命也，是人和未足恃也。不知天下惟无形之心，为能统摄有形之具。孟子之意，以为惟得人心，而后可以言战学也，讲战法也，制战具也。孟子非不言战术也，得人心而益精于战术也。然则孟子非欲以无形敌有形也；以无形之心，统摄有形之具，而后能无敌于天下也。否则委而去之，先失其无形者，即并失其有形者也。无形可以用有形，有形不能用无形者也。然则孟子非迂言也。"（《孟子新读本》）

师克在和不在众。（《左传·桓公十一年》，楚斗廉对莫敖语）

冬，楚子[一]伐萧，宋华椒以蔡人救萧。萧人囚熊相宜僚及公子丙。王[二]曰："勿杀，吾退。"萧人杀之。王怒，遂围萧。萧溃。申公巫臣[三]曰："师人多寒。"王巡三军，拊[四]而勉之。三军之士，皆如挟纩[五]。遂傅[六]于萧。（《左传·宣公十二年》）

[一]楚庄王。[二]即楚庄王。[三]巫臣，楚中县尹。[四]拊，抚慰也。[五]纩（kuàng）音旷，绵也。言说（悦）以忘寒。[六]傅音附。

《咸》之《象》曰："咸，感也。柔上而刚下[一]，二气感应以相与[二]。止而说[三]，男下女[四]，是以'亨利贞，取女吉'也[五]。天地感而万物化

生[六]，圣人感人心而天下和平[七]。观其所感，而天地万物之情可见矣[八]。"（《周易·下经》）

[一]《咸》卦艮下兑上，艮刚而兑柔。[二]与，犹"亲"也。言阴阳二气，感应而相亲也。[三]艮止于下，笃诚相下也；兑说于上，和说相应也。说音悦。[四]婚姻之义，男先求女，我国旧礼。凡纳采、问名、纳吉、纳征、请期、亲迎诸礼，皆男下女之事。[五]言相感之道如此，是以能亨通而得正；取女如是则吉也。[六]天地二气交感，而化生万物。[七]圣人至诚以感亿兆之心，而天下和平。[八]极言感通之理。

"鸣鹤在阴，其子和之。我有好爵，吾与尔靡之。"[一]子曰："君子居其室，出其言善，则千里之外应之，况其迩者乎？居其室，出其言不善则千里之外违之，况其迩者乎？言出乎身，加乎民；行发乎迩，见乎远。言行，君子之枢机[二]。枢机之发，荣辱之主也。言行，君子之所以动天地也，可不慎乎！"（《周易·系辞上传》）

[一]此《中孚》九二爻辞也。靡，共也。言鹤鸣于幽隐之处，不闻也；而其子相应和，中心之愿相通也。好爵我有，与尔共之，悦好爵之意同也。有孚于中，物无不应，诚同故也。[二]枢谓户枢，机谓弩牙。

元保八氏曰："枢动而户开，机动而矢发，小则招荣辱，大则动天地。皆此唱彼和，感应之最捷也。"（《周易折中》）

王曰[一]："君陈，尔惟弘周公丕训[二]，无依势作威，无倚法以削[三]，宽而有制，从容以和[四]。"（《书经·君陈》）

[一]周公迁殷顽民于下都，亲自监之。及周公殁，成王命君陈代之；此其策命中之词。[二]弘，益张而大之也；丕，大也。言尔惟张大周公之大训。[三]势，上所有；法，上所用。喜怒予夺，毫发不于人而于己，即不免作威以削矣。削，侵削也。[四]宽不可一于宽，必宽而有其制；和不可一于和，必从容以和之，而后可以和厥中。

常棣之华，鄂不韡韡[一]。凡今之人，莫如兄弟。

[一]常棣，棣也，子如樱桃可食。华音花；鄂（è萼），五各反，犹鄂鄂然花外发也。不，犹"岂不"也。韡韡，光明貌。韡（wěi）音伟。

唐孔氏颖达曰："常棣众华俱发，实韡韡而光明；以兴兄弟众多，而相和睦，岂不强盛而有光辉乎？兄弟和睦，则强盛如是。然则凡今时天下之人，欲致此韡韡之盛，莫如兄弟之相亲。言兄弟相亲，则致荣显也。"（《毛诗注疏》）

死丧之威，兄弟孔怀[一]。原隰裒矣，兄弟求矣[二]。

[一]威，畏也；孔，甚也；怀，思也。言死丧可畏之事，惟兄弟之亲，甚相思念也。[二]裒，薄侯反，聚也。至于积尸裒聚于原野之间，亦惟兄弟为相求也。隰（xí）音习。

脊令在原[一]，兄弟急难[二]。每有良朋，况也永叹[三]。

[一]脊令（jí líng 鹡鸰）音积零，水鸟也。原，高原也。水鸟在高原，失其常处，飞则鸣，行则摇，有急难之意，故以起兴。[二]言兄弟相救于急难。[三]每，虽也；况，滋也，永，长也。言虽有良朋，徒滋长叹而已。

宋吕氏祖谦曰："疏其所亲，而亲其所疏，此失其本心者也。故此诗反覆言朋友之不如兄弟，使之反循其本也。本心既得，则由亲及疏，秩然有序。兄弟之亲既笃，朋友之义亦敦。初非薄于朋友也，苟杂施而不孙，虽曰厚于朋友，如无源之水，胡可保哉！"（《诗经集传》）

兄弟阋于墙，外御其务[一]，每有良朋，烝也无戎[二]。

[一]阋（xì 细），许历反，斗狠也。务（wǔ 五），侮也。兄弟虽有斗狠于内，然有外侮，则同心御之矣。[二]烝（zhēng 征），之承反，久也；戎，相助也。

丧乱既平，既安且宁。虽有兄弟，不如友生。

　　宋欧阳氏修曰："及乎丧乱平而安宁，则反视兄弟不如友生。此乃责之之辞。"（《诗经传说汇纂》）

　　马师（通伯）曰："视兄弟不如友生，乃世俗之情。其实兄弟尚恩，朋友以义，各有其当尽之道，不可重友而遂轻兄弟也。"（《诗毛氏学》）

傧尔笾豆，饮酒之饫[一]，兄弟既具，和乐且孺[二]。

　　[一]傧（bīn宾）：宾胤反，陈也。笾（biān）与豆，皆盛食之器。饫（yù玉），于虑反，餍（yàn厌）也。[二]具，俱也；乐音洛；孺，小儿也。言不惟和乐，其情亲义厚，无异于孺子嬉戏之时也。

妻子好合，如鼓瑟琴[一]。兄弟既翕，和乐且湛[二]。

　　[一]言妻子好合，如琴瑟之和也。[二]翕（xī）音吸，合也。湛（dān）音耽，乐之甚也。

宜尔室家[一]，乐尔妻帑[二]。是究是图，亶其然乎[三]?

　　[一]兄弟具而后乐且孺也。[二]帑（nú）音奴，子也。

兄弟翕而后乐且湛也。[三]究，深也；图，谋也；亶，信也。言兄弟于人，其重如此，试以是究而图之，岂不信其然乎？

《常棣》八章，章四句。(《诗经·小雅·鹿鸣之什》)

宋真氏德秀曰："周公使二叔监殷，二叔以殷畔。使他人处此，必且疾视同姓，惟恐疏弃之不亟。而公作此诗，以燕兄弟，方绸缪反复，谓如常棣华鄂之相依，脊令首尾之相应，虽忿阋于门墙之内，至于外侮，则同力以御之。怆然闵恻之至情，温然笃叙之深恩，溢于言外。"(《大学衍义》)

明朱氏善曰："必厚于兄弟，而后朋友之好愈笃，妻孥之乐可久。苟兄弟阋墙于内，则不惟朋友不得以尽其情，而妻孥且不得以久其乐矣。"(《诗经传说汇纂》)

大学之法，禁于未发之谓豫[一]，当其可之谓时[二]，不陵节而施之谓孙[三]，相观而善之谓摩[四]。此四者，教之所由兴也。

发然后禁，则扞格而不胜[五]；时过然后学，则勤苦而难成；杂施而不孙[六]，则坏乱而不修；独学而无友，则孤陋而寡闻；燕朋逆其师[七]；燕辟废其学[八]。此六者，教之所由废也。

君子既知教之所由兴，又知教之所由废，然后可以为人师也。故君子之教喻也，道而弗牵[九]，强而弗抑[一〇]，开而弗达[一一]。道而弗牵则和，强而弗抑则易[一二]，开而弗达则思。和易以思，可谓善喻矣。(《礼记·学记》)

[一]未发，情欲未生。豫者，先事之谓。[二]时者，不先不后之期也。[三]陵，逾越也。节谓年才所堪。施，犹"教"也。孙，顺也。[四]观人之善，而于己有益，如以两物相摩，而各得其助也。[五]扞（hàn 汉），胡半反，拒扞也；格（gé 隔），胡客反。谓坚强难入也。不胜，不能承当其教也。[六]谓躐等陵节。[七]燕，犹"亵"也。谓燕亵朋友，不相尊敬，则违逆其师之教导。[八]辟，音义皆同"譬"。谓义理深奥处，直言难晓时，须假设譬喻，然后可解。而惰学之徒，好亵慢师之譬喻，是废其学也。或曰：谓昵于敖辟，自以为是，不力于学。辟（pi）音僻。[九]道即引导，牵谓牵偪。谓导之以入道之所由，而不偪急牵令其速晓。[一〇]使学者神识坚强，随才而与之，不甚推抑其义而教也。[一一]开发事端，不事事即使通达。[一二]导入正道，宽柔教之，则彼心和，而意乃觉悟。强其神识，而不抑勒之，则受者和易，亦易有成。

宋陈氏祥道曰："道而使之和，则所从者乐；强而使之易，则所进者锐；开而使之思，则所得者深。"(《礼记义疏》)

唐蔚芝先生曰："君子之教也，贵在养其自治之能力。'道而弗牵'者，指导而不牵引之，故能和；'强而弗抑'者，勉强而不抑制之，故能易；'开而弗达'者，开示而不尽达以告语之，故能思。此三者，皆所以养其自治之精神也。能养其自治之精神，则学者皆有心得，较之外袭而取，

稍久即忘者，不可同日而语也。"（《人格》）

凡音者，生人心者也。情动于中，故形于声。声成文，谓之音。是故治世之音安以乐，其政和[一]；乱世之音怨以怒，其政乖[二]；亡国之音哀以思，其民困[三]。声音之道，与政通矣[四]。（《礼记·乐记》）

［一］治世政事和谐，故形于声音者安以乐。［二］乱世政事乖戾，故形于声音者怨以怒。［三］将亡之国，其民困苦，故形于声音者哀以思。［四］言八音和否随政也。

人生而静，天之性也[一]；感于物而动，性之欲也[二]。物至知知，然后好恶形焉[三]。好恶无节于内，知诱于外，不能反躬，天理灭矣[四]。夫物之感人无穷，而人之好恶无节，则是物至而人化物也[五]。人化物也者，灭天理而穷人欲者也。于是有悖逆诈伪之心，有淫泆作乱之事。是故强者胁弱，众者暴寡，知[六]者诈愚，勇者苦怯，疾病不养[七]，老幼孤独不得其所[八]，此大乱之道也。

是故先王之制礼乐，人为之节[九]。衰[一〇]麻哭泣，所以节丧纪也；钟鼓干戚，所以和安乐[一一]也；昏姻冠笄，所以别男女也；射乡食飨[一二]，所以正交接也。礼节民心，乐和民声，政以行之，刑以防之。礼乐刑政，四达而不悖，则王道备矣。（同上）

[一]人初生未有情欲，其静本于自然，是天性也。[二]感于外物而心遂动，是性发为情，而有所贪欲也。[三]人心虚灵知觉，事至物来，则必知之，而好恶形焉。[四]不能反躬以思其理之是非，是人欲炽而天理灭矣。[五]心为物役，则去禽兽不远矣。[六]知音智。[七]疾病者，心所嫌恶，不收养之。[八]无有哀矜之者，故不得其所。[九]言为作法度以遏其欲。[一〇]衰（cuī）音催。[一一]乐音洛。[一二]射礼，乡饮酒礼，食礼，飨礼。

君子曰："礼乐不可斯须[一]去身。致乐以治心，则易直子谅[二]之心油然生矣。易直子谅之心生则乐[三]，乐则安，安则久，久则天[四]，天则神[五]。天则不言而信，神则不怒而威，致乐以治心者也。致礼以治躬则庄敬，庄敬则严威。心中斯须不和不乐，而鄙诈之心入之矣；外貌斯须不庄不敬，而易慢之心入之矣。故乐也者，动于内者也；礼也者，动于外者也。乐极和，礼极顺。内和而外顺，则民瞻其颜色而弗与争也，望其容貌而民不生易慢焉。故德辉[六]动于内，而民莫不承听；理发诸外，而民莫不承顺。故曰：致礼乐之道，举而错[七]之天下无难矣。"（《礼记·乐记》）

[一]斯须，暂也，犹云"顺臾"。[二]易直，和易正直也。子谅，读为"慈良"。[三]此乐音洛，下"乐则"之"乐"同。[四]谓性体自然。[五]谓神妙不测。[六]辉（huī）音辉。[七]错，与"措"同。

元陈氏澔曰："动于内，则能治心矣；动于外，则能治躬矣。极和极顺，则无斯须之不和不顺矣。所以感人动物，其效如此。"（《礼记集说》）

荀䓨[一]、士鲂[二]卒。晋侯[三]蒐于绵上以治兵[四]，使士匄将中军，辞曰："伯游[五]长。昔臣习于知伯，是以佐之[六]，非能贤也。请从伯游。"荀偃将中军[七]，士匄佐之。使韩起将上军，辞以赵武。又使栾黡[八]，辞曰："臣不如韩起。韩起愿上赵武，君其听之！"使赵武将上军，韩起佐之；栾黡将下军，魏绛佐之[九]。新军无帅[一〇]，晋侯难其人，使其什吏[一一]，率其卒乘[一二]官属，以从于下军，礼也[一三]。晋国之民，是以大和，诸侯遂睦。君子曰："让，礼之主也。范宣子[一四]让，其下皆让。栾黡为汰，弗敢违也[一五]。晋国以平，数世赖之。刑[一六]善也夫！一人刑善，百姓休和，可不务乎[一七]？《书》[一八]曰：'一人有庆，兆民赖之。其宁惟永[一九]。'其是之谓乎？"（《左传·襄公十三年》）

[一]即知䓨，晋中军将。[二]晋下军佐。[三]晋悼公。[四]为将命军帅也，必蒐而命之，所以与众共。[五]荀偃，时将上军。[六]襄公七年，韩厥老，知䓨代将中军，士匄佐之。[七]代荀䓨。[八]以赵武位卑，故不听，更命栾黡（yǎn 掩）。[九]代士鲂。[一〇]新军帅赵武迁将上军，其佐魏绛迁佐下军。[一一]什吏是十人长。什音十。[一二]步

卒、车士。[一三]得慎举之礼。[一四]士匀。[一五]栾黡最为汏侈，亦弗敢违戾。[一六]刑，法也。[一七]可不以刑善为先务乎？[一八]《书经·吕刑篇》。[一九]义取上有好善之庆，则下赖其福。宁，安也；永，长也。

　　倬按：竞争之说兴，而礼让之风微。观晋之将帅礼让为国，而晋民大和，晋国以平，则其效亦可睹矣。当举世争夺之际，有以礼让倡导群伦者乎？亦一救时之良药也。

　　和如羹焉，水火醯醢盐梅[一]，以烹鱼肉，燀[二]之以薪。宰夫和之，齐之以味，济其不及，以泄其过。君子食之，以平其心。君臣亦然。君所谓可，而有否[三]焉，臣献其否，以成其可[四]；君所谓否，而有可焉，臣献其可，以去其否。是以政平而不干，民无争心。(《左传·昭公二十年》，晏子对齐侯语)

　　[一]醯(xī西)，呼兮反，酢也。醢(hǎi)音海，肉酱也。古人调鼎用梅醢。[二]燀(chǎn产)，章善反，炊也。[三]否(fǒu)音缶，不可也。[四]献君之否，以成君可。

　　宋真氏德秀曰："古昔盛时，明良会聚，不惟都俞，而有吁咈焉。曰都曰俞者，相可之谓也；曰吁曰咈者，相否之谓也。惟其可否相济，所以为唐虞之治。卫侯言事，自以为是，而群臣和之，若出一口，所以致乱亡也。后之人主，有所欲为，率恶人之己异，曰：'此沮吾之事也。'不知以否济可，乃所以成吾事，而何沮之云？惟斟酌剂量于可否之间，如和羹然，期于适口而已。则其异也，乃所以为同；而其忤

也,适以为顺。吁!人主于晏子之言,可不深味也哉!"(《大学衍义》)

政宽则民慢,慢则纠之以猛;猛则民残,残则施之以宽。宽以济猛,猛以济宽,政是以和。(同上,仲尼之言)

柳下惠为士师[一],三黜[二]。人曰:"子未可以去乎[三]?"曰:"直道而事人,焉往而不三黜[四]?枉道而事人,何必去父母之邦[五]?"(《论语·微子》)

[一]柳下惠,姓展名禽,字季,居柳下而谥"惠"。士师,典狱之官,即今之法官。[二]黜(chù 触),退也,贬也。三黜者,三次被贬退也。[三]或人谓柳下惠曰:"子数被贬退,未可以离鲁国而他去乎?"[四]焉,何也。言世人多邪,而己以直道事之,则何往而不三黜乎?[五]枉,曲也。父母之邦,谓鲁国也。言若能枉道事人,则在鲁亦不见黜,何必离去本国乎?

宋朱子曰:"柳下惠三黜不去,而其辞气雍容如此,可谓和矣。然其'不能枉道'之意,则有确乎其不可拔者。是则所谓'必以其道,而不自失焉'者也。"(《论语集注》)

柳下惠不羞污君[一],不辞小官[二]。进不隐贤,必以其道[三]。遗佚而不怨[四]，厄穷而不悯[五]。与乡人处，由由然[六]不忍去也。"尔为尔，我为我，虽袒裼裸裎于我侧，尔焉能浼我哉[七]?"故闻柳下惠之风者，鄙夫宽[八]，薄夫敦[九]。(《孟子·万章下》)

[一]不以事滥恶之君为羞耻。[二]不以小官为卑下而辞去。[三]进不隐己之贤才，必欲行其道也。[四]遗佚，放弃也。言被君主所遗弃而不怨恨。佚音逸。[五]厄，困也；悯，忧也。言处困境而不忧。[六]自得之貌。[七]从"尔为尔"至"尔焉能浼我哉"，是柳下惠之言。袒裼，露背也；裸裎，露身也。袒（tǎn坦）音但；裼（xī）音锡；裸（luǒ倮），鲁果反；裎（chěng逞）音程。浼（měi美），莫罪反，污也。[八]鄙，狭陋也。鄙夫是胸襟狭陋之人。宽，大也。[九]薄夫是性情刻薄之人。敦，厚也。

宋张氏栻曰："柳下惠虽事污君而不羞，居小官而不辞；然其进也，未尝隐贤焉，未尝不以其道焉，此所以为柳下惠也。不然，则是枉己苟仕而已矣。"(《南轩孟子说》)

倬按：孟子曰："柳下惠，圣之和者也。"(《万章下》)又曰："柳下惠不以三公易其介。"(《尽心上》)盖外圆内方，自守介而与人和，此其所以和而不流，足为百世之师欤！

庄暴[一]见孟子，曰："暴见于王[二]，王语暴以好乐[三]，暴未有以对也。"曰："好乐何如？"孟子曰："王之好乐甚，则齐国其庶几[四]乎！"他日见于王，曰："王尝语庄子以好乐，有诸[五]？"王变乎色[六]，曰：

"寡人非能好先王之乐也，直好世俗之乐耳。"曰："王之好乐甚，则齐其庶几乎！今之乐，犹古之乐也。"[七]曰："可得闻与？"[八]曰[九]："独乐乐，与人乐乐，孰乐？"曰："不若与人？"曰："与少乐乐，与众乐乐，孰乐。"曰："不若与众。""臣请为王言乐[一〇]。今王鼓乐于此，百姓闻王钟鼓之声，管籥之音[一一]，举疾首蹙頞[一二]而相告曰：'吾王之好鼓乐，夫何使我至于此极[一三]也？父子不相见，兄弟妻子离散。'今王田猎于此，百姓闻王车马之音，见羽旄之美[一四]，举疾首蹙頞而相告曰：'吾王之好田猎，夫何使我至于此极也？父子不相见，兄弟妻子离散。'此无他，不与民同乐也[一五]。今王鼓乐于此，百姓闻王钟鼓之声，管籥之音，举欣欣然[一六]有喜色而相告曰：'吾王庶几无疾病与？何以能鼓乐也？'今王田猎于此，百姓闻王车马之音，见羽旄之美，举欣欣然有喜色而相告曰：'吾王庶几无疾病与？何以能田猎也。'此无他，与民同乐也[一七]。今王与百姓同乐，则王矣[一八]。"（《孟子·梁惠王下》）

[一]齐臣。[二]"见于"之"见"音现，下"见于"同。王指齐宣王。[三]乐音洛，悦也。[四]庶几，近辞也。言近于治。[五]孟子见齐宣王而问之也。[六]变色者，惭其好之不正也。[七]此孟子之言。好乐甚，犹言甚好乐也。今乐，世俗之乐；古乐，先王之乐。[八]齐宣王问孟子之言。[九]自此以下四"曰"字，系孟子与宣王两问、两答。[一〇]自此以下，皆孟子之言。[一一]钟鼓、管籥，皆乐

器。管籥（yuè月）是箫笛等。［一二］举，皆也。疾首，头痛也。蹙（cù促），子六反，聚也；頞（è）音遏，额（鼻梁）也。人忧愁则蹙其额。［一三］极，困穷之至也。［一四］饰羽旄（máo毛）使之美好。［一五］谓独乐其身，而不恤其民，使之穷困也。［一六］喜悦之貌。［一七］推好乐之心以行仁政，使民各得其所也。［一八］好乐而能与百姓同之，则天下之民归之矣，所谓"齐其庶几"者如此。

姚叔节先生曰："赵氏岐、朱子熹，皆谓'好乐'为好音乐。后儒有谓此章惟鼓乐之'乐'音乐（yuè），余皆音'洛'（今 lè），悦乐也。不然，后文鼓乐、田猎对举，于文不类。《唐风》'好乐无荒'，《左传》：晏子曰：'古而无死，则古之乐也。'皆可证。其说似宜从。"（《孟子讲义》）

同人先号咷而后笑[一]，子曰，君子之道，或出或处，或默或语[二]，二人同心，其利断金[三]，同心之言，其臭如兰[四]。（《周易·系辞上传》）

［一］此☰同人九五之爻辞也，九五同于二，而为三四两阳所隔，故不胜愤抑而号咷，然邪不胜正，终必得合，故后笑也，号户羔反，咷道刀反。［二］君子出处语默，不违其中，其迹虽异，而心则同。［三］二人若同齐其心，其纎利能断截坚刚之金。［四］臭，气也，如兰，谓其言意味深长。

卷八　平

孟子曰："道在尔[一]而求诸远，事在易而求之难。人人亲其亲、长其长而天下平。"（《孟子·离娄上》）

[一]尔、迩古通用，近也。

宋朱子曰："亲、长在人为甚迩，亲之、长之在人为甚易；而道，初不外是也。舍此而他求，则远且难而反失之。但人人各亲其亲、各长其长，则天下自平矣。"（《孟子集注》）

宋真氏德秀曰："战国之时，学道者不求之近而求之远，图事者不求之易而求之难。不知举天下之人，而各亲亲、各长长，则和顺辑睦之风行，而乖争陵犯之俗息，天下其有不平者乎？"（《大学衍义》）

姚叔节先生曰："不安于迩与易，而好远务难者，人之恒情，聪明之士尤甚。不知天下至远之道，即在目前；至难之事，不出平易。试思能尽'亲亲长长'四字，完全无憾，已非圣贤不能，况使人人能尽'亲亲长长'四字？充斯量也，非尧舜为之君，禹契为之辅，不能望也，而尚可以为迩与易而忽之乎？孟子针对时人之病，说得平平无奇；吾人却当知此四字，终身行之不尽也。"（《孟子讲义》）

䷎《谦》:"亨[一],君子有终[二]。"《彖》曰:"谦亨,天道下济而光明[三],地道卑而上行[四]。天道亏盈而益谦[五],地道变盈而流谦[六],鬼神害盈而福谦,人道恶盈而好谦。谦尊而光[七],卑而不可逾[八],君子之终也[九]。"《象》曰:"地中有山,谦[一〇]。君子以裒多益寡,称物平施[一一]。"

初六:"谦谦君子[一二],用涉大川,吉[一三]。《象》曰:"谦谦君子,卑以自牧也[一四]。"

六二:"鸣谦,贞吉[一五]。"《象》曰:"'鸣谦贞吉',中心得也[一六]。"

九三:"劳谦,君子有终,吉[一七]。"《象》曰:"'劳谦君子',万民服也。"

六四:"无不利,㧑谦[一八]。"《象》曰:"'无不利㧑谦',不违则也[一九]。"

六五:"不富以其邻,利用侵伐,无不利[二〇]。"《象》曰:"'利用侵伐',征不服也[二一]。"

上六:"鸣谦,利用行师,征邑国。"《象》曰:"'鸣谦',志未得也。'可用行师',征邑国也[二二]。"
(《周易·上经》)

[一]谦者,有其德而不居之义;谦巽自处,有亨之道也。[二]君子志存谦巽,让而不矜,终身不易,自卑而人益尊之,自晦而德益光显,此所谓"君子有终"也。[三]济,当为"际";下际,谓下交也。天之道以其气下际,故能化

育万物，其道光明。[四]地之道，以其处卑，所以其气上行。[五]日中则昃，月满则亏。是亏减其盈，盈者亏减，则谦者受益也。[六]变谓倾坏，流谓聚而归之。[七]王氏引之曰："'尊'读为'撙节退让'之'撙'。'尊'之为言，损也，小也。"倬按：降己接物，名誉益隆，敬人而人愈敬己，故其道光显也。[八]辞貌卑逊，而志行刚正，故虽卑退而不可逾越。[九]此君子所以有终也。[一〇]马师通伯曰："山即地也。言地卑下，不足见其谦；必地中有山，而仍不失其地势之平，是乃地之谦也。"[一一]裒（póu 抔），蒲侯反；或作"捊"，取也。取多益寡，所以称物之宜，而平其施。称（chèng 秤），尺证反。[一二]初六以柔顺处谦，又居一卦之下，为自处卑下之至，谦而又谦也，故曰"谦谦"；能如是者，君子也。[一三]涉川贵于迟重，不贵急速。用谦谦之道以涉川，自然万无一失，故吉。[一四]牧，养也。言恒以谦卑自养其德。[一五]谦德积于中，发于外，见于声音颜色，曰"鸣谦"；德正处中，故贞吉。[一六]中心所自得，非勉强为之。[一七]劳谦匪懈，是以吉。或曰：劳谦，言有功劳而持谦德也，惟君子能终而得吉。[一八]谓当撝散其谦之道，布于上下也。撝（huī 挥），呼回反。高亨先生曰："有施于人，而无居德之心、伐德之言，是为撝谦。撝谦则人皆感恩戴德，故曰'无不利撝谦'。"[一九]则，常也。言守其常而不变也。[二〇]潜师曰侵，声罪曰伐。高先生曰："因邻人盗劫其财物而家贫，是人之不富以其邻也；因邻国寇掠其财物而国贫，是国之不富以其邻也。有邻如此，侵伐之名正而言顺，故曰'不富以其邻，利用侵伐'。不富以其邻，则知所戒备；知所戒备，则无忧患，所谓'有备无患'是也，故又曰'无不利'。"[二一]文德所不能服者，则以武力征服之。[二二]马师曰:"劳谦在下,上则应之而鸣,志未得,正其谦也。盖行师必有罪己之诏以自鸣。夫谦何必自鸣哉?独可用于行师征邑国耳。班师而有苗格,鸣谦之效也。'征不服'为战阵之事;'征邑国'但声罪而不遽加兵,亦谦意也。"或曰:谦极有闻,人之所与,故可用行师;然质柔无位,可以征己之邑国而已。

元胡氏一桂曰:"《谦》一卦,下三爻皆吉而无凶,上三爻皆利而无害。《易》中吉利,罕有若是纯全者,谦之效固如此。"(《周易折中》)

倬按:《易》之《豫》卦:"六三,盱豫,悔迟有悔。"解之者曰:"盱,上视也;豫,喜佚悦乐之貌。视瞻高傲,不胜其豫,故宜有悔;若悔之迟,必有悔也。"观此,愈知"谦"之有益。吾见因骄傲而败名殒命者多矣,特全录《谦》卦之文,以资研究。然过谦则近于鄙卑,亦非君子之道也。

又按:海通以来,我国外交,鲜不失败。论者每归咎谦让之召侮。谓外人力主竞争,惟知进取;我则崇尚谦让,容忍是务。故我愈退而彼愈进,彼益富强而我益贫弱。倬尝思之,觉其言信然,而未尽然也。以仅知谦让之流弊,而未知其真相也。盖谦之意义,乃谦尊而光,卑而不可踰。《论语》言礼让,是合礼乃让,不合礼则不让也。不知此义,而惟以畏缩退避为贤,岂古昔圣哲提倡谦让之本意耶?愿有志济世者熟思之。

先王之制礼乐也,非以极口腹耳目之欲也;将以教民平好恶[一],而反人道之正也。(《礼记·乐记》)

[一]谓不欲其好恶之偏私。好（hào 号），呼报反；恶（wù 务），乌路反。

宋陈氏旸曰："《周官》五礼防民之伪而教之中，六乐防民之情而教之和。所谓防民之情伪者，平好恶也；教之中和者，反人道之正也。"（《礼记义疏》）

元陈氏澔曰："人道不正，必自好恶不平始。好恶得其平，则可以复乎人道之正，而风移俗易矣。"（《礼记集说》）

或曰："以德报怨，何如？"[一]子曰："何以报德[二]？以直报怨，以德报德[三]。"（《论语·宪问》）

[一]德，谓恩惠也。老子有"报怨以德"之说，或人之意，欲人犯而不校，故以此言问孔子也。[二]言于其所怨，既以德报之矣，则人之有德于我者，又将何以报之乎？此孔子不以或人之言为然而驳之也。[三]此孔子自述其对于报怨、报德之正当办法，言当以直道报怨、以恩德报德也。

宋朱子曰："或人之言，可谓厚矣。然以圣人之言观之，则见其出于有意之私，而怨、德之报，皆不得其平也。必如夫子之言，然后二者之报各得其所。"（《论语集注》）

钱穆先生曰："以直道报怨者，其实则犹以仁道报怨也，以人与人相处之公道报怨也。我虽报吾之私怨，而使旁人不责我为过分，而公认我之报之为正当焉，是即直道矣。报德可过分，而报怨不可以过分，此亦仁道也。若人有怨于我，而我故报之以德，是未免流于邪枉虚伪，于仁为远，故孔子不取。"（《论语要略》）

俾按：《礼记·表记》：子曰："以德报德，则民有所劝；以怨报怨，则民有所惩。"足为此章注脚。

子曰："躬自厚而薄责于人，则远怨矣。"[一]（《论语·卫灵公》）

[一]躬，身也，指自己而言。厚，重也。躬自厚，言责己厚重也。薄，轻也。薄责于人，言责人轻也。责己重而责人轻，则人之怨恨远矣。

宋朱子曰："责己厚，故身益修；责人薄，故人易从，所以人不得而怨之。"（《论语集注》）

清黄氏式三曰："《金氏考证》云：'吕成公少年性严急，自诵此章之后，德量宽宏。'然则善读此者，非徒远怨，抑能惩忿。"（《论语后案》）

唐蔚芝先生曰："古之君子，其责己也重以周，其待人也轻以约。甚矣，当世责人者之多而怨气为之充盈也！躬自厚而薄责于人，平心之标准，进德之标准，尤为处乱世之标准。"（《论语新读本》）

子曰："君子不以言举人[一]，不以人废言[二]。"（同上）

[一]有言者不必有德，故不可以言举人。[二]小人之言或有可采，故不以人废言。

明李氏颙曰："不以言举人，则徒言者不得幸进；不以

人废言，庶言路不至壅塞。此致治之机也。"(《四书反身录》)

姚师（仲实）曰："此章见君子之心公，故于举人、取言之间，能持其平如此。"(《论语述义》)

子贡问曰："有一言[一]而可以终身行之者乎？"子曰："其恕乎[二]！己所不欲，勿施于人[三]。"(同上)

[一]一字。[二]惟"恕"之一字，可以终身奉行。[三]言己之所恶勿加施于人也。此是恕之定义。

宋朱子曰："推己及物，其施不穷，故可以终身行之。"(《论语集注》)

胡适之先生（适）曰："忠恕虽不完全属于人生哲学，却也可算得是孔门人生哲学的根本方法。《论语》上子贡问：可有一句话可以终身行得的吗？孔子答道：'其恕乎！己所不欲，勿施于人。'这就是《大学》的'絜矩之道'；（所恶于上，毋以使下；所恶于下，毋以事上。所恶于前，毋以先后；所恶于后，毋以从前。所恶于右，毋以交于左；所恶于左，毋以交于右：此之谓絜矩之道。）这就是《中庸》的'忠恕'；（忠恕违道不远，施诸己而不愿，亦勿施于人，君子之道四，丘未能一焉，所求乎子以事父，未能也，所求乎臣以事君，未能也，所求乎弟以事兄，未能也，所求乎朋友，先施之，未能也。）这就是孟子说的'善推其所为'。（老吾老，以及人之老；幼吾幼，以及人之幼；古之人所以大过人者，无他焉，善推其所为而已矣。）这几条都只说了一个'恕'字。'恕'字在名学上是推论；在人生哲学一方面，也只是一个'推'字。我与人同是人，故己所不欲，勿施于人；故所恶于上，毋以使下；故所求乎子以事父；故老吾老以及人之老。只要认定我与人同属的类，只要认得我与人的共相，便自然会推己及人，这是人生哲学上的一以贯之。"（《中国哲学史大纲》）

子曰："知几[一]其神乎！君子上交不谄[二]，下交不渎[三]，其知几乎？"（《周易·系辞下传》）

[一]几（jī）音机。[二]谄，犹佞也。倾身自下，希承人意曰谄。[三]渎（dú）音独，慢也。

宋项氏安世曰："谄者本以求福，而祸常基于谄；渎者本以交欢，而怨常起于渎。《易》言'知几'，孔子以不谄不渎明之，此真所谓知几者矣。"（《周易折中》）

有言逆于汝心，必求诸道[一]；有言逊于汝志，必求诸非道[二]。（《书经·太甲下》，伊尹申诰商王之言）

[一]鲠直之言，人所难受；于其所难受者，必求诸道，不可遽以逆于心而拒之。[二]逊，顺也。巽顺之言，人所易从；于其所易从者，必求诸非道，不可遽以顺于志而听之。

宋薛氏季宣曰："逆心之言，忠也；逊志之言，谄也。忠言逆心而切于事，谄言顺意而悖于理。能以道观，则忠者不逆；求其非道，则谄者不顺矣。听言之道，此其要也。"（《书经传说汇纂》）

倬按：子路，人告之以有过则喜。王阳明先生曰："凡攻我之失者，皆我师也。"忠言逆耳而利于行，先哲固惟恐其不获闻也。虽逆耳之言，亦有不合理者；逊志之言，亦有合理者。然当世情复杂之际，处高位者，往往好闻逊志之言，而恶闻逆耳之言。若能于闻言之时，不计其逆耳或逊志，而一以道衡之，则进德无疆，而举措公平矣。

人亦有言[一]：柔则茹之，刚则吐之[二]。维仲山甫[三]，柔亦不茹，刚亦不吐。不侮矜[四]寡，不畏强御。(《诗经·大雅·烝民》第五章)

[一]世俗之言。[二]茹（rú如）音汝，食也。刚柔之在口，或茹之，或吐之。喻人之于敌强弱。[三]周宣王时樊国之君。[四]矜（guān）音鳏。

宋廖氏刚曰："立人之道，曰仁与义。仁则无不爱也，岂以其柔而茹之？义则无不理也，岂以其刚而吐之？《书》(《书经·洪范》)曰：'无虐茕独，而畏高明，仲山甫与有焉。'"(《诗经传说汇纂》)

好恶不愆，民知所适[一]，事无不济。(《左传·昭公十五年》，晋中行穆子述叔向语)

[一]愆（qiān千），过也。在上者好善恶恶无有过差，则人民知上之好恶，有所适归。

卷九　总　论

大学之道[一]，在明明德[二]，在亲民[三]，在止于至善[四]。

知止而后有定，定而后能静，静而后能安，安而后能虑，虑而后能得[五]。物有本末，事有终始。知所先后，则近道矣[六]。

古之欲明明德于天下[七]者，先治其国；欲治其国者，先齐其家；欲齐其家者，先修其身；欲修其身者，先正其心[八]；欲正其心者，先诚其意[九]；欲诚其意者，先致其知[一〇]。致知在格物。

物格而后知至[一一]，知至而后意诚，意诚而后心正，心正而后身修，身修而后家齐，家齐而后国治，国治而后天下平[一二]。自天子以至于庶人，壹是皆以修身为本[一三]。

其本乱而末治者否矣[一四]。其所厚者薄，而其所薄者厚，未之有也[一五]。此谓知本，此谓知之至也[一六]。（《大学》）

[一]朱子《大学章句》："大学者，大人之学也。"大学

之道，是造成理想人格之修养方法。〔二〕明德，光明之德。明明德者，自明其光明之德也。〔三〕朱子根据程子之说，谓"亲"当作"新"，"新"者，革其旧之谓也。言既自明其明德，又当推以及人，使之亦有以去其旧染之污也。王阳明先生则仍依"亲"字作解释。〔四〕朱注："止者，必至于是而不迁之意。至善，则事理当然之极也。止于至善，是明明德、新民之标的。"〔五〕"止"者，所当止之地，即至善之所在也。知之则志有定向。静谓心不妄动，安谓所处而安，虑谓处事精详，得谓得其所止。后与"後"同。〔六〕朱注："明德为本，新民为末；知止为始，能得为终。本始所先，末终所后。"此结上文两节之意。或谓"本末"二字，即下文"本乱末治"字；下文六"先"字，即此"先"字；七"后"字，即此"后"字，系提起下文。〔七〕明其光明正大之德于天下。〔八〕心者，身之所主也。若欲修身，必先正心。〔九〕诚，实也。意者，心之所发也；实其心之所发，欲其一于善而无自欺也。〔一〇〕孔氏颖达疏："言欲精诚己意，先须招致其所知之事。"谓初始必须学习，然后乃能有所知晓其成败，故云"先致其知"也。〔一一〕朱子曰："格，至也。物犹事也。欲致吾之知，在即物而穷其理，是以大学始教，必使学者即凡天下之物，莫不因其已知之理而益穷之，以求至乎其极。至于用力之久，而一旦豁然贯通焉，则众物之表里精粗无不到，而吾心之全体大用无不明矣。"王阳明先生谓："格者，正也。正其不正，以归于正也。致知者，致吾心之良知；格物者，去外物之诱蔽。"马一浮先生云："朱子释格物为穷至事物之理，致知为推极吾心之知；阳明释知善知恶是良知，为善去恶是格物。阳明之说，固是直指，然就自家得力处说，朱子却还他《大学》元来文义。论功夫造诣是同；论诠释经旨，是朱子较密。"蒋伯潜先生述陈氏兰甫之说，而申其义曰："格物者，谓事事物物，皆躬亲历至之也。事非经过不知难，亦非经过不能有真知灼见，故曰'致知在格物，物格而后知至'也。然则格物致知，犹俗云'从阅历中增长见识'而已。此语至为浅近，亦至为切实，不待繁言而解也。"［一二］"修身"以上，明明德之事；"齐家"以下，新民之事。［一三］庶人，谓普通之人民。壹是，一切也。格物、致知、诚意、正心，皆所以修身；齐家、治国、平天下，其根本亦在修身，故曰"自天子以至于庶人，壹是皆以修身为本"。［一四］本指修身，末指齐家、治国、平天下。身不能修，而欲家齐、国治、天下平，难矣。［一五］朱注："所厚，谓家也。"马师通伯曰："人于家国天下之厚薄，有自然之序焉。《春秋》'内中国而外夷狄'，是国厚于天下也；孟子曰'亲亲而仁民'，是家又厚于国也。言不能厚其家，而能德被国人、泽及天下者，未之有也。"［一六］知到本处，便是知到至处，故曰"此谓知之至也"。此二句，朱子《大学章句》列入传之五章。

宋吕氏大临曰："《尧典》诸书，皆自身而推之天下。至于先之以格物、致知、诚意、正心，而后次之以修其身，则自《大学》始。发前圣未言之蕴，示学者以从入之途，厥功大矣！"（《大学衍义》）

梁任公先生曰："儒家哲学，范围广博。概括起来，其用功所在，可以《论语》'修己安人'一语括之；其学问最高目的，可以《庄子》'内圣外王'一语括之。做修己的功夫做到极处，就是内圣；做安人的功夫做到极处，就是外王。至于条理次第，以《大学》上说得最简明。《大学》所

谓格物、致知、诚意、正心、修身，就是修己及内圣的功夫；所谓齐家、治国、平天下，就是安人及外王的功夫。"（《儒家哲学》）

胡适之先生曰："《大学》的主要方法，把修身作一切的根本。格物、致知、诚意、正心，都是修身的工夫；齐家、治国、平天下，都是修身的效果。这个身，这个个人，便是一切伦理的中心点。"（《中国哲学史大纲》）

蒋伯潜先生曰："由明明德而新民，便是《论语》孔子所说的'己欲立而立人，己欲达而达人'，《中庸》所说的'成己成物'，孟子所说的'先知觉后知，先觉觉后觉'。由此可知大人之学，不但要能自明其明德，以独善其身；还要能使人人自新，以兼善天下。"（《大学读本》）

倬按：朱子谓明明德、亲民、止于至善三者，《大学》之纲领也；格物、致知、诚意、正心、修身、齐家、治国、平天下八者，《大学》之条目也。（《大学章句》）此"三纲领八条目"，乃吾国最精之政治哲学，亦世界最精之政治哲学也。

哀公[一]问政。子曰："文武[二]之政，布在方策[三]。其人存，则其政举；其人亡，则其政息[四]。人道敏政[五]，地道敏树[六]。夫政也者，蒲卢也[七]。故为政在人[八]，取人以身[九]，修身以道，修道以仁。仁者人也，亲亲为大；义者宜也，尊贤为大。亲亲之杀，尊贤之等，礼所生也[一〇]。在下位不获乎上，民不可得而治矣[一一]。故君子不可以不修身；思修身，不可以不事亲；思事亲，不可以不知人；思知人，不可以不知天[一二]。

"天下之达道五，所以行之者三。曰：君臣也，父子也，夫妇也，昆弟也，朋友之交也，五者，天下之达道也[一三]。知、仁、勇三者，天下之达德也，所以行之者一也[一四]。或生而知之[一五]，或学而知之，或困而知之，及其知之一也。或安而行之，或利而行之[一六]，或勉强而行之，及其成功一也。"

子曰[一七]："好学近乎知，力行近乎仁，知耻近乎勇。知斯三者，则知所以修身；知所以修身，则知所以治人；知所以治人，则知所以治天下国家矣。

"凡为天下国家有九经[一八]，曰：修身也，尊贤也，亲亲也，敬大臣也，体[一九]群臣也，子庶民[二〇]也，来百工[二一]也，柔远人[二二]也，怀[二三]诸侯也。修身则道立[二四]，尊贤则不惑[二五]，亲亲则诸父昆弟[二六]不怨，敬大臣则不眩[二七]，体群臣则士之报礼重[二八]，子庶民则百姓劝，来百工则财用足[二九]，柔远人则四方归之[三〇]，怀诸侯则天下畏之[三一]。齐明盛服[三二]，非礼不动，所以修身也；去谗远色，贱货而贵德，所以劝贤也；尊其位，重其禄[三三]，同其好恶，所以劝亲亲也；官盛任使，所以劝大臣也[三四]；忠信重禄[三五]，所以劝士也；时使薄敛[三六]，所以劝百姓也；日省月试[三七]，既禀（廪）称事[三八]，所以劝百工也；送往迎来[三九]，嘉善而矜不能，所以柔远人也；继绝世，举废国[四〇]，治乱持危[四一]，朝聘以时[四二]，厚往而薄来[四三]，所以怀诸侯也。凡为天下国家有九经，所以行之者一也[四四]。

"凡事豫则立[四五]，不豫则废。言前定则不跲[四六]，事前定则不困，行前定则不疚[四七]，道前定则不穷。在下位不获乎上[四八]，民不可得而治矣。获乎上有道，不信乎朋友，不获乎上矣；信乎朋友有道，不顺乎亲，不信乎朋友矣；顺乎亲有道，反诸身不诚[四九]，不顺乎亲矣；诚身有道，不明乎善[五〇]，不诚乎身矣。诚者，天之道也[五一]；诚之者，人之道也[五二]。诚者，不勉而中，不思而得，从容中道，圣人也[五三]；诚之者，择善而固执之者也[五四]。

"博学之，审问之，慎思之，明辨之，笃行之[五五]。有弗学，学之弗能弗措[五六]也；有弗问，问之弗知弗措也；有弗思，思之弗得弗措也；有弗辨，辨之弗明弗措也；有弗行，行之弗笃弗措也。人一能之，己百之；人十能之，己千之[五七]。果能此道矣，虽愚必明，虽柔必强[五八]。"（《中庸》）

[一]鲁君。[二]周文王、武王。[三]方是木版，策是竹简。古时纸未发明，写字于木版、竹简。方策即指书籍而言。[四]其人，谓贤人。举犹"行"也，息犹"灭"也。为政在得人，若徒恃方策之陈法，适足为奸邪强暴之资耳，乌足以治国哉！[五]敏，犹"勉"也。言为人君当勉力行政。[六]树，谓殖草木也。为地之道，亦勉力生殖。[七]郑注："蒲卢，蜾蠃。"谓土蜂也。《诗》曰："螟蛉有子，蜾蠃负

之。"螟蛉，桑虫也。蒲卢取桑虫之子去而变化之，以成为己子。政之于百姓，若蒲卢之于桑虫然。[八]《家语》作"为政在于得人"，语意尤备。[九]取人之则，又在修身。[一〇]五服之节，降杀不同，是亲亲之衰杀；公卿大夫，其爵各异，是尊贤之等级。礼者，所以辨明以上诸事，故曰"礼所生也"。杀（shài 晒），色界反。[一一]郑氏谓此句应在下文，此处误重。[一二]亲亲之杀，尊贤之等，皆天理也，故又当知天。[一三]达道者，天下古今所共由之路。五达道，即《书经》所谓"五典"，《孟子》所谓"父子有亲，君臣有义，夫妇有别，长幼有序，朋友有信"是也。[一四]知，所以知此也；仁，所以体此也；勇，所以强此也。谓之达德者，天下古今所同得之理也。一则诚而已矣。[一五]知者，知此道也。[一六]行者，行此道也。利而行之，谓贪其利益而行之也。[一七]马师通伯曰："《家语》'一也'之下，有'公曰：子之言至矣美矣，寡人实固不足以成之也'。故其下复以'子曰'起答辞。子思不删'子曰'二字，略存当时出言次第，非衍文也。"[一八]为，治也。经，即经纶之经。有九经，言有九项大纲也。[一九]谓体恤之。[二〇]庶，众也。言视百姓如吾子也。[二一]招来百工。[二二]抚柔远方之人。[二三]怀，安抚也。[二四]谓道成于己，而可为人民之表率。[二五]不疑惑于理。[二六]诸父，伯父、叔父；昆弟，兄弟也。[二七]敬大臣，则信任专，而小人不得间之，故不眩。不眩，谓不迷于事也。[二八]君使臣以礼，则臣事君以忠。[二九]来百工，则通工易事，农工商相资，故财用足。[三〇]柔远人，则天下之旅客，皆悦而愿出于其途，故曰"四方归之"。[三一]怀诸侯，则德之所施者博，而威之所制者广，故曰"天下畏之"。[三二]齐明，谓整齐明洁。盛服，谓正其衣冠。〔三三〕禄位所以贵之，不必授以官守。〔三四〕谓官属众盛，足任使令也。盖大臣不当亲细事，所以优待之如此。〔三五〕谓待之诚而养之厚。〔三六〕使之以时，薄其赋敛。〔三七〕省试，考校其成功。〔三八〕谓计算其所为之事而给其食也。既（jì 记），读曰饩；禀（lǐn 廪），力锦反。〔三九〕往者为之授节以送之，来则丰其委积以迎之。〔四〇〕无后者续之，灭者封之。〔四一〕诸侯国内有乱，则治讨之；危弱，则扶持之。〔四二〕朝谓诸侯见于天子，聘谓诸侯使大夫来献。《王制》："比年一小聘，三年一大聘，五年一朝。"〔四三〕谓燕赐厚而纳贡薄。〔四四〕一者，诚也。一有不诚，则九者皆为虚文矣。〔四五〕言凡百事务，均须先有准备，然后可以成功也。〔四六〕跲（jiá 夹）音给，踬也。〔四七〕疚是惭愧悔恨之意。〔四八〕获，得也。获乎上，言得在上位者之信任。〔四九〕谓反求诸身，而所存所发，未能真实而无妄也。〔五〇〕谓未能察于人心、天命之本然，而真知至善之所在也。〔五一〕诚者，真实无妄之谓，天理之本然也。〔五二〕诚之者，未能真实无妄，而欲其真实无妄之谓，人事之当然也。〔五三〕从容，不勉强之意。圣人之德，浑然天理，真实无妄。故不待思勉，自能合乎中道，不思而得，生而知之也；不勉而中，安而行之也。从（cōng 聪），七容反。〔五四〕择善，学而知之以下之事；固执，利而行之以下之事。〔五五〕学、问、思、辨，所以择善而为知，学而知也；笃行，所以固执而为仁，利而行也。〔五六〕措，置也。〔五七〕君子之学，不为则已，为则必要其成，故常百倍其功。此困而知勉强而行之事也。〔五八〕言愚者可进于明，柔者可进于强。明者，择善之功；强者，固执之效也。

宋吕氏大临曰:"天下国家之本在身,故修身为九经之本。然必亲师取友,然后修身之道进,故尊贤次之。道之所进,莫先其家,故亲亲次之。由家以及朝廷,故敬大臣、体群臣次之;由朝廷以及其国,故子庶民、来百工次之;由其国以及天下,故柔远人、怀诸侯次之。此九经之序也。"(《礼记义疏》)

马一浮先生曰:"此章要义,曰:为政在人,取人以身,修身以道,修道以仁。"(《复性书院讲录》)

张新吾先生曰:"九经者,治国平天下之大法。其所以行之者一,一者诚也。此谓经营国事者,胸中只有一物;一物者,国家是也。盖胸中而只有国家,则于国事方向不误;且志同道合者,云集响应,于是国事得借群策群力而底于成。苟非然者,于国家之外,再有他物夹杂其间,则方向屡易,终于无成;或遭逢敌对,酿成相抗之局势,致国事受其波及而败坏。故曰:'为天下国家有九经,而行之者一。'若行之者贰,则九经成粪土矣"(《学庸新义》)

仲尼[一]祖述尧舜,宪章文武[二];上律天时[三],下袭水土[四]。辟如天地之无不持载,无不覆帱[五];辟如四时之错[六]行,如日月之代明,万物并育而不相害,道并行而不相悖[七];小德川流,大德敦化[八]。此天地之所以为大也。

唯天下至圣,为能聪明睿知,足以有临也[九];宽裕温柔,足以有容也[一〇];发强刚毅,足以有执[一一]也;齐庄中正,足以有敬也[一二];文理密察,足以有别也[一三]。溥博渊泉而时出之[一四]。溥博如天[一五]，渊泉如渊[一六]。见而民莫不敬，言而民莫不信，行而民莫不说[一七]。是以声名洋溢乎中国，施及蛮貊[一八]。舟车所至，人力所通，天之所覆，地之所载，日月所照，霜露所队[一九]，凡有血气者莫不尊亲[二〇]，故曰"配天"[二一]。

唯天下至诚，为能经纶天下之大经，立天下之大本[二二]，知天地之化育。夫焉有所倚[二三]？肫肫[二四]其仁！渊渊[二五]其渊！浩浩[二六]其天！苟不固聪明圣知达天德者，其孰能知之[二七]？

《诗》曰："衣锦尚絅。"恶其文之著也[二八]。故君子之道，暗然而日章[二九]；小人之道，的然而日亡[三〇]。君子之道，淡而不厌，简而文，温而理[三一]，知远之近，知风之自，知微之显，可与入德矣[三二]。《诗》[三三]云："潜虽伏矣，亦孔之昭[三四]！"故君子内省不疚，无恶于志[三五]。君子之所不可及者，其唯人之所不见乎[三六]？《诗》[三七]云："相在尔室，尚不愧于屋漏[三八]。"故君子不动而敬，不言而信[三九]。《诗》[四〇]曰："奏假无言，时靡有争[四一]。"是故君子不赏而民劝，不怒而民威于鈇钺[四二]。《诗》[四三]曰："不显惟德，百辟其刑之[四四]。"是故君子笃恭而天下平[四五]。《诗》[四六]云："予怀明德，不大声以色[四七]。"子曰："声色之于以化民末也[四八]。"《诗》[四九]曰"德輶如毛"，毛犹有伦[五〇]；"上天之载，无声无臭"，至矣[五一]！

（同上）

　　　[一]孔子，名丘，字仲尼。[二]祖，始也；宪，法也；章，明也。言孔子始述尧、舜之道，而发明文王、武王之德。[三]律，述也。述天时，谓编年四时具也。[四]袭，因也。因水土，谓说诸夏之事，山川之异。[五]辟同"譬"。帱（dào到），徒报反，亦覆也。[六]错，犹"迭"也。[七]悖，犹"背"也。[八]朱注："小德者，全体之分；大德者，万殊之本。川流者，如川之流，脉络分明而往不息也；敦化者，敦厚其化，根本盛大而出无穷也。"马师通伯曰："大德配天之敦化，小德配地之川流。孔子不必得位，而能配天地，其德盛也。"[九]圣，通也，明也。聪明睿知，皆至圣之德。临，谓居上而临下也。睿音锐，知音智。[一〇]言宽弘性善，温克和柔，仁足以包容也。[一一]执，犹"断"也。言奋发意志，坚强刚毅，义足以断事也。[一二]齐庄是肃敬庄重之意，言礼足以致敬。齐（qí旗），侧皆反。[一三]文，文章也；理，条理也。密，详细也；察，明辨也。言智足以辨别。别（bié鳖），彼列反。[一四]溥博，周遍而广阔也；渊泉，静深而有本也。出，发见也。言五者之德，充积于中，而以时发见于外也。溥（pǔ）音普。[一五]言似天无不覆帱也。[一六]言润泽深厚，如川水之流。[一七]说音悦。[一八]施（yì）音异，延也。蛮，南夷之称；貊（mò陌），武伯反，北方人也。[一九]队（zhuì）音坠，落叶。[二〇]孔子能尽人物之性，故和气所感，凡有血气者，莫不尊而亲之。[二一]言其德之所及，广大如天也。[二二]朱注："大经者，五品之人伦；大本者，所性之全体。"或曰：大经谓六艺而指《春秋》；大本，《孝经》也。

盖孔子志在《春秋》，行在《孝经》也。[二三]无所偏倚。[二四]肫肫，恳至貌；以经纶而言也。肫（zhūn谆），之纯反。[二五]渊渊，静深貌；以立本而言也。[二六]浩浩，广大貌；以知化而言也。[二七]言惟圣人能知圣人。[二八]《诗经·卫风·硕人篇》作"衣锦褧衣"。褧、絅（均jiǒng迥）通用，禅衣也。尚，加也。衣锦而加禅衣以蔽之，为其文之大著也。[二九]君子只欲实得于己，不是欲求人知，所以暗然；然理自彰著而不可掩，犹衣锦尚絅，而锦之文采自然著见于外也。[三〇]的，明也。小人好外炫，而无实以继之，是以"的然而日亡"也。[三一]马师曰："固有之性，无声色，无臭味，淡而不厌也。五达道易知易从，秩然有序，简而文也；明诚之教，宽裕温柔，仁以成己，文理密察，知以成物，温而理也。"[三二]马师曰："'知远之近'者，知道达于天下，而实近在伦纪也。'知风之自'者，知教必有本，风化自内出也。'知微之显'者，知性之著明动变，即道教而性可显也。欲达天德者，由此入矣。"[三三]《诗经·小雅·正月篇》。[三四]孔，甚也；昭，明也。言鱼虽潜伏于水，亦甚昭然可见。[三五]疚，病也。言自省无病，则无愧于心。[三六]君子所以不可及者，惟能于人所不知之处致其谨耳，即所谓"慎独"也。[三七]《诗经·大雅·抑篇》。[三八]郑注："相，视也。室西北隅谓之屋漏。"马师曰："不愧屋漏，不愧于天光之鉴临也。"[三九]不待应事接物而后敬，不待发言而后信。[四〇]《诗经·商颂·烈祖篇》。[四一]马师曰："奏同'凑'，聚也；假训'大'。聚大犹言'聚众'。民劝、民威，故不争，所谓以和致和也。"[四二]威，畏也。鈇（fū）音夫，莝斫刀也；钺（yuè）音越，斧也。[四三]《诗经·周颂·烈文篇》。[四四]不显，言显也；

辟音璧，君也；刑，法也。言不显乎文王之德，诸侯法之也。或曰：丕（不）通为"丕"，大也。[四五]马师曰："诚形于外之谓礼。笃恭者，敦厚以崇礼，即所谓敬也。劝威而至于不用喜怒，笃恭而至于天下平。修己以敬，修己以安人、安百姓，是中和之极致也。"[四六]《诗经·大雅·皇矣篇》。[四七]马师曰："以犹'与'也。言德之光显，非张皇声色之所能致。"[四八]马师曰："子言止此。"[四九]《诗经·大雅·烝民篇》。[五○]郑注："輶，轻也。德之易举而用，其轻如毛耳。"伦，犹"比"也。朱注："引孔子之言：声色乃化民之末务；今但言'不大'，则犹有声色者存；不若《烝民》诗所言'德輶如毛'，庶乎可以形容矣。而又自以为谓之'毛'，则犹有可比者；不若《文王》诗所言也。"[五一]孔疏："言天之生物，寂然无象，而物自生。'上天之载'二句，是《大雅·文王》之诗，不言'诗云'者，略也。"马师曰："载，始也。《易》曰：'大哉乾元，万物资始。'故无声臭。无声无臭之至，实《中庸》之至也。"

蒋伯潜先生曰："此段对于孔子之道，备致赞扬。首言仲尼远法尧舜、近法文武，上法天、下法地，故其道广大如天地，悠久如四时，光明如日月，备圣（聪明睿知）、仁（宽裕温柔）、义（发强刚毅）、礼（齐庄中正）、智（文理密察）五德，足以有临、有容、有执、有敬、有别。言其大，则溥博如天；言其深，则渊泉如渊。见而民莫不敬，言而民莫不信，行而民莫不悦。是以声名洋溢乎中国，施及蛮貊；普天之下，血气之伦，莫不尊亲。故可以配天，惟天下之至诚，方能如此耳。此其诚仁，其精深博大，非聪明圣知达天德者，固不足以知之也。不知亦何害？君子之道固暗然而日章者。君子之道，淡而不厌，简而文，温而理，故必知远与近、知凡与目、知微与显者，方可以入德也。（原注：用俞樾说：风，凡也；自，"目"之误也。三"之"字作"与"字解。）君子之所不及者，正唯人所不见之慎独工夫也。能不愧于屋漏，故能不动而敬，不言而信；故能行不言之教，无为之治，不待赏罚而民自化之，以致笃恭而天下平之盛。故以声色化民，尚着痕迹；以如毛喻德，尚落言诠。君子之化民，直如上天之化育万物，无声无臭也。"（《十三经概论》）

倬按：胡朴安先生之解首四句云："祖述尧舜者，守圣贤之道德也；宪章文武者，遵国家之法律也。上律天时者，知有时间也；下袭水土者，知有空间也。"故其"朴安主义"，是"守道德而遵法律，不为儒家之迂腐；遵法律而守道德，不为法家之刻薄；处空间而知有时间，不为现代中国之古代人；在时间不忘记空间，不为中国现代之外国人"。（《儒家修养录》）是善学孔子者，吾侪所宜效法也。

子曰："学而时习之，不亦说乎[一]？有朋自远方来，不亦乐乎[二]？人不知而不愠，不亦君子乎[三]？"（《论语·学而》）

[一]学之为言"效"也。习，重习也。"时习"有三义：无时不习，一也；按时而习，二也；及时而习，三也。之，犹"是"也。说与"悦"同，喜意也。乎为语助辞。学而时习，则必有所得，而中心喜悦矣。[二]朋，同类也。自，从也。乐音洛，喜也。以善及人，而信仰者众，有朋从远方

来，故可喜也。[三]皇氏侃《论语义疏》："愠，怒也。教诲之道，若人有钝根不能知解者，君子恕之，而不愠怒也。"朱子《集注》："君子，成德之名。尹氏曰：'学在己，知不知在人，何愠之有？'"二说并通。

  清梁氏清远曰："《论语》一书，首言为学，即曰'悦'、曰'乐'、曰'君子'，此圣人最善诱人处。盖知人皆惮于学而畏其苦也，是以鼓之以心意之畅适，动之以至美之嘉名，令人有欣羡之意，而不得不勉力于此也。此圣人所以为万世师。"（《采荣录》）

  子曰："视其所以[一]，观其所由[二]，察其所安[三]，人焉廋哉？人焉廋哉[四]？"（《论语·为政》）

  [一]《集注》："以，为也。为善者、为君子，为恶者、为小人。"[二]"观"比"视"为详。由，从也。事虽为善，而意之所从来者有未善焉，则亦不得为君子。[三]察，审察也，比"观"更详。安，所乐也。所由虽善，而心之所乐者不在于是，则亦伪耳，岂能久而不变哉？[四]焉，安也。廋（sōu 搜），所留反，隐匿也。言知人之法，但观察其终始，则人安所隐匿其情哉？再言之者，深明情不可隐也。

  胡适之先生曰："这一章乃是孔子人生哲学很重要的学说。'以'字当作'因'字解。孔子说，观察人的行为，须从三方面下手：第一，看他因为什么要如此做；第二，看他怎么样做，用的什么方法；第三，看这种行为，在做的人身心上发生何种习惯，何种品行。第一步是行为的动机，第二

步是行为的方法，第三步是行为所发生的品行。这种三面都到的行为论，是极妥善无弊的。"（《中国哲学史大纲》）

倬按：知人之法，孔子言之精矣。孟子亦有言曰："存乎人者，莫良于眸子。眸子不能掩其恶。胸中正，则眸子瞭焉；胸中不正，则眸子眊焉。听其言也，观其眸子，人焉廋哉？"（《孟子·离娄上》）盖人之接物，其神在目；言犹可伪，而眸子则不容伪也。知人原非易事，处今世尤为困难。有志功业者，不可不熟读此章，而深味乎孟子之言也！

子张问明。子曰："浸润之谮，肤受之愬，不行焉，可谓明也已矣[一]。浸润之谮，肤受之愬，不行焉，可谓远也已矣[二]。"（《论语·颜渊》）

[一]浸润，如水之浸灌滋润，渐渍而不骤也。谮（zèn），庄荫反，毁人之行也。毁人者渐渍而不骤，则听者不觉其入，而信之深矣。肤受，谓肌肤所受，利害切身者也。愬（sù 诉），苏路反，愬己之冤也。愬冤者急迫而切身，则听者不及致详而发之暴矣。"浸润之谮"与"肤受之愬"二者，均难觉察；而能察之，使其说不行，可谓有知人之明矣。[二]言德行高远，人莫能及。

明蔡氏清曰："人须要居敬穷理。居敬，则心有所把持而难动；穷理，则人情曲折，所在皆照，而不可蔽。"（《四书明儒大全精义》）

子曰："君子易事而难说[一]也。说之不以道，不说

也；及其使人也，器之[二]。小人难事而易说也。说之虽不以道，说也；及其使人也求备焉。"(《论语·子路》)

[一]说音悦，下同。[二]谓随其才具高下而用之。

宋真氏德秀曰："君子之心平恕，故易事；其情正大，故难说。惟其平恕，故使人各取其所长。小人之心刻覈，故难事；其情偏私，故易说。惟其刻覈，故用人必责其全备。"(《大学衍义》)

子曰："君子泰而不骄[一]，小人骄而不泰[二]。"(同上)

[一]泰，安舒也；骄，矜肆也。君子胸襟宽大，故常安舒；敬以持己，故不矜肆。[二]小人无所忌惮，故常矜肆；胸襟狭陋，故不安舒。

清李氏塨曰："君子无众寡，无小大，无敢慢，何其舒泰，而安得骄？小人矜己傲物，惟恐失尊，何其骄侈，而安得泰？"(《论语传注》)

孔子曰："益者三友，损者三友[一]。友直[二]，友谅[三]，友多闻[四]，益矣[五]。友便辟[六]，友善柔[七]，友便佞[八]，损矣[九]。"(《论语·季氏》)

[一]孔子言选择朋友，对于自己有益或有损者，其类各三也。[二]直者，正直也；友直则能闻己之过。[三]谅谓诚

信；友谅则日进于诚实。[四]多闻谓博学；友多闻则日进于高明。[五]与此三种人为友，皆有益矣。[六]便辟，谓巧辟人之所忌，以求容媚；与"直"相反。[七]善柔，谓能为面柔，以取悦于人；与"谅"相反。[八]便佞，谓习于口语，而无闻见之实；与"多闻"相反。[九]与此三种人为友，皆有损于己矣。

明李氏颙曰："人生不可无友，交友不可不择。友直谅多闻，则时时得闻己过，闻所未闻，长善救失，开拓心胸，德业、学问日进于高明。若与便辟柔佞之人处，则依阿逢迎，善莫予责，自足自满，长傲遂非，德业、学问日堕于匪鄙。为益为损，所关非细，交友可不慎乎！"（《四书反身录》）

倬按：朋友列五伦之内，必亲爱之情如兄弟，切磋之益同师生，劝善规过，恤贫救难，而后能穷通不移，死生不易。彼泛然交往、酒食征逐者，不足以言友；即虚文笼络、外密中疏者，亦不足以言友也。

孔子曰："益者三乐，损者三乐[一]。乐节礼乐[二]，乐道人之善[三]，乐多贤友[四]，益矣。乐骄乐[五]，乐佚游[六]，乐宴乐[七]，损矣。"（同上）

[一]乐（yào要），五教反，下同。乐即好也。言有利益于身心之好凡三种，有损害于身心之好亦三种也。[二]节，谓辨其制度声容之节。"礼乐"之"乐"音岳。[三]道（dào），杜到反，犹"说"也。谓好说人之善事。[四]贤友，即直谅多闻之友。[五]骄乐，是恃尊贵以骄人，而自取

快乐也。"骄乐"之"乐"音洛。[六]佚游则惰慢而恶闻善。[七]宴乐则淫溺而狎小人。"宴乐"之"乐"亦音洛。

孟子曰："君子有三乐[一]，而王天下不与存焉[二]。父母俱存，兄弟无故[三]，一乐也；仰不愧于天，俯不怍[四]于人，二乐也；得天下英才而教育之，三乐也。君子有三乐，而王天下不与存焉。"（《孟子·尽心上》）

[一]乐音洛，下同。[二]王天下之乐，不得与此三乐之中。与（yù）音预。[三]故，事也，辜也。兄弟无故，言兄弟和乐也。[四]怍，惭也。

倬按：父母俱存，兄弟无故，家庭之美满也；仰不愧天，俯不怍人，心地之纯洁也；教育英才，成之以道，为国家培养元气之盛举也。君子有之，乐可知矣！

☰《乾》之《象》曰："天行健，君子以自强不息。"（《周易·上经》）

宋朱子曰："天行一日一周，明日又一周。君子法之，不以人欲害天德之刚，则自强而不息矣。"（《周易本义》）

明崔氏师训曰："此心精明，超于万物之表，能转万物，不受万物转，为'自强'；时刻如此，为'不息'。"（《周易费氏学》引）

☷《坤》之《象》曰:"地势坤[一],君子以厚德载物[二]。"(同上)

[一]王注:"地形不顺,其势顺。"孔疏:"地势方直,是不顺也;其势承天,是其顺也。"[二]君子用此地之厚德,容载万物。

乾以易知,坤以简能[一];易则易知,简则易从[二];易知则有亲,易从则有功[三];有亲则可久,有功则可大[四];可久则贤人之德,可大则贤人之业[五]。(《周易·系辞上传》)

[一]乾健而动,即其所知,便能始物而无所难,故为以易而知大始;坤顺而静,凡其所能,皆从乎阳而不自作,故为以简而能成物。[二]易知易从,谓天地之知能无险阻也。人之所为如乾之易,则其心明白而人易知;如坤之简,则其事要约而人易从。[三]易知则与之同心者多,故有亲;易从则与之协力者众,故有功。[四]物既和亲,无相残害,故可久也;事业有功,则积渐可大。此论人法乾坤,久而益大。[五]姚氏配中曰:"贤人法乾坤者,自强不息,可久之德也;厚德载物,可大之业也。"

夫[一]乾,天下之至健也,德行恒易以知险;夫坤,天下之至顺也,德行恒简以知阻。(《周易·系辞下传》)

[一]夫(fú)音扶,下同。

宋项氏安世曰："惟中心易直者，能照天下巇险之情；惟行事简静者，能察天下烦壅之机。"（《周易折中》）

胡适之先生曰："万物变化，既然都从极简易的原起渐渐变出来，若能知道那简易的远因，便可以推知后来那些复杂的后果。所以《易·系辞传》说：'德行恒易以知险'，'德行恒简以知阻'。因为如此，所以能彰往而察来，所以能温故而知新。"（《中国哲学史大纲》）

☷《泰》之九三："无平不陂[一]，无往不复[二]。艰贞无咎[三]。勿恤[四]，其孚于食有福[五]。"（《周易·上经》）

[一]无常安平而不险陂。或曰：平，泰也；陂，否也。言无常泰也。[二]言无常往而不复。[三]艰则不敢易，贞则不敢弛，如是则可以无咎。[四]恤，忧也。[五]孚，信也。信义自明，故于其禄食有福。

宋徐氏直方曰："小人所以胜君子者，非乘其怠，则攻其隙。艰则无怠之可乘，贞则无隙之可攻。如此，则可以无咎，可以勿忧其孚矣。"（《周易折中》）

伟按：《序卦传》曰："泰者，通也。物不可以终通，故受之以否。"《丰》之《象》曰："日中则昃，月盈则食。天地盈虚，与时消息，而况于人乎？"先哲知盈虚消息之理，故处泰而不骄，席丰而能谨，所以能长守富贵而克昌厥后也。

《易》曰："憧憧往来，朋从尔思[一]。"子曰："天下何思何虑？天下同归而殊涂，一致而百虑。天下何思何虑[二]？日往则月来，月往则日来，日月相推而明生焉。寒往则暑来，暑往则寒来，寒暑相推而岁成焉。往者屈也，来者信也，屈信相感而利生焉[三]。尺蠖之屈，以求信也[四]；龙蛇之蛰，以存身也[五]。精义入神，以致用也[六]；利用安身，以崇德也[七]。过此以往，未之或知也；穷神知化，德之盛也[八]。"（《周易·系辞下传》）

[一]此《咸》卦九四爻辞。[二]涂虽殊异，而同归于至真；虑虽百种，而必归于一致。盖理本无二，而殊涂百虑，莫非自然，何以思虑为哉？[三]往来屈信，皆感应自然之常理。信（shēn）音申，伸也，下"求信"同。[四]蠖（huò或），纡缚反，诎行虫。尺蠖初行必屈者，欲求在后之信也；然有意求信，其信也微矣。[五]龙蛇之蛰以存身，若无意于信者，则变化云雨不难矣。蛰（zhé折），直立反。[六]马师通伯曰："精研其义，至于入神，屈之至也。然乃所以为出而致用之本。"[七]马师曰："利其施用，无适不安，信之极也。然乃所以为入而崇德之资。"[八]自是以上，则亦无所用其力矣；至于穷神知化，乃德盛仁熟而自致耳。

马师通伯曰："君子精义自能致用，利用特以崇德，此皆求其在我者。韩退之言：'存乎己者，吾将勉之。存乎天、存乎人者，吾将任彼而不用吾力焉。'即过此以往未之或知之说也，不冀幸于天，不责报于人，故曰'何思何虑'。上所云皆'穷神知化'之事，末二语盖赞之也。"（《周易费氏学》）

禹曰："惠迪吉[一]，从逆凶，惟影响[二]。"（《书经·大禹谟》）

[一]惠，顺也；迪（dí笛），徒历反，道也。言顺道则吉。[二]吉凶之报，如影之随形、响之应声。

德日新，万邦惟怀[一]；志自满，九族乃离[二]。王懋昭大德[三]，建中于民[四]，以义制事，以礼制心[五]，垂裕后昆[六]。予闻曰："能自得师者王[七]，谓人莫己若者亡[八]。好问则裕[九]，自用则小[一〇]。"（《书经·仲虺之诰》）

[一]谓万邦心归之也。[二]志者，心之所存；满，骄盈也。言志意骄盈，虽九族之亲，亦离之矣。[三]王，谓商汤。懋昭大德，即所谓日新其德。懋者欲其常勉，昭者欲其常明；此心无时而不勉，则此德无时而不明矣。[四]建，立也；中者，无过不及之谓。[五]义者，心之裁制；礼者，理之节文。以义制事，则事得其宜；以礼制心，则心得其正。内外合德，而中道立矣。[六]垂诸后世，亦绰乎有馀裕。[七]自得师者，如自明自强，不因乎人；尊德乐道，出于自然。[八]谓人皆不及己，则志自满而气骄矜，败亡之道也。[九]虚心好问，则天下之善，皆归于我，岂不裕哉！[一〇]矜能自任，则一己之善，其与几何？岂不小哉！

俾按：此汤之左相仲虺勉汤之辞。夫以汤之圣，而仲虺犹谆谆告戒如此，然后知商之传祚六百年，非幸也，宜也。

惟十有三祀[一]，王访于箕子[二]。王乃言[三]曰："呜呼，箕子！惟天阴骘[四]下民，相协厥居[五]，我不知其彝伦攸叙[六]。"

箕子乃言曰："我闻在昔，鲧陻洪水[七]，汩陈其五行[八]。帝乃震怒不畀[九]，洪范九畴[一〇]彝伦攸斁[一一]。鲧则殛死，禹乃嗣兴[一二]，天乃锡禹[一三]，洪范九畴彝伦攸叙[一四]。

"初一曰五行，次二曰敬用五事，次三曰农[一五]用八政，次四曰协[一六]用五纪，次五曰建用皇极[一七]，次六曰乂[一八]用三德，次七曰明用稽疑[一九]，次八曰念用庶征[二〇]，次九曰向[二一]用五福、威[二二]用六极。

"一五行：一曰水，二曰火，三曰木，四曰金，五曰土。水曰润下，火曰炎上，木曰曲直，金曰从革，土爰稼穑[二三]。润下作咸，炎上作苦，曲直作酸，从革作辛，稼穑作甘[二四]。

"二五事：一曰貌，二曰言，三曰视，四曰听，五曰思。貌曰恭，言曰从，视曰明，听曰聪，思曰睿。恭作肃，从作乂，明作哲，聪作谋，睿作圣[二五]。

"三八政：一曰食，二曰货，三曰祀，四曰司空，五曰司徒，六曰司寇，七曰宾，八曰师[二六]。

"四五纪：一曰岁，二曰月，三曰日，四曰星辰，五曰历数[二七]。

"五皇极：皇建其有极。敛时五福[二八]，用敷锡厥庶民[二九]。惟时[三〇]厥庶民于汝极。锡汝保极[三一]：凡厥庶民，无有淫朋[三二]，人无有比德[三三]，惟皇作极。凡厥庶民，有猷有为有守，汝则念之[三四]。不协于极，不罹于咎，皇则受之[三五]。而康而色，曰："予攸好德。"汝则锡之福[三六]。时人德[三七]，斯其惟皇之极。无虐茕独而畏高明[三八]，人之有能有为，使羞[三九]其行，而邦[四〇]其昌。凡厥正人[四一]，既富方谷[四二]，汝弗能使有好于而家，时人斯其辜[四三]。于其无好德，汝虽锡之福，其作，汝用咎[四四]。无偏无陂[四五]，遵王之义；无有作好，遵王之道；无有作恶，遵王之路[四六]。无偏无党，王道荡荡[四七]；无党无偏，王道平平[四八]；无反无侧[四九]，王道正直。会其有极，归其有极[五〇]。曰：皇极之敷言[五一]，是彝是训[五二]，于帝其训[五三]，凡厥庶民极之敷言[五四]，是训[五五]是行，以近[五六]天子之光。曰[五七]：天子作民父母，以为天下王。

"六三德：一曰正直，二曰刚克，三曰柔克。平康正直，强弗友刚克，燮友柔克，沉潜刚克，高明柔克[五八]。惟辟作福，惟辟作威，惟辟玉食。臣无有作福、作威、玉食[五九]、臣之有作福、作威、玉食，其害于而家，凶于而国。人用侧颇僻，民用僭忒[六〇]。

"七稽疑[六一]：择建立卜筮人，乃命卜筮[六二]。曰雨、曰霁、曰蒙、曰驿、曰克、曰贞、曰悔[六三]，凡七。卜五，占用二，衍忒[六四]。立时人作卜筮[六五]，三人占[六六]，则从二人之言。汝则有大疑，谋及乃心，谋及卿士，谋及庶人，谋及卜筮。汝则从，龟从，筮从，卿士从，庶民从，是之谓大同。身其康强，子孙其逢吉，汝则从，龟从，筮从，卿士逆，庶民逆，吉。卿士从，龟从，筮从，汝则逆，庶民逆，吉。庶民从，龟从，筮从，汝则逆，卿士逆，吉。汝则从，龟从，筮逆，卿士逆，庶民逆，作内吉，作外凶[六七]。龟筮共违于人，用静吉，用作凶[六八]。

"八庶征：曰雨、曰旸、曰燠、曰寒、曰风、曰时[六九]。五者来备，各以其叙，庶草蕃庑[七〇]。一极备，凶；一极无，凶[七一]。曰休征[七二]：曰肃，时雨若[七三]；曰乂，时旸若[七四]；曰晢，时燠若[七五]；曰谋，时寒若[七六]；曰圣，时风若[七七]。曰咎征[七八]：曰狂，恒[七九]雨若；曰僭，恒旸若；曰豫[八〇]，恒燠若；曰急，恒寒若；曰蒙[八一]，恒风若。曰王省惟岁[八二]，卿士惟月[八三]，师尹惟日[八四]。岁月日时无易[八五]，百谷用[八六]成，乂用明，俊民用章，家用平康。日月岁时既易[八七]，百谷用不成，乂用昏不明，俊民用微，家用不宁。庶民惟星，星有好风，星有好雨[八八]。日月之行，则有冬有夏[八九]；月之从星，则以风雨[九〇]。

"九五福：一曰寿[九一]，二曰富，三曰康宁[九二]，四曰攸好德[九三]，五曰考终命[九四]。六极：一曰凶短折[九五]，二曰疾，三曰忧，四曰贫，五曰恶，六曰弱。"
(《书经·洪范》)

[一]"惟"为发语词。十有三祀,周武王即位之十三年。商曰"祀",周曰"年"。箕子义不臣周,故仍称"祀"。[二]王即武王;访,就而问之也。箕子为纣之诸父。[三]"乃言"者,难词,重其问也。[四]鸷(zhì至),职日反,定也。[五]吴师北江曰:"相,使也;协,和也。言使和其居。"[六]彝,常也;攸,犹"所以"也;叙,序也。言我不知正常人伦之所以序者何如也。[七]鲧,夏禹之父。陻(yīn)音殷,塞也。鲧以陻防法治大水。[八]汩(gǔ)音骨,乱也;陈,列也。五行,水、火、木、金、土;以其流行于天地之间,故曰"行"。[九]吴师曰:"帝谓虞舜。不畀,不使也。"或曰:帝即天也;畀,与也。[一〇]洪,大也;范,法也;畴,类也。言治天下之大法,其类有九。[一一]斁(dù)音妒,弃也,败也。[一二]嗣兴,继起也。[一三]锡,与也;谓天助禹。[一四]洪范九类常伦,禹叙次之。[一五]吴师曰:"农,勉也。"唐蔚芝先生曰:"中国以农立国,民以食为天,故特举农以言之。"[一六]协,合也。[一七]吴师曰:"建,立也;皇,君也;极,犹'北极'之'极'。立极于上,使人望而从之,故曰建用。"[一八]乂(yì)音刈,治也。[一九]疑事明考之于蓍龟。[二〇]念、念同字。念,告也;庶,众也;征,验也。[二一]向、飨同字,言所以飨乐。[二二]威,犹"畏"也。[二三]润下、炎上、曲直、从革,以性言也;稼穑,以德言也。润下者,润而又下也;炎上者,炎而又上也。曲直者,可以揉之使曲直也;从革者,可以改更也。土兼五行,无正位,无成性,而其生之德,莫盛于稼穑,故以稼穑言也。爰(yuán媛),于也;言于是稼穑也。[二四]作,为也。咸、苦、酸、辛、甘者,五行之味也。五行有声、色、气、味,而独言味者,以

其切于民用也。[二五]貌、言、视、听、思者，五事之叙也。人之始生，则形色具矣；既生，则声音发矣；既发而后能视，而后能听，而后能思也。恭、从、明、聪、睿者，五事之德也。恭者，敬也；从者，顺也；明者，无不见也；聪者，无不闻也；睿者，通乎微也。肃、乂、哲、谋、圣者，五德之用也。肃者，严整也；乂者，条理也；哲者，智也；谋者，度也；圣者，无不通也。[二六]食者，民之所急；货者，民之所资。故食为首，而货次之。食货，所以养生也；祭祀，所以报本也。司空掌土，所以安其居；司徒掌教，所以成其性；司寇掌禁，所以治其奸。宾者，礼诸侯远人，所以往来交际也；师者，除残禁暴，圣人不得已而用之，故居末也。[二七]岁所以纪四时，月所以纪一月，日所以纪一日。星为二十八宿，迭见以叙气节；辰为十二辰，以纪日月所会处。历数者，占步之法，所以算计月日星辰也。[二八]言君能立极，乃总集是五福也。[二九]敷，普也；锡，赐也。谓以普赐诸民。[三〇]吴师曰："时，养也。"[三一]锡，与也；与汝共守此极也。[三二]吴师曰："朋，古'佲'字。"[三三]人，有位之人；比德，私相比附也。[三四]有猷，有谋虑者；有为，有设施者；有守，有操守者。念，叙录也。庶民有是三者，汝则叙录之。[三五]不协于极，未合于善也；不罹于咎，不陷于恶也。受者，不拒之也。[三六]吴师曰："康，安也；色，犹'危'也。'而康而色，曰予攸好德'，犹言'若安若危，一于好德也'。福者，爵禄之谓；锡之福，即与之爵也。"[三七]"德"字依《正义》本校增，与"时人斯其辜"对文。言如此，则人进于德矣。[三八]茕独，庶民之至微者；高明，有位之尊显者。以其微而弃之，即是虐也；不知所以惩之，即是畏也。茕（qióng穷），岐肩反。〔三九〕羞，犹"修"也。〔四〇〕而邦，汝国也。〔四一〕正、政同字。正人者，在官之人，今称公务员。〔四二〕方谷，常禄也。言既富之以常禄。〔四三〕则是人将有罪。〔四四〕吴师曰："'好'字下本有'德'字，依《史记》删。作，起也。言无善之人，汝虽与之禄，其人既起，则汝受其咎也。"〔四五〕偏，不中也；陂，不平也。〔四六〕作好作恶，好恶加之意也。遵，循也。王之道、王之路者，先王之正道、正路也。〔四七〕荡荡，广远也。〔四八〕平平，平易也。平（pián 骈），婢绵反。〔四九〕反，反常也；侧，不正也。〔五〇〕会者，合而来；归者，来而至。谓君会聚有中之人以为臣，臣亦就有中之人而事之，至于会极归极，则郅治之隆，千古所不可觐之盛世矣。〔五一〕曰，起语词；敷言，上文敷衍之言。〔五二〕彝，法也；训，教也。〔五三〕帝，天也；训，顺也。〔五四〕"凡厥"者，兼臣民为文。自"无偏无陂"以下，庶民极之敷言也。〔五五〕训，顺也。〔五六〕近，附也。〔五七〕曰，臣民之词。〔五八〕克，治也；友，顺也。燮，和也。正直、刚、柔，三德也。正者无邪，直者无曲，故平康正直，无所事乎矫拂。"强弗友"者，强梗弗顺者也。强弗友刚克，以刚治刚也。"燮友"者，和柔委顺者也；"燮友柔克"者，以柔治柔也。"沉潜"者，沉深潜退，不及中者也；沉潜刚克，以刚治柔也。"高明"者，高亢明爽，过乎中者也；高明柔克，以柔治刚也。正直之用一，而刚柔之用四。圣人因时制宜，阳舒阴敛，所以纳民俗于皇极者盖如此。〔五九〕辟（bì 必），补亦反，君主也。福威者，上之所以御下；玉食者，下之所以奉上也。曰"惟辟"者，戒君主权不可以下移；曰"无有"者，戒臣下不可上僭也。〔六〇〕人，有位之人。颇，不平也；僻，不公也。僭（jiàn

见），踰也；忒（tè 特），他得反，过也。谓臣而上僭君权，则有位者不安其分；小民亦僭忒而逾越其常矣。[六一]决疑。[六二]灼龟以占吉凶曰"卜"，揲蓍以占吉凶曰"筮"。[六三]五者，皆卜兆也。雨者如雨，其兆为水；霁者开霁，其兆为火；蒙者蒙昧，其兆为木；驿者，络绎不属，其兆为金；克者，交错有相胜之意，其兆为土。内卦为贞，外卦为悔。[六四]凡七，雨、霁、蒙、驿、克、贞、悔也；卜五，雨、霁、蒙、驿、克也；占二，贞、悔也。衍，推也；忒，过也。所以推人事之过差也。[六五]立是知卜筮人，使为卜筮之事。[六六]凡卜筮必立三人，以相参考。[六七]"内"谓祭祀等事，"外"谓征伐等事。[六八]"静"谓守常，"作"谓动作。[六九]雨以润物，旸以乾物，燠以长物，寒以成物，风以动物。五者各以时至，故曰"时"也。旸（yáng）音阳，燠（yù）音郁。[七〇]备者，无缺少也；叙者，应节候也；庑（wǔ 五），无甫反，丰也。言五者备而不失其叙，则众草蕃滋丰盛矣。[七一]极备，过多也；极无，过少也。过多过少，谓不时失叙，故凶。[七二]曰休征，叙美行之验。[七三]若，顺也。言君行敬，则时雨顺之。王氏引之曰："若，词也。"[七四]君行政治，则时旸顺之。[七五]哲，《注疏》本作"晳"，云君能照晳，则时燠顺之。[七六]君能谋，则时寒顺之。[七七]君能通理，则时风顺之。[七八]咎征，叙恶行之验。[七九]恒，常也。[八〇]豫，怠也。[八一]蒙，昧也。[八二]王所省职，兼所总群吏，如岁兼四时。省（xǐng 醒），悉井反。[八三]卿士各有所掌，如月之有别。[八四]众正官之吏，分治其职，如日之有岁月。[八五]无易，各顺常也。[八六]用，犹"以"也。[八七]既易，喻君臣易职。[八八]星，民象，故众民惟若星。箕星好风，毕星好雨，亦民所好。好（hào 号），呼报反。〔八九〕日月之行，冬夏各有常度；君臣政治，小大各有常法。〔九〇〕月经于箕则多风，离于毕则多雨。政教失常，以从民欲，亦所以乱。〔九一〕人有寿而后能享诸福，故寿先之。〔九二〕康宁，无疾病也。或曰：无患难也。〔九三〕所好者德，载福之道。〔九四〕各成其短长之命以自终，不横夭也。〔九五〕凶者，不得其死也；短折者，横夭也。短，未及六十岁而死；折，未及三十岁而死也。

蔡师子民（元培）曰："《洪范》所言'九畴'，论道德及政治之关系，进而及于天人之交涉。其有关于人类道德者，五事、三德、五福、六极诸畴也。分人类之普通行动为貌、言、视、听、思五事，以规则制限之。貌恭为肃，言从为乂，视明为哲，听聪为谋，思睿为圣，一本'执中'之义，而科别较详。其言三德，曰正直，曰刚克，曰柔克；而五福，曰寿，曰富，曰康宁，曰攸好德，曰考终命；六极，曰凶短折，曰疾，曰忧，曰贫，曰恶，曰弱。盖谓神人有感应之理，则天之赏罚所不得免，而因以确定人类未来之理想也。"（《中国伦理学史》）

吴师北江曰："九畴惟皇极之义最精，故其词独详。大禹之所叙，箕子之所传，皆重在此。盖古者之君天下，不惟享有之而已，所以建中立则，以教养亿兆人庶，而咸范围之使不过，是谓之极。'极'者，中也。非皇王之尊不能立此极，故曰'皇极'。然其建极之义，固欲普天下之民而大淑之，极之四海内外，无一夫不得其所。程效至是，斯之谓'庶民极'焉。由'皇极'而嬗为'庶民极'，斯真千古大同之宏恉也。古之圣智，固已见及于此；其日夕所兢兢图维，

而惟恐不能至者，亦惟此而已。斯悁也，载籍所不常言，而秦汉以下之士，所未尝见及者也。呜呼，其义阔远矣！"（《尚书大义》）

柳翼谋先生曰："夏代有治国之大法九条，其文盖甚简约。流传至于商室，商之太师箕子独得其说。周武王克殷，访问箕子，箕子乃举所传者告之。是曰'洪范九畴'，亦曰'鸿范九等'。虽曰天之所锡，初未言天若何锡之。所谓'彝伦'即常伦，犹言常事之次叙，亦未尝有何神秘之意义也。汉人始谓《洪范》出于《雒书》——《雒书》本文，凡六十五字；又谓为神龟所负，其说颇荒诞。又凡汉人说《洪范》者，以五行傅会人事，曰《洪范五行传》，尤支离穿凿。世因以此病《洪范》。实则箕子所述夏法，第以次数说，初未以五行贯串其他八畴；即箕子所陈九畴之解释，惟五事庶征相应，亦未指此五者与五行相应也。故《洪范》之中，有五行一畴，非九畴皆摄于五行。以五行为《洪范》之一畴，而夏之大法彰；以九畴皆摄于五行，而夏之大法晦。此读经治史者所宜详考也。"

又曰："《洪范》最尊皇极，盖当时政体如此，不足为病。墨子主张万民上同乎天子而不敢下比，天子之所是必是之，天子之所非必非之，即《洪范》所谓'皇极之敷言，是彝是训，于帝其训'之谊。然《洪范》一面尊主权，一面又重民意。如'凡厥庶民极之敷言，是训是行，以近天子之光'，'汝则有大疑，谋及乃心，谋及卿士，谋及庶人，谋及卜筮'等语，皆可见夏商之时，人民得尽言于天子之前；天子有疑，且谋及于庶人，初非徒尊皇极而夺民权也。"（《中国文化史》）

倬按：《洪范》所述用人行政之道，在今日仍有不可磨灭者。虽稽疑谋及卜筮,颇近迷信,然以谋及乃心为首,谋及卿士次之,谋及庶人又次之,而以卜筮殿焉,可见仍注重人事;而"谋及乃心"一语,尤有君子求己之意,洵乎其为圣哲之言也。

昔者仲尼与于蜡宾[一],事毕,出游于观[二]之上,喟然[三]而叹。仲尼之叹,盖叹鲁也。言偃[四]在侧,曰:"君子何叹?"孔子曰:"大道[五]之行也,与三代之英[六],丘未之逮也[七],而有《志》[八]焉。大道之行也,天下为公[九],选贤与[一○]能,讲信修睦[一一],故人不独亲其亲,不独子其子,使老有所终,壮有所用,幼有所长,矜寡孤独废疾者皆有所养[一二]。男有分[一三],女有归[一四]。货[一五],恶其弃于地也,不必藏于己;力,恶其不出于身也,不必为己。是故谋闭而不兴[一六],盗窃乱贼而不作[一七],故外户而不闭[一八]。是谓大同[一九]。今大道既隐[二○],天下为家[二一],各亲其亲,各子其子,货力为己[二二]。大人世及[二三]以为礼,城郭沟池以为固[二四],礼义以为纪[二五]:以正君臣,以笃父子,以睦兄弟,以和夫妇[二六],以设制度[二七],以立田里[二八],以贤勇知[二九],以功为己[三○]。故谋用是作,而兵由此起。禹、汤、文、武、成王、周公,由此其选也[三一]。此六君子者,未有不谨于礼者也[三二]:以著其义[三三],以考[三四]其信,著有过[三五],刑仁[三六]讲让[三七],示民有常[三八]。如有不由此者,在埶者

去[三九]，众以为殃[四〇]。是谓小康[四一]。"（《礼记·礼运》）

　　[一]孔子仕鲁，参与鲁国之蜡祭。蜡者，索也，岁十二月，合聚万物而索飨之也。与（yù）音预；蜡（zhà榨），仕嫁反。[二]观（guàn贯），门阙也。两观在门之两旁，悬国家典章之言于上以示人也。[三]喟然，叹声。[四]孔子弟子子游。[五]大道，谓五帝时。[六]英，俊选之尤者。[七]丘，孔子之名。逮，及也。自言不及见。[八]志，记识之书。[九]不以天下私其子孙，而揖让以授圣德，如尧废丹朱而用舜，舜废商均而用禹。[一〇]王氏引之曰：与当作"举"。[一一]讲习诚信，修为和睦。[一二]亲其亲以及人之亲，子其子以及人之子，使老者皆得赡养以终馀年，壮者皆得用其才力，幼者皆得长养成人，穷而无告及废疾之民，皆获恤养。[一三]分，犹"职"也。言男子皆有正当之职业。[一四]女谓嫁为归。女子皆有适合之家庭。[一五]财货。[一六]奸邪之谋，闭塞而不兴。[一七]盗窃乱贼之事，绝灭而不起。[一八]既无盗窃，则暮夜无虞，故外户可以不闭。[一九]同，犹"和"也，平也。[二〇]隐，犹"去"也。[二一]以天下为私家之物，而传位于子弟也。[二二]藏货为身，出力赡己。[二三]大人，天子诸侯也。父子相传为"世"，兄弟相传为"及"。[二四]城，内城；郭，外城。沟池，城之堑。既私位独传，则更相争夺，所以为此以自卫也。[二五]纲纪。[二六]君臣义合故曰"正"，父子天然故云"笃"。笃，厚也。兄弟同气故言"睦"，夫妇异姓故言"和"。[二七]宫室、衣服、车旗、饮食上下贵贱之制度。[二八]田，种谷稼之所；里，居宅之地。[二九]贤，犹"崇

重"也。盗贼并作故须勇，更相欺妄则须知，而勇力知谋之士，遂被崇重矣。[三〇]立功起事，不为他人。[三一]由，用也；此，谓礼义。言禹、汤、文、武、成王、周公，能用礼义以成治，为此中之英选。[三二]言此圣贤六人，皆谨慎于礼，以行下五事也。[三三]著，明也；义，宜也。[三四]考，成也。[三五]著，亦明也；过，罪也。[三六]刑，则也。民有仁者，用礼赏之以为则。[三七]民有争夺者，用礼讲说之，使推让也。[三八]示民为常法。[三九]埶，埶位也。言居富贵之势位者则黜退之。[四〇]殃，犹"祸恶"也。言众庶则有刑祸及之也。[四一]康，安也。

蒋伯潜先生曰："此段论大同、小康之治，极为明白。大道之行，指大同；三代之英，即禹、汤、文、武、成王、周公六君子，指小康。大同与小康之比较，前者天下为公，选贤与能；后者天下为家，大人世及。天下为公，故人不独亲其亲，不独子其子，货不必藏于己，力不必为己；天下为家，故人亦各亲其亲，各子其子，货力为己。此无他，公私之别而已。是故大同之世，谋不作而乱不起；小康之世，则谋作而兵起矣。设为城郭沟池以固之，贤勇知著有功以奖之，立制度田里以安之，刑仁讲让以倡之，无非欲守其已得之天下而已。故行大道则为大同，谨礼则为小康。小康之治，三代之英所曾实现者也；大同之治，则孔子最高之政治理想，托之于尧舜者也。孔子之时，周衰鲁弱，又无所凭藉以发挥其政治之抱负，不但大道之行之大同，终成幻想之乌托邦，即小康亦未之逮，此其所以喟然长叹也。此段论大同，与《论语》赞尧舜之巍巍荡荡、焕乎有文，南面恭己、无为而治，及《中庸》论笃恭而天下平之盛，正可互证，而

所说更为具体。即本篇非孔子亲撰，要亦言偃之徒记述所闻，其为儒家政治理论之结晶，固无可否认者也。"(《十三经概论》)

俾按：近世各国，惕于物竞天择、优胜劣败之天演公例，莫不充实军备，整理资财，以自谋保存。而既富且强者，往往侵略邻封，以肆其鲸吞蚕食之野心，于是战争迭起，死伤遍地；其幸而存者，亦食不甘味，寝不安枕。而尤堪痛心者，过去之血迹未干，未来之杀机已启。放眼乾坤，网罗四布，苍生何辜，罹此惨酷？如握政权、绾军符者，各能以爱本国之心，推而爱兼他国，使圆颅方趾之俦，均获相亲相爱，同享升平之乐，其愉快为何如哉！斯其道非行孔子大同之治，决不臻此。愿全世界道德君子，研究而实现之。

凡学之道，严[一]师为难。师严然后道尊，道尊然后民知敬学。是故君之所不臣于其臣者二，当其为尸[二]，则弗臣也；当其为师，则弗臣也。大学之礼，虽诏于天子无北面，所以尊师也[三]。(《礼记·学记》)

[一]严，尊敬也。[二]尸，主也，谓祭主也。[三]无北面，不处之以臣位。所以示尊师重道也。

善学者，师逸而功倍，又从而庸之[一]；不善学者，师勤而功半，又从而怨之。善问者如攻坚木，先其易者，后其节目，及其久也，相说以解；不善问者反此[二]。善待问者如撞钟，叩之以小者则小鸣，叩之以

大者则大鸣，待其从容，然后尽其声；不善答问者反此[三]。此皆进学之道也。（《礼记·学记》）

[一]庸，功也；感念其师之功也。[二]攻，治也。言善问者，如匠治坚木，先斫濡易之处，然后斫其蟠根错节。问师之时，亦先问其易，后问其难。问者顺理，答者分明，故师生共相爱说（悦），以解义理。倬按：学与问相辅而行，非学无以致疑，非问不能解惑。孔门弟子之问，《论语》载之详矣。惟近世学生，往往有心之所已明者，问之师以显其能；事之至难解者，问之师以穷其短。于是为师者多不乐人问，而诚心求知之学生，亦难得审问之机会矣。因不获审问，而慎思、明辨、笃行之功，俱生窒碍，博学亦受影响。此学业之所以难成也。若能善问其师，则教学相长，师生愈臻敬爱，自能日进无疆矣。[三]善答问者，如钟之应撞，随所问之大小浅深而答之也。从容，优游不迫有所入之意，如钟声之悠扬入耳，令人穆然神往，斯尽其声之能事也。倬按：孔子之答弟子问孝也，若孟懿子，若孟武伯，若子游，若子夏，各因人而异词；其于颜渊、仲弓、樊迟之问仁也，亦然。皆知诸弟子才性之所宜，而善教之，即实行叩小小鸣、叩大大鸣之道也。惟师生深相敬爱，然后能知其才性，而施以适当之教导。若彼此漠不相关，往往有答焉不详，或详焉而不切合其程度之弊矣。

倬按：治平之道，须正人心；欲正人心，首赖教育。良师循循善诱，感化众多；学者孜孜不倦，进功弥速，师资相成。而士习端正，学术昌明，虽移风易俗不难也。今世变已亟，好学之士，宜如何奋勉？为师长者，宜如何负责？当路诸公与社会贤达，宜如何培养？愿与有心世道诸君子共勉之。

送钱卓英序

自吾遘丧乱、绝人事，翳影蓬藋之下，所乐者，尧舜之道；所习者，古先哲人平治天下之书。天下太平，吾身即不见用，吾言足以立。里巷之人视之，以为支离瘫木、病颡之驹，不足烦一顾者，吾甚乐之。而钱子卓英，独执雉造吾庐，愿订缟纻之交。于时东南陷贼已六载矣，人习羶行，士忘旧业，上下一迹，趋势利焉如狂。因相与私忧窃叹，以为四维堕地，人类下侪于蹏角。一旦天心悔祸，宜重复文周、孔孟之教，举一世而训之以经义，使秋霜皦日，荡涤人心之邪秽；吾辈则先矜立名节，以为之倡。盖不如是，则乾坤或几乎息矣！

钱子故为京曹官，敭历南北，都有耿介之操。避乱居于吴，造次必以礼法，吾常视之为畏友。今丧乱敉平，钱子肃衣冠，告予以将别，且捧其所著书曰《中国之固有道德》者，请余为之序。余既读其书而美之，曰：嗟乎！钱子其舍我而行耶，吾其赠子以车乎？抑赠子以言乎？车任重以致远；言有伦脊，所以载吾道，其任重一也。子之书，亦载道者也。吾送子止于城关，君自此远矣。既别，书所言以为送行之文，亦即以为序。

乙酉中秋，吴江金天翮松岑。时年七十有三。

整理后记

中华民族的伟大复兴,传统美德的继承发扬,自然是题中应有之义。作为文化传统从未中断的文明古国,我们于此本可以无比的自豪。然而,在近代一个世纪的内忧外患之后,回头来看,不得不说:我们继承得并不好,甚至颇有些"数典忘祖"。如今,重拾传统美德,为时未晚,却又十分紧迫。

哪些算得上中华民族的传统美德呢?中山先生总结为"忠、孝、仁、爱、信、义、和、平",并明确谓之"中国固有道德"。钱玉倬的这部《中国之固有道德》,便是基于这八个字展开论述的。书中,以"四子书"为基础,加以"五经",采撷古圣先哲的相关论述,加以释说、申论、按语,裒成一集,苦心孤诣,良可赞叹。尤其是书中的申论(评论申说)部分,广泛采录先哲时贤的论述,新意迭见,可谓精彩。

本书1948年广益书局初版,原书仅有断句符号,未予全面标点。此次整理,简体横排之外,加了新式标点。此外还需说明的是:

原文古籍句读,未尽与当下的通行本相同,有的似乎不无道理,或者说更为妥帖(参考注释可知)。对此,整理时一仍其旧,只有极个别的加了脚注,给出通行本的断句。

原书极少误植,文字有个别之处与通行本不同;注释中的解释，则有助于理解作者的用意。此外，还有一些的异文，整理时随文括号注出。原文极其明显的误植，则径予改正。

原文注音，直音、反切均有，遵从古音；其中的一些，与当下的规范读音不甚相合。缘此，整理时，对原书注音的字词，均随文括注了拼音；反切和直音可能不确切的，还加了同音字；另外，个别原书未予注音的难字，也加上了注音。

中国古学，博大精深；面对它，任何人、任何时候，都应取再出发的学习姿态，何况余小子！——此书之整理，可谓明证。深愿读者诸君能够从此书中获益，余小子则并从读者诸君更获教益。

己亥孟冬
整理者